市政工程质量安全百问

丁 胜 喻 军 编著

中国建筑工业出版社

图书在版编目(CIP)数据

市政工程质量安全百问/丁胜，喻军编著. —北京：
中国建筑工业出版社，2016.5
ISBN 978-7-112-18637-2

Ⅰ.①市… Ⅱ.①丁… ②喻… Ⅲ.①市政工程-工程
质量-安全管理-问题解答 Ⅳ.①TU99-44

中国版本图书馆 CIP 数据核字(2015)第 262247 号

本书主要是针对目前市政工程施工现场管理较为混乱，市政工程领域标准规范
不全且杂而乱，建设、施工、监理人员素质参差不齐等现状，从项目管理、施工管
理、试验管理、材料管理、资料管理和安全管理等六个方面选择了一百个市政工程
质量安全检查中的常见问题从概念、特点、质量控制要点和要求、施工中应注意的
问题等方面进行了较为详尽系统的梳理和规范，尤其是对市政工程相关概念、标准
规范模糊不足之处、施工过程记录表格及施工技术资料管理进行了全面细致的补充
和完善，具有实用性强、可操作性强、易学易懂的优点。本书对刚参加市政工程施
工项目管理的建设、施工、监理人员有较强的参考价值，也可作为市政工程施工
员、质量员、安全员等相关管理人员考试的参考用书。

责任编辑：何玮珂　孙玉珍
责任设计：李志立
责任校对：李欣慰　张　颖

市政工程质量安全百问

丁　胜　喻　军　编著

*

中国建筑工业出版社出版、发行（北京西郊百万庄）
各地新华书店、建筑书店经销
北京红光制版公司制版
北京富生印刷厂印刷

*

开本：787×1092 毫米　1/16　印张：27½　字数：552 千字
2016 年 4 月第一版　2016 年 4 月第一次印刷
定价：**68.00** 元
ISBN 978-7-112-18637-2
(27925)

前　言

目前，市政工程较之房屋建筑工程标准化、精准式管理差距较为明显，施工单位鱼龙混杂、挂靠严重，监理单位素质不高，建设单位管理能力不足，都造成了市政工程施工现场管理不到位、施工质量安全意识淡薄，最终导致市政工程质量滑坡，质量通病频现，道路沉陷、桥梁坍塌、管线爆裂等质量安全事故常见报端。

本书是基于市政工程施工和管理现状以及作者近二十年来施工一线的所见所感而写。本书汇集了作者二十多年施工现监督管理工作的宝贵经验。本书作者一方面把施工现场人员及监理人员所咨询的具有代表性的典型问题、相似问题、常见问题进行整合汇总，从项目管理、施工管理、试验管理、材料管理、资料管理、安全管理等6个方面进行全面解答；另一方面，结合了我国的施工现场的实际情况，在现有规范的基础上作适度的延伸，对市政工程施工现场应用过程中可能遇到和已出现各种常见问题（如设计问题、施工问题和安全质量管理问题等）的各种相应的预防、处理方法和注意事项等进行系统的阐述。本书基本涵盖了市政工程施工现场中所有常见的"疑难杂症"，希望能够帮助工程技术、质量监督、工程监理等人员在实际工作中真正吃透标准并能够灵活应用各种法律法规解决施工现场实际问题。写作此书的目的，主要是想结合以往施工实际和监督工作经验，把市政工程中常见的质量问题归纳汇总，做一个带有标准答案性质似的文本，供市政工程参建各方借鉴和参考，以便更好地提高建设管理水平、规范行业发展。希望本书既为具有一定专业水准的工程技术人员提供一本内容充实、得心应手的"解惑"书，又为刚刚涉足施工现场的年青人提供·本入门指南，一个技术支持。

本书内容主要为针对目前市政工程施工现场管理较为混乱，标准规范不全且杂而乱，建设、施工、监理人员素质参差不齐等现状，从项目管理、施工管理、试验管理、材料管理、资料管理和安全管理等6个方面选择了100个市政工程质量安全检查中的常见问题，从概念、特点、质量控制要点和要求、施工中应注意的问题等方面进行了较为详尽系统的梳理和规范，尤其是对市政工程相关概念、标准规范模糊不足之处、施工过程记录表格及施工技术资料管理进行了全面细致的补充和完善，具有实用性强、可操作性强、易学易懂的优点。本书对刚参加市政工程施工项目管理的建设、施工、监理人员有较强的参考价值，也可作为市政工程施工员、质量员、安全员等相关管理人员考试的参考用书。

本书编写过程中得到了北京市建设工程安全质量监督总站周寅、胡向东等领导的关心、支持和帮助，以及总站同事王双虎、张晶和好友王东、贺贤文的指点、鼓励和鞭策，在此一并深表感谢。

由于本人水平有限，书中难免存在不当，甚至错误之处，敬请同行专家、读者批评指正，不胜感激。您若对本书有何意见、建议，欢迎发送至 *yujun8285@126.com* 交流沟通。

目　录

第一篇　项目管理类

Ⅰ　项目开工前

Ⅱ　项目实施中

Ⅲ　项目完工后

第二篇 施 工 管 理 类

Ⅰ 道 路 工 程

Ⅱ 桥 梁 工 程

第五篇 资 料 管 理 类

第六篇 安 全 管 理 类

附录 A 市政工程常见质量通病

第一篇 项目管理类

Ⅰ 项目开工前

百问1：如何做好市政工程开工前准备工作

目前，市政工程施工中，很多施工单位项目部开工前施工准备工作不足，急于开工，忙于抢工，从而经常造成施工过程中技术资料返工，施工现场混乱。因此，应加强对项目开工前的各项施工准备工作，切实做到工程开工忙而不乱，杂而有序。结合以往施工和监督实践，就如何做好市政工程开工前准备工作，浅述如下：

市政工程开工前准备工作应在满足工程开工前置条件的前提下，切实认真做好以下几方面工作：①做好图纸审查和图纸会审。②明确项目工程名称和划分单位（子单位）、分部（子分部）、分项工程及检验批。③建立《项目标准规范目录清单》。④编制《项目隐蔽工程检查清单》。⑤编制《项目质量检验与试验计划》。⑥学习、理解并掌握市政工程施工质量控制和验收基本要求。

一、工程开工前置条件

工程开工前置条件是指工程开工前由总监理工程师核查必须具备或达到的施工基本条件。市政工程开工前置条件主要有：①工程已取得建设行政主管部门颁发的建设工程施工许可证；②项目施工组织设计已经总监理工程师审核批准；③工程施工测量控制桩已经查验合格；④施工项目部管理人员已到位、施工人员及设备已进场、主要材料供应已落实；⑤施工现场临建、道路、水、电等已达到开工条件。

二、做好图纸审查和图纸会审

市政工程开工前，施工单位应高度重视图纸审查和图纸会审。目前，市政工程设计图纸在工程正式施工前能完整提供，并能完成施工图设计强制性审查的，少之又少，几乎没有。大部分为电子版图、白图和施工准备图，再加之施工图纸抄袭、拷贝较多，极易对施工造成这样或那样的不利影响，因此，开工前的施工图纸审查应成为施工项目部成立后"项目八大员"的首要头等大事，项目技术负责人应负责牵头形成《图纸审查记录》（表式C2-3）并按要求提交建设、监理和设计单位以便图纸会审。施工单位应确保图纸审查中提出的每一个问题都有明确回复，并按《图纸会审记录》（表式C2-4）要求严格指导项目施工。图纸会审记录参建各方项目负责人应签字齐全，并应加盖单位公章。关于图纸审查和图纸会审概念、区别和应注意的问题详见"百问4：如何做好市政工程图纸审查和图纸会审"。

三、明确项目工程名称和划分单位（子单位）、分部（子分部）、分项工程及检验批

《市政基础设施工程质量检验与验收标准》DB11/T 1070－2014第4.0.6条

3

"工程动工前，施工单位应会同建设单位、监理单位将工程划分为单位（子单位）、分部（子分部）、分项工程和检验批，……，以此作为施工质量检验、验收的基础"。工程开工前，施工单位应会同建设、设计、监理单位就工程项目名称和单位（子单位）、分部（子分部）、分项工程及检验批的划分，依据相应划分原则和以往工程实践经验，结合工程项目实际情况，经各方协商一致后，形成《工程项目名称和单位（子单位）、分部（子分部）、分项工程及检验批划分》文件或会议纪要，经参建各方签认后，严格指导工程全过程施工及施工技术资料管理。关于工程名称的确定；单位工程、子单位工程的划分；分部（子分部）、分项工程和检验批的划分以及检验批项目的划分建议详见"百问 7：如何做好市政工程项目名称及工程划分"。

四、建立《项目标准规范目录清单》

目前，市政工程国标、行标、地标三者并行，不时还有公路、铁路标准添乱，同时，设计图纸本身不太明确，招标文件又不太具体，极易造成标准规范使用混乱，给施工造成不必要的麻烦。市政工程开工前，施工单位应与建设、设计、监理单位协商一致，明确项目执行的标准规范。施工项目部标准员或资料员应在项目技术负责人的指导下负责与项目有关的标准规范收集整理工作，建立《项目标准规范目录清单》，并做到每一本标准规范都是最新有效版本，做好施工技术标准规范的储备保障工作。项目现行有效标准规范应单柜单独存放，并应做好明显标识。

五、编制《项目隐蔽工程检查清单》

市政工程开工前，施工项目部应依据《市政基础设施工程资料管理规程》DB11/T 808 - 2011 隐蔽工程项目检查要求，项目技术负责人组织质量员、技术员等相关人员针对具体的市政工程项目，参照《市政基础设施工程资料管理规程》DBJ01-71 - 2003 中隐蔽工程项目一般应包含的内容（8.5.1.2），结合国家现行标准规范中有明确规定的、设计文件要求的、合同文件约定的隐蔽工程项目，明确本工程中隐蔽工程的具体检查项目，编制《项目隐蔽工程检查清单》，经项目技术负责人审批，报专业监理工程师批准后，在项目施工全过程隐蔽工程检查中严格予以落实。隐蔽工程检查的概念、新旧资料规程隐蔽工程检查的要求及区别、如何明确隐蔽工程检查的具体项目详见"百问 12：如何做好市政工程隐蔽检查"。

六、编制《项目质量检验与试验计划》

市政工程开工前，施工单位应在认真审核施工图纸的基础上，结合施工组织设计和投标文件，由项目技术负责人组织技术员、质量员、试验员、材料员负责编制《项目质量检验与试验计划》，明确项目质量检验与试验的材料、项目和频率，相关人员及其职责，相关记录及其具体要求等。经项目技术负责人审核后报请项目总监理工程师批准，并严格落实，有效防止施工过程中检验与试验的材料、项目和频率的漏项和重复，切实指导项目施工全过程的质量检验和试验。项目质量检验与试验计划的概念、主要内容、编制审批及实施中应注意的问题详见"百问62：如何做好市政工程项目质量检验与试验计划"。

七、学习、理解并掌握市政工程施工质量控制和验收基本要求

工程开工前，施工单位项目技术负责人应组织项目部相关人员进行市政工程施工质量控制和验收基本要求的学习。理解并掌握其基本要求以便在项目施工中贯彻落实和应用，确保市政工程施工质量。

市政工程施工质量控制基本要求：①工程采用的主要材料、半成品、成品、构配件和设备应进行进场验收。凡涉及结构安全和使用功能的有关材料、产品，应按各专业工程施工规范、质量验收规范和设计要求进行复检，并应经监理工程师检查认可。②各施工工序应按施工技术标准进行质量控制；每道施工工序完成后，作业班组应进行自检、质量员应进行检验，施工单位自检合格后，应提交监理工程师进行质量确认。未经监理工程师检查认可，不得进行下道工序施工。③各专业工种的相关工序应进行中间交接检验，并形成记录。中间检查交接的概念、主要方面和交接中应注意的问题详见"百问13：如何做好市政工程中间检查交接"。

工程施工质量验收前提条件是工程施工单位自行检验合格，并符合以下市政工程施工质量验收基本要求：①工程施工质量符合相关验收标准的规定；②工程施工质量符合工程勘察和设计文件的要求；③工程施工记录和工程质量资料齐全完整；④参加工程施工验收的各方人员应具备规定的资格；⑤隐蔽工程在隐蔽前由施工单位通知有关方进行检查，并应签署隐蔽工程检查记录；⑥施工规程规定的试验检测项目齐全，频率符合要求；涉及结构安全的试块、试件以及有关材料，按规定实行见证取样和送检；⑦涉及结构安全和使用功能的重要分部工程按规定进行了抽样检测；⑧承担见证取样检测及有关结构安全检测的单位应具有相应的资质；⑨工程的观感质量应由验收人员通过现场检查，并应共同确认。

百问 2：如何做好市政工程施工图强制审查

目前，市政工程施工图强制审查符合要求的十分少见，大多数是因为工程项目前期手续不全，导致施工图强制审查机构虽已对施工图纸强制审查，但无法出具强制审查结论性报告。有的建设单位将施工图强制审查与图纸会审混为一谈，认为有图纸会审即可，有的建设单位对施工图强制审查概念不清或刻意规避施工图强制审查，从而导致施工图纸频频出现设计缺陷和图纸错误，造成施工过程中不必要的设计变更和工程洽商。结合以往施工和监督实践，就如何做好市政工程施工图强制审查，浅述如下：

一、市政工程施工图强制审查概念

市政工程施工图强制审查是指建设行政主管部门认定的施工图审查机构按照有关法律、法规，对施工图涉及公共利益、公众安全和工程建设强制性标准的内容进行符合性审查，以督促建设、设计单位整改并使其符合相关要求的全过程。

二、市政工程施工图强制审查应注意的几个问题

1. 施工图强制审查是政府主管部门对工程项目勘察设计监督管理的重要环节，是基本建设必不可少的程序。施工图必须经强制审查并合格，加盖强制审查专用章方可使用，施工图未经审查合格的，不得使用，建设行政主管部门不得颁发施工许可证。

2. 市政工程施工图强制审查主要内容：是否符合工程建设强制性标准；地基基础和主体结构的安全性；勘察、设计单位和注册执业人员是否按规定在施工图上加盖相应的图章和签字。

3. 强制审查合格的，施工图强制审查机构应当向建设单位出具强制审查合格书，全套施工图应加盖强制审查机构印章。强制审查合格书应当有各专业审查人员签字，经法定代表人签发，并应加盖审查机构公章。

4. 任何单位或者个人不得擅自修改强制审查合格的施工图。确需修改的，凡涉及施工图强制审查主要内容的，建设单位应当将修改后的施工图送原强制审查机构进行重新审查，并出具新的强制审查合格书。

三、市政工程施工图强制审查意见书

目前，市政工程建设单位一般在委托项目设计时，会同时委托施工图强制审查机构进行施工图强制审查，因此，施工设计图在施工招标前，一般均经过了施工图强制审查机构的审查，且审查合格符合要求。但因市政工程的特殊性，一般不具备前期手续，尤为土地使用手续。因此，施工图强制审查机构一般不会也不能出具正规的、符合要求的施工图强制审查合格书。目前实际操作中，为了满足各方需要，建设单位一般会要求施工图强制审查机构出具相关施工图审查证明材料，证明该工程图纸已经过符合性审查，常见的形式为施工图强制审查意见书，并签字盖章。待工程项目手续齐全后，再换发标准的施工图强制审查合格书。

四、2013 年 8 月 1 日起施行的住房和城乡建设部第 13 号部令《房屋建筑和市政基础设施工程施工图设计文件审查管理办法》中相关条款详见附件

附件：房屋建筑和市政基础设施工程施工图设计文件审查管理办法（相关条款）

第三条　国家实施施工图设计文件审查制度。施工图审查是指施工图审查机构按照有关法律、法规，对施工图涉及公共利益、公众安全和工程建设强制性标准的内容进行的审查。施工图未经审查合格的，不得使用。从事房屋建筑工程、市政基础设施工程施工、监理等活动，以及实施对房屋建筑和市政基础设施工程质量安全监督管理，应当以审查合格的施工图为依据。

第五条　审查机构是专门从事施工图审查业务，不以营利为目的的独立法人。

第九条　建设单位应当将施工图送审查机构审查，但审查机构不得与所审查项目的建设单位、勘察设计企业有隶属关系或者其他利害关系。

第十一条　审查机构应当对施工图审查下列内容：（一）是否符合工程建设强制性标准；（二）地基基础和主体结构的安全性；（三）是否符合民用建筑节能强制性标准，对执行绿色建筑标准的项目，还应当审查是否符合绿色建筑标准；（四）勘察设计企业和注册执业人员以及相关人员是否按规定在施工图上加盖相应的图章和签字；（五）法律、法规、规章规定必须审查的其他内容。

第十三条　审查机构对施工图进行审查后，应当根据下列情况分别做出处理：（一）审查合格的，审查机构应当向建设单位出具审查合格书，并在全套施工图上加盖审查专用章。审查合格书应当有各专业的审查人员签字，经法定代表人签发，并加盖审查机构公章。（二）审查不合格的，审查机构应当将施工图退建设单位并出具审查意见告知书，说明不合格原因。施工图退建设单位后，建设单位应当要求原勘察设计企业进行修改，并将修改后的施工图送原审查机构复审。

第十五条　审查机构对施工图审查工作负责，承担审查责任。施工图经审查合格后，仍有违反法律、法规和工程建设强制性标准的问题，给建设单位造成损失的，审查机构依法承担相应的赔偿责任。

第十八条　按规定应当进行审查的施工图，未经审查合格的，住房城乡建设主管部门不得颁发施工许可证。

第二十五条　审查机构出具虚假审查合格书的，审查合格书无效，县级以上地方人民政府住房城乡建设主管部门处3万元罚款，省、自治区、直辖市人民政府住房城乡建设主管部门不再将其列入审查机构名录。审查人员在虚假审查合格书上签字的，终身不得再担任审查人员；对于已实行执业注册制度的专业的审查人员，还应当依照《建设工程质量管理条例》第七十二条、《建设工程安全生产管理条例》第五十八条规定予以处罚。

百问 3：如何选用市政工程施工技术标准

目前，市政工程施工现场技术标准使用十分混乱，既有国家标准、行业标准，又有地方标准、协会标准，有时还有公路专业标准、铁路专业标准和企业标准，致使市政工程施工现场无所适从，经常发生技术标准的错用和混用，结合以往施工和监督实践，就如何选用市政工程施工技术标准，浅述如下：

一、施工技术标准的权威性和严格性

就权威性而言，国家标准最高，大于行业标准，行业标准大于地方标准，企业标准最低。同一标准中强制性条文权威性高于一般性条文。就严格性而言，国家标准最低，低于行业标准，行业标准低于地方标准，企业标准最严。同一标准中强制性条文严格性高于一般性条文。协会标准、专业标准宜划分为行业特殊标准范畴，在相关专业项目工程中应优先选用。

二、合同文件解释优先顺序

合同文件优先顺序一般为：合同协议书，中标通知书，投标书，合同专用条款，合同通用条款。合同协议书解释最优先，合同通用条款解释最后。

需要特别说明的是：施工过程中，双方有关的工程洽商、设计变更等书面指令或文件，因签订时间在后，系双方就变更工程施工合同内容达成的新的合意，该工程洽商、设计变更等书面文件在符合法律规定的情况下，应最优先解释适用。

三、市政工程项目施工中施工技术标准的选用

1. 一般情况下，市政工程项目施工中施工技术标准因市政工程具有的地方性特点通常应优先选用地方标准。若同一施工技术标准地方标准新颁布，应全部采用；若国家标准新颁布，则在采用地方标准时，对新颁布的国家标准的新要求应一并采纳。同一施工技术标准有新版时，应予优先采用。协会标准、专业标准宜划分为行业特殊标准范畴，在相关专业项目工程施工中应优先选用。

2. 市政工程项目一般会在工程施工合同文件中明确约定工程施工过程中选用的施工技术标准，若无冲突，按合同文件选用即可。

3. 市政工程项目合同文件中对项目施工过程中选用施工技术标准发生冲突不一致时，则应按照"合同文件解释优先顺序"选用。

4. 市政工程项目合同文件中对某一施工项目未明确约定选用何种施工技术标准时，一般情况下，应选用严格性较高的标准执行。也可在项目施工前，由参建各方协商一致确定选用。

5. 为避免项目施工过程中因施工技术标准选用不同而造成不必要的施工影响，建议把施工技术标准的选用作为施工图会审、合同审查及施工组织设计审批的重要内容，并在工程开工、设计交底前，参照施工单位编制的《项目标准规范目录清单》，以工程洽商记录形式予以明确约定。项目标准规范目录清单表式可参见附件《项目标准规范目录清单》。

附件：项目标准规范目录清单

工程名称		日期	
（子）单位 工程名称			
标 准 规 范 目 录			
备注			

参加人员签字栏					
施工项目 技术负责人	标准员	技术员	施工员	质量员	填表人

百问 4：如何做好市政工程图纸审查和图纸会审

目前，市政工程项目管理中多数项目部对图纸审查和图纸会审认识不清，加之旧版《市政基础设施工程资料管理规程》DBJ01－71－2003 中图纸会审及设计交底的影响，同时，由于第三方施工图强制性审查要求，导致施工单位概念不清，工作开展混乱。结合以往施工和监督实践，就如何做好市政工程中图纸审查和图纸会审，浅述如下：

一、图纸审查和图纸会审概念

图纸审查是指工程开工前由承包工程的施工单位技术负责人或项目负责人组织施工、技术等有关人员对施工图进行全面学习、审查并做《图纸审查记录》（表式 C2-3），将图纸审查中的问题整理、报建设、监理单位，由建设、监理单位提交给设计单位，以便在图纸会审时予以答复的全过程。

图纸会审是指由建设单位组织，设计、监理和施工单位技术负责人及有关人员参加。设计单位对各专业问题，结合图纸审查中的问题进行交底，施工单位负责将设计交底内容按专业汇总、整理形成《图纸会审记录》（表式 C2-4），有关单位项目或专业负责人签字确认的全过程。

二、图纸审查和图纸会审区别

1. 组织单位不同。图纸审查由承包工程的施工单位组织。当有专业分包时，不论是建设单位直接发包还是施工总承包单位发包，都应由专业分包单位自己组织专业分包工程的图纸审查，并将图纸审查情况报施工总承包单位汇总。而图纸会审由建设单位组织。

2. 会议主持及参加人员不同。图纸审查会议主持人为施工单位技术负责人或项目负责人，参加人员为项目施工员、技术员、材料员、试验员等。而图纸会审会议主持人为建设单位项目负责人，参加人员为设计、监理和施工单位技术负责人及有关人员。当有专业分包时，若由建设单位直接发包，则总承包单位可不参加专业分包工程的图纸审查。若由施工总承包单位发包，则总承包单位应参加专业分包工程的图纸审查。图纸会审时，专业分包单位技术负责人及有关人员必须参加。

3. 目的作用不同。图纸审查的目的和作用在于将审查中发现的问题提前交给设计单位，以便设计单位进行有针对性的设计交底。同时，便于施工技术人员熟悉、学习图纸。而图纸会审的目的和作用在于对设计文件的补充，是施工的正式文件和技术依据之一。

4. 记录形式不同。图纸审查的记录形式为《图纸审查记录》（表式 C2-3），当有专业分包时，《图纸审查记录》应包含专业分包单位的图纸审查记录所有内容，不能丢项。而图纸会审的记录形式为《图纸会审记录》（表式 C2-4）。需要注意的是，图纸会审记录参会各方负责人签字应齐全，且应加盖单位公章，同时所有问题的答复应能与图纸审查一一对应，不得漏项。

三、图纸审查和图纸会审应注意的几个问题

1. 图纸审查相关要求。图纸审查依据为施工图、相关标准规范、标准图集。图纸审查重点是不同图纸中的相互关系；不同专业之间的相互关系。图纸审查实施是由施工单位技术负责人或项目负责人组织施工、技术等有关人员对施工图纸进行全面学习审查。

2. 图纸会审相关要求。图纸会审记录应按不同专业由施工单位进行单独的汇总，并注明相应修改图纸的图号。图纸会审记录所有签字均应由其单位项目负责人或技术负责人签字，尤为需要设计项目负责人签字确认。当场不能确定的问题，应以设计变更、工程洽商的形式予以明确。按照《市政基础设施工程资料管理规程》DB11/T 808－2011 要求，图纸会审记录可以等同于设计交底记录使用（现行资料规程用图纸会审记录取代了原设计交底记录，且表式编号均未变）。

3. 图纸审查后进行图纸会审前，施工单位一定要特别注意咨询勘察单位意见或邀请勘察单位参加图纸审查，并将勘察单位意见一并反馈给设计单位，同时应在图纸会审记录中明确记录其审查、会审情况，如勘察单位有意见时，应由其勘察单位项目负责人或技术负责人在《图纸会审记录》上签字并加盖单位公章。

4. 目前，在市政工程施工实践中，设计图纸在工程正式施工前能完整提供的，少之又少，几乎没有。大部分为电子版图、白图和施工准备图。因此，施工单位项目部应就手中已有的图纸进行详细、认真的技术审查，形成清晰的图纸审查记录，并据此提交设计单位形成可施工的图纸会审记录。每来一批图纸，形成一次图纸审查、会审记录。待正式施工图到后，项目技术负责人应及时组织相关技术人员对新旧图纸进行仔细核对、勘误。发现问题，及时修订完善，并在工程完工后，及时汇总整理归档图纸审查、会审记录。

百问 5：如何做好市政工程施工组织设计和施工方案

目前，市政工程项目部在施工组织设计和施工方案上普遍存在内容审批不规范，深度广度不一致，有时与施工组织总设计及安全施工专项方案混为一谈。参照《建筑施工组织设计规范》GB/T 50502－2009 和《市政工程施工组织设计规范》GB/T 50903－2013，结合以往施工和监督实践，就如何做好市政工程施工组织设计和施工方案，浅述如下：

一、市政工程施工组织设计和施工方案的概念

市政工程施工组织设计是指组织市政工程单位工程施工全过程中各项生产技术、经济活动，控制质量、安全等各项目标的综合性管理文件。市政工程施工方案是指用以指导市政工程项目分项、分部工程或专项工程施工的技术文件。

二、市政工程施工组织设计和施工方案的编制对象

市政工程施工组织设计的编制对象为一个施工单位中标的一个或几个单位工程。既可以是整条路及管线工程或某个标段，也可以是整条路及管线工程的道路、桥梁工程或专业管线工程的或某个标段道路、桥梁工程或专业管线工程。如：某某路道路及管线工程、某某路 1 号标工程、某某路道路及管线工程雨污水工程、某某路 1 号标人行天桥工程等施工组织设计。市政工程施工方案的编制对象为一个施工单位中标的一个或几个单位工程的关键工序、重点部位所对应的和危险性较大的分项、分部工程或专项工程。如：桥梁防水工程、预应力张拉工程、箱涵顶进工程、盾构工程等施工方案或深基坑工程、模板工程及支撑体系、起重吊装及安装拆卸工程、钢结构安装工程、人工挖孔桩工程等专项施工方案。

三、市政工程施工组织设计和施工方案的具体内容

市政工程施工组织设计内容目录应主要包括：①编制依据；②工程概况；③施工部署；④施工准备；⑤主要施工方法；⑥主要管理措施；⑦施工总平面图。施工方案内容目录应主要包括：①编制依据；②施工部位的概况分析；③施工准备；④施工安排；⑤主要施工方法；⑥质量要求；⑦其他要求。

市政工程施工组织设计具体内容为：

① 编制依据。市政工程施工合同、设计文件；与工程建设有关的国家、行业和地方法律、法规、规范、规程、标准、图集；企业技术标准等。

② 工程概况。工程基本情况和相应的监督单位、参建单位（含建设、设计和监理单位）的基本情况；单位工程设计简介。

③ 施工部署。施工管理目标：根据施工合同的约定和政府行政主管部门的

要求，制定实施的工期、质量、安全目标和文明施工、消防、环境保护等方面的管理目标。施工部署原则：为实现单位工程的各项管理目标，应确定的主导思想。项目经理部组织机构：项目经理部应根据工程特点设置足够的岗位，其人员组成以机构框图的形式列出，明确各岗位人员的职责。计算主要工程量。承包单位按照施工图纸计算主要分项、分部工程的工程量，据此编制施工进度计划、划分流水段、配置资源等。施工进度计划：施工进度计划应按照合同规定的或双方协商一致的总工期计划编制，市政工程施工进度计划一般应用网络图表示。原材料、构配件、设备的加工及采购计划：应根据施工进度计划制定原材料、构配件、设备的加工及采购计划。劳动力计划：按工程的施工阶段列出各工种劳动力计划，并绘制劳动力分布图。协调与配合：应明确项目经理部与工程监理单位及各参建单位之间需要配合、协调的范围和方式。

④ 施工准备。技术准备：为完成单位工程所需的技术准备工作，如技术培训、图纸会审、测量方案等；施工方案编制计划；试验、检测计划；试验段计划；新技术、新工艺、新材料、新设备采用计划等。现场准备：结合实际阐明开工前的现场安排及现场使用，如施工水源、电源的引入；生产、办公、生活临时设施；材料、垃圾堆放场地及临时围墙和施工道路的设置。

⑤ 主要施工方法。流水段划分：应结合单位工程的具体情况分阶段划分施工流水段，并绘制流水段划分图。大型机械设备选择：根据工程特点，按施工阶段选择大型施工机械设备，并列出设备的规格、型号、主要技术参数及数量。分部、分项工程施工方法：根据现行标准、规范分部、分项工程划分，结合工程具体情况，根据各级工艺标准或工法，优化选择相应的施工方法。测量放线、季节性施工、钢结构工程、临时便线便桥工程、降水设计、预应力张拉设计、顶管暗挖盾构工艺设计、大型钢及混凝土预制构件吊装设计等专项工程或设计应根据实际情况确定施工方法。

⑥ 主要管理措施。单位工程的主要管理措施，如分包管理措施、工期保证措施、质量保证措施、安全保证措施、环保管理措施、文明工地管理措施等应分别编制。其中质量保证、安全管理应有相应的管理体系，并以框图表示。

⑦ 施工总平面图。施工总平面图应按常规内容标注齐全，并应符合国家有关制图标准，图幅不宜小于 A3 尺寸。

市政工程施工方案具体内容为：

① 编制依据。单位工程施工组织设计中制定的编制计划；参照有关的技术标准。

② 施工部位概况分析。应重点描述与施工方案有关的内容和主要参数，对该施工部位的特点、重点、难点进行分析。

③ 施工准备。包括技术准备、机具准备、材料准备、试验检验工作的内容。

④ 施工安排。应明确施工部位、工期要求、劳动力组织和职责分工。

⑤ 主要施工方法。具体描述施工工艺流程及技术要点，对施工特点、难点、重点提出施工措施及技术要求。

⑥ 质量要求。应明确质量标准，允许偏差及验收方法。

⑦ 其他要求。根据施工合同约定和行业主管部门要求，制定该施工方案的施工安全生产、消防、环保等措施，与监理单位的配合等。

四、市政工程施工组织设计和施工方案的编制审批

市政工程施工组织设计由项目负责人组织编制，由项目负责人进行审核，由施工单位技术负责人负责审批。市政工程施工方案由项目专业技术负责人组织编制，由项目技术负责人负责审批。重点、难点分部、分项工程和专项工程施工方案应由施工单位技术部门组织相关专家评审，施工单位技术负责人或其授权人负责审批。对于由总承包单位专业分包的施工方案，应由分包单位负责编制，由其技术负责人签批后加盖单位公章上报总承包单位审批。对于由建设单位直接分包的施工方案，应由分包单位负责编制，由其技术负责人签批后加盖单位公章上报建设单位审批。施工组织设计和施工方案报审时，施工单位必须填报《工程技术文件报审表》（表 A1、表 B2-1、表 AQ-B2-1）经监理单位总监理工程师审批同意后，方可组织实施。在项目施工过程中施工组织设计和施工方案如有较大的施工措施或方案变更时，还应履行相应的变更审批手续。

五、市政工程施工组织设计和施工方案编制审批应注意的几个问题

1. 市政工程施工组织设计必须经施工单位填写《施工组织设计审批表》（表式 C2-2），有关部门会签后，提出审核意见，报单位技术负责人进行审批，并加盖单位公章，审批内容一般应包括：内容完整性、施工指导性、技术先进性、经济合理性、实施可行性等方面。

2. 市政工程施工组织设计还应编写交通导行措施、安全施工、绿色文明施工、环保以及节能降耗措施等内容。

3. 重要的市政工程施工方案因直接关系着工程结构的质量及耐久性，方案应由相应的主管技术负责人负责组织编制，由承包单位技术负责人审批。重大工程的施工方案应经过专家论证。

4. 模板及支架设计；地下基坑、沟槽支护设计；降水设计；顶管、暗挖、盾构法等工艺技术设计以及监控量测方案；施工便桥、便线工程；现浇混凝土结构及预应力张拉工程；大型预制钢及混凝土构件吊装方案；大体积混凝土施工浇筑方案等应纳入市政工程重要的专项施工（设计）方案范畴。

5. 市政工程施工组织设计文件审批后，应在工程开工前由项目负责人组织，对项目部全体管理人员进行交底，交底应留有记录并签字齐全。施工方案审批后，应在实施前由项目技术负责人组织对项目部相关管理人员进行交底，交底应留有记录并签字齐全。

6. 市政工程施工组织设计和施工方案均应加盖项目负责人建造师印章，经项目总监理工程师或专业监理工程师签批后方可组织实施。

7. 市政工程施工组织设计中已描述详细具体的相关内容，施工方案在编制时可直接参见引用，而不必再另行赘述。在方案技术交底、工序技术交底时直接参照引用即可。

六、关于市政工程安全专项施工方案

市政工程安全专项施工方案的概念、编制对象、主要内容、编制和审批、实施中应注意的问题详见"百问92：如何做好市政工程安全专项施工方案"。

百问 6：如何做好市政工程监理规划和监理实施细则

目前，市政工程项目监理部对工程监理规划和监理实施细则混淆不清，尤其同时受安全监理方案和安全监理实施细则的影响，致使在监理实际操作中，工程监理规划和监理实施细则审批不全、内容混乱、缺少针对性、根本无法指导施工监理工作。依照《建设工程监理规程》DBJ 01 - 41 - 2002 和《建设工程安全监理规程》DB 11/382 - 2006，结合以往施工和监督实践，就如何做好市政工程监理规划和监理实施细则，浅述如下：

一、监理规划和监理实施细则的概念

按照北京市《建设工程监理规程》DBJ 01 - 41 - 2002 和北京市《建设工程安全监理规程》DB 11/382 - 2006 规定，监理规划和监理实施细则的概念分别如下：

监理规划：由项目总监理工程师组织编制，并经监理单位技术负责人批准，用以指导项目监理部全面开展监理业务的指导性文件。监理规划中应包含安全监理方案。安全监理方案是指在总监理工程师主持下编制，经监理单位技术负责人批准，用于指导项目监理部开展安全监理工作的指导性文件。

监理实施细则：是项目总监理工程师根据需要，依据监理规划，组织专业监理工程师编制并经项目总监理工程师批准的针对某一专业或某一方面监理工作的操作性监理文件。监理实施细则中应包含具有针对性的安全监理实施细则。

二、监理规划和监理实施细则的区别

1. 监理规划和监理实施细则内容不同。

监理规划主要内容有：工程项目概况；监理工作依据；监理范围和目标；工程进度、质量、造价控制；合同其他事项管理；项目监理部组织机构、资源配置；监理工作管理制度。按照《关于加强北京市建设工程质量施工现场管理工作的通知》（京建发〔2010〕111 号）要求，工程质量监理工作制度应主要包括：工程材料、构配件和设备质量控制，分包单位资质审查，监理旁站，监理月报，有见证取样和送检，平行检验，分项、分部工程验收签认，单位（子单位）工程预验收和工程竣工验收等制度。安全监理方案应根据法律法规的要求、工程项目特点以及施工现场的实际情况，确定安全监理工作的目标、重点、制度、方法和措施，并明确给出应编制安全监理实施细则的分部、分项工程或施工部位。

监理实施细则主要内容有：专业工程的特点；监理工作的流程；监理工作的控制要点及目标值；监理工作的方法和措施。危险性较大的分部分项工程施工前，必须编制安全监理实施细则。安全监理实施细则应针对施工单位编制的专项施工方案和现场实际情况，依据安全监理方案提出的工作目标和管理要求，明确监理人员的分工和职责、安全监理工作的方法和手段、安全监理检查重点、检查频率和检查记录的要求。

2. 监理规划和监理实施细则编制和审批不同。监理规划由项目总监理工程师负责组织编制，由监理单位技术负责人负责审批。监理实施细则由各专业监理工程师负责组织编制，由项目总监理工程师审批。

3. 监理规划和监理实施细则编制依据不同。监理规划编制依据为：相关法律、法规及项目审批文件；与项目有关的标准、设计文件、技术资料；监理大纲、委托监理合同文件等。监理实施细则编制依据为：已批准的监理规划（含安全监理方案）；与专业工程相关的标准、设计文件和技术资料；施工组织设计等。

4. 监理规划和监理实施细则目的不同。监理规划是在监理委托合同签订完成后在项目总监理工程师主持下针对具体工程编制的指导监理工作的纲领性文件。目的在于指导项目监理部开展日常工作。监理实施细则是在监理规划编制审批完成后依据监理规划和相关文件由专业监理工程师针对具体专业编制的操作性业务文件。目的在于指导具体的监理业务。

三、监理规划和监理实施细则应注意的几个问题

1. 监理规划应在签订委托监理合同，收到施工合同、设计文件一个月内编制完成，并应在监理交底会前提交建设单位。

2. 监理规划内容应有针对性，控制目标明确，控制措施有效，工作程序合理，工作制度健全，职责分工清楚，对监理实施工作有切实指导作用。

3. 监理规划应有时效性，在项目实施过程中，应视情况变化宜做必要调整，调整宜由总监理工程师组织监理工程师研究修改。按原报审程序批准后报建设单位。

4. 监理规划中的工程质量控制措施应包括：质量控制目标的分解、质量控制程序、质量控制要点和控制质量风险的措施等。

5. 监理实施细则应在工程施工前编制并审批完成。

6. 监理实施细则应符合监理规划的要求，并应结合工程项目的专业特点，详细、具体、具有可操作性。

7. 对技术复杂的、专业性较强的工程项目，项目监理部应编制监理实施细则，对一般常规市政工程施工项目，如：常规开槽施工的雨污水管线工程；小区配套市政工程等。项目监理部可不编制监理实施细则。

8. 在项目监理实施过程中，监理实施细则应根据项目施工的实际情况进行补充、修改和完善。

9. 安全监理方案可与监理规划一起编制和审批，也可单独编制和审批。安全监理实施细则可与监理实施细则一起编制和审批，也可单独编制和审批。一般情况下，为便于操作和管理，安全监理方案与监理规划一起编制和审批，安全监理实施细则与监理实施细则单独编制和审批。

10. 安全监理方案应具有针对性。安全监理实施细则应具有针对性和可操作性。

11. 危险性较大的分部分项工程施工前，监理单位项目部必须依据施工单位安全专项施工方案编制安全监理实施细则。

百问7：如何做好市政工程项目名称和工程划分

目前，市政工程中施工单位在施工技术资料填写时，对工程项目名称和工程划分明显不清，有的甚至错误，经常造成施工技术资料返工或重新编制。结合以往施工和监督实践，就如何做好市政工程项目名称和工程划分，浅述如下：

一、标准规范对项目名称和工程划分的原则要求

1.《市政基础设施工程质量检验与验收标准》DB11/T 1070-2014 第 4.0.6 条：工程动工前，施工单位应会同建设单位、监理单位将工程划分为单位（子单位）、分部（子分部）、分项工程和检验批，……，以此作为施工质量检验、验收的基础"。

2.《城镇道路工程施工与质量验收规范》CJJ 1-2008 第 3.0.13 条：道路工程应划分为单位工程、分部工程、分项工程和检验批，作为施工质量检验和验收的基础。

第 4.0.8 条：施工前，……，确定工程质量控制的单位工程、分部工程、分项工程和检验批，报监理工程师批准后执行，并作为施工质量控制的基础。

3.《城市桥梁工程施工与质量验收规范》CJJ 2-2008 第 3.0.9 条：开工前，应将工程划分为单位（子单位）、分部（子分部）、分项工程和检验批，作为施工控制的基础。

4.《给水排水管道工程施工及验收规范》GB 50268-2008 第 3.0.9 条：单位（子单位）工程、分部（子分部）工程、分项工程和验收批的划分可按本规范附录 A 在工程施工前确定。

综上所述，工程开工前，施工单位应会同建设、设计、监理单位就工程项目名称和单位（子单位）、分部（子分部）、分项工程及检验批的划分，依据相应划分原则和以往工程实践经验，结合工程项目实际情况和特点，经参建各方协商一致后，形成《工程项目名称和单位（子单位）、分部（子分部）、分项工程及检验批划分》文件或会议纪要，经参建各方签字确认后，严格指导工程施工全过程及施工技术资料管理，真正作为施工质量检验和验收的基础。

二、工程名称的确定

因市政工程的特殊性，市政工程一般都没有正式的施工许可证，没有正式图纸，只有白图、电子版图或施工准备图，更不用说施工图强制性审查，工程就已开工。同时，各类专业管线项目投资建设单位、各专业设计单位风格习惯不一，致使规划许可证、施工准备图、招标文件与施工合同等工程名称经常不一致，给施工技术资料的编制造成很大困扰。

在实际操作中，市政工程在开工时，一般情况下都已具有工程规划许可证，工程项目名称较为规范清晰，且为法定名称，因此，工程项目名称建议采用市政工程规划许可证上的名称为宜。

三、单位工程、子单位工程的划分

单位、子单位工程定义。单位工程是指具备独立施工条件并能形成独立使用功能的构筑物，或是具有独立施工条件并能进行独立核算的工程标段项目为一个单位工程。当单位工程规模较大或较复杂时，可以将其能形成独立使用功能的部分划为若干个子单位工程。因市政工程特点，某一中标项目或某一道路工程通常由道路、桥梁、雨水、污水等子单位工程组成。为方便工程施工技术资料的管理，市政工程通常以子单位工程为基本单元进行工程施工技术资料的收集、归档和整理。例如：单位工程为广渠路（四环一五环）道路工程1号标。子单位工程可划分为：1号匝道桥工程；2号匝道桥工程；1号天桥工程；2号天桥工程；道路工程；雨水工程；污水工程，也可以划分为：匝道桥工程；天桥工程；道路工程；雨水工程；污水工程。

四、分部（子分部）、分项工程和检验批的划分

分部工程的划分应按工程的专业性质、结构部位或特点、功能、工程量来确定，当分部工程规模较大或工程复杂时，可按材料种类、施工特点、施工程序、专业系统及类别划分为若干子分部工程。分项工程的划分应按主要工种、材料、施工工艺和设备类别等来确定。检验批应根据施工、质量控制和专业验收需要按施工段或部位进行划定。检验批是工程验收的最小单位，是分项工程乃至整个工程质量检验和验收的基础。

分部（子分部）、分项工程和检验批划分时，道路工程建议采用《城市道路工程施工质量检验标准》DB11/T 1073－2014单位、分部、分项工程和检验批的划分为宜，同时可参照《城镇道路工程施工及验收规范》CJJ 1－2008的相关规定。桥梁工程建议采用《城市桥梁工程施工质量检验标准》DB11/1072－2014单位、分部及分项工程和检验批的划分为宜，同时可参照《城市桥梁工程施工及验收规范》CJJ 2－2008的相关规定。雨污水管道工程建议采用《排水管（渠）工程施工质量检验标准》DB11/1071－2014分部工程、分项工程和检验批划分为宜，同时可参照《给排水管道工程施工及验收规范》GB 50268－2008的相关规定。

五、关于检验批项目的划分建议

检验批项目的划分除了桥梁工程《城市桥梁工程施工质量检验标准》DB11/1072－2014有明确规定外，道路工程、雨污水管道工程施工质量及验收规范对

检验批项目的划分较为含混，例如：雨污水管道工程按流水段、井段、连续施工段为一检验批；道路工程按每条路或路段为一检验批。

在市政工程实际操作中，桥梁工程检验批应以严格执行《城市桥梁工程施工质量检验标准》DB11/1072－2014 的相关规定为宜，其检验批比较明确具体，有较强的可操作性。道路工程、雨污水管道工程检验批的划分应以小于等于某一数值为宜。例如：沥青混合料面层≤2000m² 为一检验批；沟槽开挖≤100m 为一检验批。

需要特别注意的是：目前，市政工程施工中还有一些建设、监理和施工单位认为可以用分项工程来取代检验批，分项工程可以作为工程项目最小检验单位。这种观念是十分错误的，既不符合现行标准规范要求，也不符合市政工程施工实际，应切实予以重视。

六、工程项目名称和单位（子单位）、分部（子分部）、分项工程及检验批划分样式可参照附件《工程项目名称和单位（子单位）、分部（子分部）、分项工程及检验批划分》

_____工程

附件：工程项目名称和单位（子单位）、分部（子分部）、分项工程及检验批划分

会议纪要

时间：____年____月____日____午　　　　　地点：_____会议室

主持人：_____（总监理工程师或建设单位项目负责人）

内容：工程项目名称和单位（子单位）、分部（子分部）、分项工程及检验批划分

记录人：_____　　　　　　　　参加人：详见会议签到表（附后）

记录内容：

经参建各方协商一致，本工程项目名称定为：_____，道路工程单位（子单位）工程名称定为：_____，桥梁工程单位（子单位）工程名称定为：_____，雨水工程单位工程名称定为：_____，污水工程单位工程名称定为：_____。分部（子分部）、分项工程划分，道路工程采用《城市道路工程施工质量检验标准》DB11/T 1073-2014，具体分部工程为：_____，子分部工程为：_____，分项工程为：_____。桥梁工程采用《城市桥梁工程施工质量检验标准》DB11/1072-2014，具体分部工程为：_____，子分部工程为：_____，分项工程为：_____。雨污水工程采用《排水管（渠）工程施工质量检验标准》DB11/1071-2014，具体分部工程为：_____，子分部工程为：_____，分项工程为：_____。检验批划分，桥梁工程采用《城市桥梁工程施工质量检验标准》DB11/1072-2014，道路工程以$\leqslant 2000m^2$ 为一检验批、雨污水工程以$\leqslant 100m$ 为一检验批。

建设单位项目负责人：（签字）_____ ____年___月___日

设计单位项目负责人：（签字）_____ ____年___月___日

监理单位项目负责人：（签字）_____ ____年___月___日

施工单位项目负责人：（签字）_____ ____年___月___日

百问8：如何做好市政工程质量创优计划编制

目前，随着市政工程市场竞争越来越激烈，招标投标越来越规范，施工单位质量意识越来越强，市政工程质量创优积极性也越来越高，但施工单位对工程质量创优计划编制还是不熟悉、不了解，经常与项目工程质量计划或工程质量检验和试验计划混为一谈。结合以往施工和监督实践，就如何做好市政工程质量创优计划编制，浅述如下：

一、工程质量创优计划的概念

工程质量创优计划是指在工程开工前，针对工程特点、项目实际和合同要求，由项目技术负责人组织相关部门及人员编制的就项目工程质量达到目标优质工程的具有可操作性的具体指导文件。

二、工程质量创优计划编制的目的

工程质量创优计划编制的目的是明确工程创优目标及创优措施，指导创优工作顺利实施。以提高工程质量为目标，以工程创优为契机，通过编制实施创优计划，细化创优措施，加强质量管理工作，实现工程质量目标。

三、工程质量创优计划的主要内容

工程质量创优计划应包含概述、工程概况、工程质量和创优目标、创优组织、主要保证措施等内容。在具体编制时，可根据实际情况有所侧重，增减和调整相应内容。其主要内容为：①概述。编制目的；编制依据。②工程概况。工程基本情况；主要技术标准；主要工程内容；参建单位；工程投资及建设工期。③工程质量和创优目标。质量目标；创优目标。④创优组织。创优领导小组；创优职责。⑤主要保证措施。质量保证措施；安全保证措施；环保保证措施；技术创新措施等。

四、工程质量创优计划编制和实施中应注意的几个问题

1. 市政工程质量创优计划应在创优项目正式开工前由施工单位技术质量负责人组织编制，经项目负责人审核、单位技术负责人批准后实施，并及时向市政工程行业协会或有关单位备案。

2. 在项目实施过程中，施工单位应根据实施情况对项目创优计划内容进行适当的调整和补充。重大修改和完善应重新审批并报备。

3. 编制工程质量创优计划时应针对工程特点、项目具体情况，工程质量创优计划编制过程中应主动征求建设、设计、监理等参建单位意见和建议，同时向市政工程行业协会或有关单位了解工程创优奖项的有关规定和最新要求，确保工程质量创优计划的针对性和可操作性。

4. 编制工程质量创优计划时，应合理选择创优工程项目和创优目标，同时应与项目指导性施工组织设计相匹配。工程质量创优计划中提出的各种管理措施应能够通过努力在保证工程质量合格基础上，实现拟定的创优目标。

5. 工程质量创优计划在实施过程中，施工单位项目技术质量负责人应随项目工程进度及时与市政工程行业协会或有关单位沟通，邀请相关专家对项目工程质量进行现场阶段性检查和专业指导。

6. 工程质量创优计划在实施过程中，施工单位项目部管理人员应按分工随项目工程进度及时收集和整理质量控制相关资料，如各种质量会议、领导检查、监理复验、隐藏工程的数字图文记录等，以便于工程竣工验收后的项目申请优质工程的汇报和评审。

7. 市政工程创优目标应按一定程序顺序由低向高申报，在申报上一级优质工程奖项前，必须已获得下一级优质工程奖项。市政工程优质工程奖项依次为：由北京市住房和城乡建设委员会与北京市市政工程行业协会评选的北京市市政基础设施结构长城杯工程金银奖、北京市市政基础设施竣工长城杯工程金银奖；由中国市政工程协会评选的全国市政金杯示范工程；由中国土木工程协会、中国科学技术发展基金会评选的中国土木工程詹天佑大奖；由住房和城乡建设部与中国建筑业协会评选的中国建筑工程鲁班奖（1996 年由国家优质工程奖、建筑工程鲁班奖合并为中国建筑工程鲁班奖）。

五、现行《北京市市政基础设施长城杯工程评审管理办法》中有关优质工程部分的相关条款详见附件

附件：北京市市政基础设施长城杯工程评审管理办法
（相关条款）

第三条　北京市市政基础设施长城杯工程分为两个奖项：一是北京市市政基础设施结构长城杯工程；二是北京市市政基础设施竣工长城杯工程。两个奖项各设金质、银质两档。金质长城杯为本市市政基础设施工程质量最高荣誉奖。

第四条　申请参评市政基础设施长城杯奖工程，在企业自愿的前提下，经工程建设单位、监理单位和施工单位共同认可后，由主承建单位或建设单位依据本办法申报并参加评审。市政基础设施施工企业争创长城杯工程活动，是以施工企业为主体的行业活动。市政工程行业要立足于提高企业素质，加强科学管理，严格过程控制，实现一次成优，争创质量水平高、经济效益好、有科技含量、重节能环保的精品工程。

第五条　长城杯工程每年度评审一次。每年末评审当年完成的结构工程和上两年度完成的竣工工程。

第七条　申报参评国家级优质工程奖项的工程，从获得金质长城杯奖的工程中择优推荐。

第九条　评审市政基础设施长城杯工程，在北京市住房和城乡建设委员会指导下进行。北京市政工程行业协会负责全市市政基础设施长城杯工程评审工作，包括接受项目申请、申报，组织过程检查，组织评审，开展现场咨询指导和相关培训等服务工作。

第十二条　在本市行政区域内的市政基础设施建设工程，建设过程符合国家和本市有关建设管理法规的要求，完整履行相关审批手续，并具有一定规模，可进入申报长城杯工程的范围。

一、工程类别：市政基础设施建设工程包括市政公用（含公路）、城市轨道交通、水利、供电、电信等五类专业工程。

二、结构长城杯工程：评审对象为桥梁工程和以混凝土结构为主的工程。

（一）桥梁工程造价 3000 万元以上或桥梁面积 10000 平方米以上。

（二）其他结构工程总造价 3000 万元以上。

三、竣工长城杯工程：

（一）市政公用工程（含公路）：

1. 桥梁工程：造价 3000 万元以上或桥梁面积 10000 平方米以上。

2. 道路工程：造价 3000 万元以上或长度 2 公里以上。

3. 各类管线工程总造价 1500 万元以上，场站工程等总造价 3000 万元以上。

（二）城市轨道交通工程（符合下列条件之一）：

1. 新建轨道交通工程总造价 3000 万元以上；

2. 建筑工程（含地下和地上）面积 5000 平方米以上；

3. 停车场或车辆段面积 8000 平方米以上；

4. 地下隧道工程长度双线 500 延长米以上；

5. 桥梁工程长度 1000 延长米以上；

6. 轨道路基工程 1000 双线延长米以上；

7. 设备安装工程中的轨道工程、供电工程、通信工程、信号工程均应双线 5000 延长米以上。

（三）电力工程：在本市行政区域内新建的电压等级在 110 千伏及以上的供电工程项目，工程总造价在 3000 万元以上，且工程规模符合以下条件：

1. 主变压器容量在 63MVA 及以上的变电站工程；

2. 单回架空线路长度在 20 千米及以上的线路工程；

3. 单回直埋或沿隧道敷设的电缆长度在 5 千米及以上的电缆工程。

（四）水利工程：工程总造价 3000 万元以上。

（五）电信工程：工程总造价 3000 万元以上。

四、评审委员会可根据工程特殊情况，允许未达到上述评审规模但有突出特点的工程参加评审。

第十三条 申报长城杯工程评审的工程应符合以下条件：

一、申报工程符合本管理办法第十二条的要求；

二、申报工程有明确的创优目标、计划和切实可行的措施；

三、申报工程符合国家和本市建设工程法定建设程序，符合国家和本市质量管理的法律、法规和有关规范、规程、标准的规定；

四、申报工程未发生重大责任死亡事故；

五、申报工程施工技术资料完整、准确、达标。

第十四条 参加长城杯工程评审，由工程主承建单位申报；有多家主承建单位参加施工的系列工程或大型工程也可由建设单位报。

第十五条 申报程序如下：

一、工程开工前，申报单位向评审办公室申请参加长城杯工程评审，填写《北京市市政基础设施长城杯工程申请表》，申报结构长城杯的工程填写《北京市市政基础设施结构长城杯工程申报表》，并附有关资料（规划许可证、施工许可证、监督注册登记表、监理合同、施工合同、质量目标或计划）。施工单位申报长城杯工程须经建设单位、监理单位认可，签署推荐意见并加盖公章。申报材料经评审办公室审核符合申报范围和条件者，纳入工程参评范围。

二、工程开工后，申报单位应接受专业初评检查组依据评审办法和质量标准对工程质量进行的初评检查。对发现不符合长城杯工程标准的申报项目，评审办公室应向申报单位说明情况，并退还其申报材料，停止其参评资格。

三、工程竣工验收后，申报单位填写《北京市市政基础设施长城杯工程申报表》。《申报表》按规定由工程建设单位、施工单位、监理单位负责人签字、加盖公章，附工程竣工验收文件、验收备案表（复印件）和音像资料（DVD光盘）报评审办公室。评审办公室对《申报表》和相关资料进行审核，符合申报条件者，结合对工程结构质量的抽查评定结果，决定是否列入推荐评审范围。

百问 9：如何管理好市政工程质量员

目前，在市政工程施工现场，作为现场管理的八大员之一的质量员虽都设有，但无证上岗现象普遍，要不就是不论工程规模大小只有一人应付，从而造成施工现场质量管理不到位，有时还会造成一定的工程质量缺陷。按照《建筑与市政工程施工现场专业人员职业标准》JGJ/T 250－2011，结合以往施工和监督实践，就如何管理好市政工程质量员，浅述如下：

一、质量员的定义

质量员是指在市政工程施工现场，从事施工质量策划、过程控制、检查、监督、验收等工作的专业人员。

二、质量员的工作职责

①参与制定施工质量策划；②参与制定质量管理制度；③负责材料、设备的采购；④负责核查进场材料、设备的质量保证资料，监督进场材料的抽样复验；⑤负责监督、跟踪施工试验，负责计量器具的符合性审查；⑥参与施工图和施工方案审查；⑦负责制定工序质量控制措施；⑧负责工序质量检查和关键工序、特殊工序的旁站检查，参与交接检验、隐藏检查、技术复核；⑨负责检验批和分项工程的质量验收，参与分部工程和单位工程的质量验收；⑩参与制定质量通病预防和纠正措施；⑪负责监督质量缺陷的处理，参与质量事故的调查、分析和处理；⑫负责质量检查的记录，编制质量资料；⑬负责汇总、整理、移交质量资料。

三、质量员应具备的基本素质

1. 应具有中等职业（高中）教育及以上学历，并具有一定实际工作经验，身心健康；

2. 应具备必要的表达、计算、计算机应用能力；

3. 应具备必须的职业素养：

1）具有社会责任感和良好的职业操守，诚实守信，严谨务实，爱岗敬业，团结协作；

2）遵守相关法律法规、标准和管理规定；

3）树立安全至上、质量第一的理念，坚持安全生产、文明施工；

4）具有节约资料、保护环境的意识；

5）具有终生学习理念，不断学习新知识、新技能。

四、质量员应具备的专业技能

①能够参与编制施工项目质量计划；②能够评价材料、设备质量；③能够判

断施工试验结果；④能够识读施工图；⑤能够确定施工质量控制要点；⑥能够参考编写质量控制措施等质量控制文件，实施质量交底；⑦能够进行工程质量检查、验收、评定；⑧能够识别质量缺陷，并进行分析和处理；⑨能够参考调查、分析质量事故，提出处理意见；⑩能够编制、收集、整理质量资料。

五、质量员应具备的专业知识

①熟悉国家工程建设相关法律法规；②熟悉工程材料的基本知识；③掌握施工图识读、绘制的基本知识；④熟悉工程施工工艺和方法；⑤熟悉工程项目管理的基本知识；⑥熟悉相关专业力学知识；⑦熟悉建筑构造、建筑结构、建筑设备的基本知识；⑧熟悉施工测量的基本知识；⑨熟悉抽样统计分析的基本知识；⑩熟悉与本岗位相关的标准及管理规定；⑪掌握工程质量管理的基本知识；⑫掌握施工质量计划的内容和编制方法；⑬熟悉工程质量控制的方法；⑭了解施工试验的内容、方法和判定标准；⑮掌握工程质量问题的分析、预防及处理方法。

六、质量员管理中应注意的几个问题

1. 依照质量员定义及工作职责，目前，大多数市政工程施工项目部只是把质量员当作了资料员和试验员的复合体，简单地将施工交给了施工员，将质量交给了质量员。忘掉了施工现场项目部每一位管理人员都有两个工作区域：外业（现场）和内业（资料），都有两份工作职责：质量职责和安全职责。

2. 关于质量员设置，按照《关于加强北京市建设工程质量施工现场管理工作的通知》（京建发〔2010〕111 号）要求，市政工程合同价款数额 2 亿元以下的工程，质量员人数土建专业不应少于 2 名，水电专业各不应少于 1 人；市政工程合同价款数额 2 亿元以上 5 亿元以下的工程，质量员人数土建专业不应少于 4 名，水电专业各不应少于 2 人；5 亿元以上的工程，质量员人数土建专业不应少于 6 名，水电专业各不应少于 3 人。专业分包单位工程项目管理部应至少配备 2 名质量员，并应纳入总承包单位管理。

3. 按照《关于加强北京市建设工程质量施工现场管理工作的通知》要求，质量员应具有中级以上技术职称或从事质量管理工作 5 年以上，并取得企业培训上岗证书。

4. 市政工程施工项目部应按工程规模大小配置相应人数的、持证上岗的、对工程较为熟悉的质量员来从事施工质量策划、过程控制、检查、监督、验收等工作，加强质量控制和管理，全面落实各项质量制度和质量规划，以确保工程施工质量。

5. 公司技术质量管理部门应加强定期或不定期地对项目质量员的基本能力、应知应会和工作情况的全方位考核，确保能满足施工要求和项目需要。

第一篇　项目管理类

Ⅱ　项目实施中

百问 10：如何区别市政工程施工工序与分项工程

新版《市政基础设施工程质量检验与验收标准》DB11/T 1070－2014 在其基本规定中提出以施工工序进行施工质量控制，与旧版《市政基础设施工程质量检验与验收统一标准》DBJ 01－90－2004 的以分项工程进行施工质量控制有了较大差异。实际上，在旧版标准发布以前，市政工程一直以施工工序进行施工质量控制。结合以往施工和监督实践，就如何区别市政工程施工工序与分项工程，浅述如下：

一、施工工序与分项工程的概念

施工工序是指从接受施工任务直到交工验收所包括的主要阶段的先后次序，是工程项目在整个施工阶段必须遵循的顺序，它是经过多年的施工实践而发展形成的客观规律。

分项工程是指分部工程的组成部分，由一个或若干个检验批组成，一般按主要工种、材料、施工工艺、设备类别等进行划分。

二、施工工序与分项工程的区别

1. 名称性质不同。施工工序名称一般为"动词＋名词"，如：砌筑检查井、撞口、测量放线、沥青混合料摊铺等；而分项工程名称一般为"名词"，如：垫层、钢筋、检查井、沥青混合料面层等。

2. 采用标准不同。施工工序一般采用施工技术标准，如：《北京市城市桥梁工程施工技术规程》、《高密度聚乙烯排水管道工程施工与验收技术规程》等；而分项工程一般采用质量检验验收标准，如：《城市桥梁工程施工质量检验标准》、《市政基础设施工程质量检验与验收标准》等。

3. 控制指标不同。施工工序质量控制一般为怎么做才合格，侧重于过程控制；而分项工程质量控制一般为做得怎么样才合格，侧重于结果控制。如：施工工序沥青混合料摊铺，质量控制的关键为：温度（即：进场温度、摊铺温度、碾压温度、放行温度）和速度（即：摊铺速度、碾压速度）；而分项工程沥青混合料面层，质量控制的重点为：平整度、厚度、压实度、弯沉值（即：道路面层四项功能性指标）。

4. 施工记录不同。施工工序一般为施工过程检查记录，如：测量复核记录、注浆检查记录、顶管施工记录、沥青混合料摊铺记录等；而分项工程一般为一个分项工程的全部检验批验收完成后的验收记录，如：专门的记录为钢筋分项工程质量验收记录表、闭水试验分项工程质量验收记录表、沥青混合料面层工程质量验收记录表等,一般常用的通用记录为分项工程质量验收记录(表C7-2)。

5. 内容范畴不同。施工工序内容范畴一般较小,较具体明确;而分项工程内容范畴一般相对较广泛。同一项目工程中,一个分项工程中一般可含有多个施工工序,如:分项工程检查井就可分为测量放线、流槽砌筑、墙体砌筑、踏步安装、勾缝等施工工序。而一个施工工序可分成多个检验批工程,但一般会同属于一个分项工程,如:施工工序踏步安装就可以在管道多个检查井中分属不同的检验批工程,但同属一个检查井分项工程。

百问 11：如何做好市政工程预检

市政工程预检是一种技术复核，是进行下道关键工序施工前的重要检查。在工程实际操作过程中因某些施工环节的特殊性，需要进行预检，以防止不必要的返工或造成较大的经济损失。在《市政基础设施工程资料管理规程》DB11/T 808－2011 发布前的《北京市市政公用工程施工技术资料管理规定》（[94] 京建质字第 315 号）有明确的文字规定和相应的预检工程检查记录。《市政基础设施工程施工技术文件管理规定》（建城 [2002] 221 号）也对工程预检作了明确规定。但《市政基础设施工程资料管理规程》DB 11/T 808－2011 发布后，预检工程检查已取消，只有个别市政工程施工单位仍在采用隐蔽工程检查记录替代预检工程检查记录还在做工程预检。结合以往施工和监督实践，就如何做好市政工程预检，浅述如下：

一、现行标准规程对工程预检的要求

北京市地方标准《建设工程监理规程》DBJ 01－41－2002 第 6.5 节施工过程中的质量控制中规定"要求承包单位填写预检工程检查记录，报送项目监理部核查；对预检工程检查记录的内容到现场进行抽查。"

二、市政工程预检的概念

市政工程预检是市政工程预防性检查的简称，是指施工单位在施工前或施工过程中，对某些特殊环节（如：工序的结构尺寸、位置、高程及预留孔等）和重要分项工程的施工质量和管理人员的工作质量，在自检的基础上进行复核的一项技术工作。它是为防止施工中出现差错，保证工程质量，预防质量事故发生的一项有效的技术管理制度。

三、市政工程预检的目的

市政工程预检的目的在于防止因检查不到位或疏忽而造成下道工序的返工或不必要的较大经济损失。

四、市政工程预检的对象

市政工程预检的对象主要包括模板工程、设备基础、大型预制构件安装、大型支架基础、桥梁支座、管道预留孔洞、管道预埋套管、预埋件等。

五、市政工程预检的组织

市政工程预检一般应由项目技术负责人组织，专业工长、班组长参加，由质量员负责核定，可邀请监理单位参加。重点工程或重要施工部位（如：桥梁支座）的预检应邀请建设、监理、设计单位的代表参加。

六、市政工程预检的内容

1. 模板工程预检内容：检查模板的几何尺寸、轴线、标高、预留孔、预埋件的位置；模板牢固性、稳定性、接缝严密性；清扫口、浇筑口的留置位置，混凝土施工缝的留置是否符合要求；模内的残渣杂物的是否清理干净；模板的隔离剂涂刷情况。

2. 设备基础预检内容：基础的位置、混凝土强度、标高、几何尺寸、预留孔洞、预埋件的位置。

3. 大型预制构件安装预检内容：基础的位置、混凝土强度、标高、几何尺寸、预留孔洞、预埋件的位置。

4. 大型支架基础预检内容：基础的平整度、压实度、24h 沉降值。

5. 桥梁支座预检内容：跨距、支座栓孔位置和支承垫石顶面高程、平整度、坡度、坡向。

6. 管道预留孔洞预检内容：检查预留孔洞的尺寸、位置、标高。

7. 管道预埋套管（预埋件）预检内容：检查预埋套管（预埋件）的规格、形式、尺寸、位置、标高。

七、关于市政工程预检记录

市政工程预检记录可采用《北京市市政公用工程施工技术资料管理规定》（[94] 京建质字第 315 号）中规定表格，也可采用《市政基础设施工程资料管理规程》DB11/T 808-2011 中的《施工通用记录》（表 C5-1-1）或自行设计表格。在自行设计表格时，应在工程实施前（或开工后、动工前）依据合同约定，参照相关标准规定，由参建各方协商一致后设计表格使用，同时应保持自行设计表格在整个项目建设过程中的连续性和一致性。市政工程预检工程检查记录填写应规范，内容应完整，签字应齐全。预检工程检查记录表格样式还可参见附件《预检工程检查记录》。

附件：预检工程检查记录

工程名称		日　期	
施工单位		预检部位	
主要材料/设备		规格型号	
预检依据	施工图纸（施工图纸号：＿＿＿＿＿＿＿＿）；设计变更/洽商（编号：＿＿＿＿＿＿＿＿）及有关国家和地方标准、规范、规程。		
预检内容			
检查情况			
处理意见	复查人：　　　　复查时间：		
备注			
参加检查人员签字					

施工项目技术负责人	质量员	施工员	测量员	班组长	填表人

百问 12：如何做好市政工程隐蔽检查

目前，由于市政工程资料管理规程新旧标准对隐蔽工程检查的规定不同，造成了市政工程施工现场隐蔽工程检查混乱，现针对《市政基础设施工程资料管理规程》DB11/T 808－2011 的相关要求，结合以往施工和监督实践，就如何做好市政工程隐蔽检查，浅述如下：

一、隐蔽工程检查的概念

隐蔽工程是指被下道工序施工所隐蔽的工程项目。隐蔽工程检查是指针对隐蔽工程项目进行的检查，是在施工过程中上道工序完工后被下道工序隐蔽前的过程检查，不是分项、分部工程完成后的工程质量验收，其检查对象可能是检验批工程，分项工程，也可能是分部（子分部）工程。

二、新旧资料规程隐蔽工程检查的要求

1.《市政基础设施工程资料管理规程》DB11/T 808－2011 对隐蔽工程检查的要求为："8.5.1…2…《隐蔽工程检查记录》（表式 C5-1-2），适用于各专业。1）当国家现行标准有明确规定隐蔽工程检查项目的、设计文件或合同要求时，应进行隐蔽工程检查并填写隐蔽工程检查记录，形成检查文件，检查合格后方可继续施工。2）隐蔽工程检查意见应明确，检查手续应及时办理。"

2.《市政基础设施工程资料管理规程》DBJ 101－71－2003 对隐蔽工程检查的要求为："8.5.1…2…《隐蔽工程检查记录》（表式 C5-1-2），适用于各专业。隐蔽工程是指被下道工序施工所隐蔽的工程项目。隐蔽工程在隐蔽前必须进行隐蔽工程质量检查，由施工项目负责人组织施工人员、质检人员并请监理（建设）单位代表参加，必要时请设计人员参加，建（构）筑物的验槽，基础、主体结构的验收，应通知质量监督站参加。隐蔽工程的检查结果应具体明确，检查手续应及时办理，不得后补。须复验的应办理复验手续，填写复查日期并由复查人作出结论。"

三、新旧资料规程隐蔽工程检查的区别

1. 记录保存单位不同。《隐蔽工程检查记录》的保存单位，旧规程为施工单位、建设单位和城建档案馆，新规程为施工单位和建设单位，不再需要城建档案馆留存验收。

2. 记录签字单位不同。《隐蔽工程检查记录》的签字单位，旧规程为施工单位、监理（建设）单位和设计单位，新规程为施工单位和监理（建设）单位，不再需要设计单位签字。

3. 参加检查单位不同。新规程规定的检查单位有：建设单位、施工单位和监理单位。而旧规程必要的隐蔽工程检查应请设计单位参加，建（构）筑物的验槽，基础、主体结构的验收，应通知质量监督机构参加。

4. 隐蔽工程项目不同。新规程对隐蔽工程项目明确为 3 部分：国家现行标准规范中有明确规定的、设计文件要求的、合同文件约定的有隐蔽工程检查的项目。而旧规程对隐蔽工程项目主要部分一一列出。如：地基与基础；基础与主体结构钢筋；结构预应力筋；现场结构构件、钢筋连接；桥梁工程桥面防水层；桥面伸缩装置；管道基层处理；管道混凝土管座、管带；管沟防水；钢筋混凝土构筑物预埋件等。

四、如何明确隐蔽工程检查的具体项目

施工单位应针对具体的市政工程，参照旧规程中隐蔽工程项目一般应包含的内容，结合国家现行有效标准规范中有明确规定的、设计文件要求的、合同文件约定的隐蔽工程项目，既可在施工组织设计的"质量控制措施"章节中编制《项目隐蔽工程检查清单》，也可在施工组织设计编制前单独编制《项目隐蔽工程检查清单》，明确本工程中隐蔽工程的具体检查项目。经施工单位技术负责人审批，报总监理工程师批准后，在项目施工过程中严格落实。

合同约定的隐蔽工程检查项目情况目前施工中还极为少见，设计文件要求的隐蔽工程检查项目一般会在图纸说明中明确列出，摘录即可。因此，隐蔽工程检查项目主要来源于国家现行有效标准规范，且因隐蔽工程检查针对的是工序，是过程检查，故一般应在施工技术标准规范中查找，而不必查找施工质量检验标准，更不应盲目查找。只要针对具体的市政工程项目，查找设计、施工所采用的相应现行有效施工技术标准规范即可罗列出相应具体的隐蔽工程检查项目。市政工程在实施中，应针对《项目隐蔽工程检查清单》，由项目技术负责人组织质量员、施工员等相关管理人员进行具体的隐蔽工程检查交底并留存相应记录存档。

五、项目隐蔽工程检查清单样式可参见附件《项目隐蔽工程检查清单》

附件：项目隐蔽工程检查清单

工程名称		日期	
（子）单位 工程名称			
隐蔽工程检查项目			
备注			
参加人员签字栏			
施工项目 技术负责人	质量员	施工员	技术员	填表人

百问 13：如何做好市政工程中间检查交接

目前，市政工程施工现场对中间检查交接十分模糊，极不重视，一直以来，参建各方都不愿触碰此类问题，完全绕着走，一旦工程发生事故，责任双方都互相踢皮球，无任何文字材料及证据，事情最后往往都是各打五十大板，不了了之。结合以往施工和监督实践，就如何做好市政工程中间检查交接，浅述如下：

一、中间检查交接的概念

中间检查交接是指市政工程某一工序完成后，移交给另一单位进行下道工序施工前，移交单位和接受单位应进行交接检查，并约请监理或建设单位参加见证的过程。

二、标准规范对中间检查交接的要求

《市政基础设施工程资料管理规程》DB11/T 808－2011 中第 8.5.1.3 条规定"中间检查交接记录在某一工序完成后，移交给另一单位进行下道工序施工前，移交单位和接受单位应进行交接检查，并约请监理或建设单位参加见证。对工序实体、外观质量、遗留问题、成品保护、注意事项等情况进行记录，填写《中间检查交接记录》（表式 C5-1-3）。"

三、市政工程中间检查交接的主要方面

1. 工程主体完工后，交由附属工程或配套工程施工，双方交接时应填写《中间检查交接记录》。如：综合管廊工程结构完工后交由管道安装单位施工；地下通道工程完工后交由机电设备安装工程施工；道路工程完工后交由交通设施、园林绿化工程施工等。

2. 有专业分包的施工项目，双方有作业面交接时，尤为下道工序要隐蔽上道工序时，交接双方应认真进行中间检查并填写《中间检查交接记录》，如：桥梁工程桥面防水施工；电力方沟外防水施工；桥梁工程预应力张拉等。

3. 在道路结构层下，专业工程回填施工时，交接双方应填写《中间检查交接记录》。在市政工程施工中，由于投资渠道及专业施工垄断等原因，与道路同时配套建设的各种专业管线基本上由各专业公司投资建设、设计及施工管理，同时，各种专业管线管道基础、检查井基础及沟槽回填压实度标准要求相互不一致，且交叉作业，管理混乱，施工质量难于控制。目前，市政工程通常的做法是：为保证道路工程施工质量，各专业管线施工单位管道沟槽回填只回填至管顶以上 50cm，以上部分回填交由道路施工单位负责，且回填压实度标准按当年修路的压实度标准控制。此时交接双方时应填写《中间检查交接记录》。

四、中间检查交接应注意的几个问题

1. 交接检查应细致严谨，内容记录应全面具体。内容应包括实体质量、外观质量、遗留问题、成品保护、注意事项等。必要时，应留下具体联系方式和联系人。

2. 交接人、见证人应符合要求，交接人应为移交单位和接受单位项目负责人或项目技术质量负责人，见证人应为双方建设单位项目负责人或项目总监理工程师。一般情况下，中间检查交接双方项目为同一监理单位，同一项目总监理工程师，因此，正常情况下，中间检查交接见证人通常为项目总监理工程师。

3. 中间检查交接应及时组织，交接单位应适当提前通知接受单位，同时，交接完成后双方应及时签认《中间检查交接记录》，且双方各应留一定份数原件存档。

4. 当中间检查交接记录无法全面、准确、客观记录其交接内容时，可附相关材料及数字图文记录。

5. 中间检查交接记录应妥善保管、整理、归档，且需报建设单位存档。

6. 工程完工后，施工单位应将各专业管线或分包单位的中间检查交接记录汇总整理，形成工程中间检查交接情况，作为工程竣工总结的一个重要组成部分。

7. 当交接双方检查人员就检查意见达不成一致时，应及时召开工程参建各方协调会，就有关争议问题友好协商处理。若仍不能协商一致时，可提请通知工程所在区县质量监督机构。

百问 14：如何区别市政工程质量检查与验收

目前，市政工程标准规范中、施工项目部管理人员意识中都存在质量检查与验收混淆和误用现象，且大有漫延之势。故此，有必要澄清市政工程中质量检查与验收的关系，更好地加强质量管理工作。结合以往施工和监督实践，就如何区别市政工程质量检查与验收，浅述如下：

一、质量检查与质量验收的概念

质量检查是原材料、半成品及工程施工的中间环节，是质量管理的一种内控手段，目的在于一次性验收合格。

质量验收是原材料、半成品投入使用及进行下一道工序的责任主体的最终检验，是工程质量控制的关键环节，目的在于确保质量合格。

二、质量检查与质量验收的区别

1. 针对阶段不同。对原材料、半成品而言，质量检查是针对原材料、半成品进场前，而质量验收是针对原材料、半成品进场后使用前；对工程施工而言，质量检查是针对施工过程，而质量验收是针对检验批、分项工程、分部（子分部）工程、单位（子单位）工程完工后。

2. 参加人员不同。对原材料、半成品而言，质量检查参加人员为材料员、质量员；而质量验收参加人员为材料员、质量员及监理单位相关监理人员；对工程施工而言，质量检查参加人员为施工员（工长）、质量员；而质量验收参加人员为施工单位项目质量（技术）负责人、质量员及监理单位相关监理人员，具体为：检验批、分项工程质量验收由监理单位监理工程师（建设单位项目专业技术负责人）负责组织施工单位项目质量（技术）负责人、质量员等有关人员进行；分部（子分部）工程质量验收由监理单位总监理工程师（建设单位项目负责人）负责组织施工单位项目负责人等有关人员进行；单位工程质量验收时则应按竣工验收程序进行。

3. 责任主体不同。质量检查责任主体为施工单位；而质量验收责任主体为建设、监理、施工单位，涉及地基与基础等分部工程质量验收还涉及勘察、设计单位。

4. 填写记录不同。质量检查记录一般为《管材进场抽检记录》、《沉入桩检查记录》、《隐蔽工程检查记录》等；而质量验收记录一般为《物资进场报验表》、《检验批质量验收记录表》、《分项工程质量验收记录表》、《分部（子分部）工程质量验收记录表》等。

三、关于施工过程质量检查用表

目前，市政工程标准规范规程十分详细和具体，新版《市政基础设施工程资料管理规程》DB11/T 808-2011对工程施工质量验收用表基本能满足质量验收要求，但对施工过程质量检查用表缺项较多，在施工现场同样存在明显缺乏施工过程质量检查记录，且施工单位常以《市政基础设施工程资料管理规程》DB11/T 808-2011无相应表格加以搪塞。其实《市政基础设施工程资料管理规程》中明确指出："5.2.1未提供表式（表样）的可自行设计表式（表样）。"自行设计表格时，应在工程开工后、动工前依据合同约定，参照相关标准规定，由参建各方协商一致后设计使用。需要特别注意的是：当自行设计表格时，应保持自行设计表格在整个项目建设过程中的连续性和一致性。施工过程质量检查通用记录表式可参见附件《施工过程质量检查记录表》（通用）。

附件：施工过程质量检查记录表（通用）

工程名称			
施工单位		日 期	
施工内容			
质量检查情况			
质量问题及处理意见			
备注			
参加检查人员签字			
负责人	质量员			填表人

百问 15：如何做好市政工程注册建造师管理

关于注册建造师管理，住房和城乡建设部先后下发了《注册建造师管理规定》（建设部令第 153 号）、《一级建造师注册实施办法》（建市〔2007〕101 号）、《注册建造师执业管理办法（试行）》（建市〔2008〕48 号），北京市住房和城乡建设委员会也于 2011 年 5 月 1 日下发了《北京市注册建造师执业管理办法（试行）》（京建发〔2011〕103 号）。但目前，市政工程项目施工现场还存在相关文件未加盖注明建造师印章、注册建造师同时在多个项目上任职、随意更换注册建造师等这样那样的问题，结合实际，就如何做好市政工程注册建造师管理，浅述如下：

一、注册建造师的基本要求及现状

1. 注册建造师应在其注册证书所注明的专业范围内从事建设工程管理活动。但在市政工程施工实际中，因市政工程注册建造师较少，使用公路工程、铁路工程或建筑工程注册建造师担任项目负责人的现象屡见不鲜。

2. 注册建造师不得同时担任两个及以上建设工程施工项目负责人。实际中，因注册建造师考试通过率较低，市场明显不足，施工中同时担任两个及以上建设工程施工项目负责人的现象比比皆是。

3. 担任项目负责人的注册建造师在施工期间不得随意更换。而在市政工程施工现场实际，更换项目负责人随意而且不规范。主要表现为：未经建设单位同意随意更换；变更后的项目负责人执业资格、业绩、能力等均明显低于原项目负责人；变更后施工单位未按要求及时到工程招投标行政管理部门办理变更备案手续。

4. 担任专业工程施工的项目负责人应具有相应注册建造师资格。根据《注册建造师执业工程规模标准》，注册建造师分为一、二级注册建造师，将各类工程规模划分为大、中、小型，并要求大、中型工程的项目负责人必须具备一级注册建造师职业资格，中、小型工程项目负责人可以为二级注册建造师。而在市政工程施工现场，有的施工单位项目注册建造师级别明显不够，存在大型工程项目负责人注册建造师资格为二级的现象。

二、注册建造师的签章文件

1. 注册建造师应在《北京市注册建造师施工管理签章目录》（附件 1）规定的建设工程施工管理相关文件上签章。但《北京市注册建造师施工管理签章目录》（附件 2）目前只有房屋建筑工程部分，无市政工程部分。市政工程相关文件签章在参照房屋建筑工程部分的同时，可借鉴住房城乡建设部《注册建造师施工管理签章文件》市政公用工程部分。住房城乡建设部《注册建造师施工管理签章文件》（市政公用工程部分）及《北京市注册建造师施工管理签章目录》（房屋建筑工程部分）详见附件。

2. 市政工程注册建造师需要签章的主要文件资料有：施工组织设计、专项施工方案、有见证取样和送检见证人备案书、材料物资设备构配件进场报验表、分部（子分部）工程验收记录表、单位（子单位）工程质量竣工验收记录、单位（子单位）工程质量控制资料核查记录、单位（子单位）工程安全和功能检验资料核查及主要功能抽查记录、单位（子单位）工程观感质量检查记录、单位工程竣工预验收记报验表、工程竣工验收报告、工程质量保修书等。

3. 分包工程施工管理文件应当由分包单位注册建造师签章。分包单位签署质量合格的文件上，必须由担任总包项目负责人的注册建造师签章。

4. 注册建造师未签字并加盖执业印章的相关文件不得作为工程竣工验收资料报验和归档。目前，市政工程施工技术资料管理、城建档案馆资料预验收及监督机构执法检查对注册建造师管理及签章问题都不十分重视，致使注册建造师签章要求得不到有效落实，流于形势。

三、注册建造师的证章保管

注册建造师的注册证书和执业印章应由本人保管，任何单位（发证机关除外）和个人不得扣押注册建造师注册证书或执业印章。而事实上，一般注册建造师的注册证书和执业印章是由公司人事管理部门统一管理，从而造成施工现场相关文件不能及时有效加盖执业印章，此时，施工单位一般做法为注册建造师先在规定文件上签字，后每隔一段时间补盖执业印章来完成签章手续。

四、市政公用工程建造师执业工程范围

依照《注册建造师执业工程规模标准》，市政公用工程建造师执业工程范围为：土石方工程、地基与基础工程、预拌商品混凝土工程、混凝土预制构件工程、预应力工程、爆破与拆除工程、环保工程、桥梁工程、隧道工程、道路路面工程、道路路基工程、道路交通工程、城市轨道交通工程、城市及道路照明工程、体育场地设施工程、给排水工程、燃气工程、供热工程、垃圾处理工程、园林绿化工程、管道工程、特种专业工程等。

附件1：北京市注册建造师施工管理签章目录

（市政公用工程）

序号	工程类别	文件类别	文件名称
1	城市道路工程	施工组织管理	项目管理目标责任书
			施工组织设计
			项目管理实施规划
			物资进场计划
			特种作业人员审核资格表
			工程开工报审表
			项目大事记
			监理通知回复单
			工程复工报审表
		施工进度管理	施工总进度计划报审表
			施工进度年计划报审表
			施工进度季计划报审表
			施工进度月计划报审表
			工程延期申请表
			工程进度报告
		合同管理	分包单位资质报审表
			供货单位资质报审表
			试验室等单位资质报审表
			工程分包招标书、合同
			工程设备招标书、合同
			主要材料招标书、合同
		质量管理	有见证取样和送检见证人备案书
			工程物资进场报验表
			工程材料进场报验表
			工程设备进场报验表
			工程构配件进场报验表
			不合格项处置记录
			工程质量事故记录

续表

序号	工程类别	文件类别	文件名称
1	城市道路工程	质量管理	工程质量事故调查（勘察）记录
			工程质量事故处理记录
			单位工程结构安全和使用功能检验资料核查及主要功能抽查记录
			单位工程质量控制资料核查表
			单位工程质量验收记录
			单位工程竣工预验收报验表
			单位工程质量竣工验收记录
			工程竣工验收报告
			工程质量保修书
			工程竣工验收鉴定书
		安全管理	安全生产责任书
			项目安全生产管理规定
			现场安全检查、监管报告
			专项施工方案
			施工安全保证措施
			安全事故预防及应急预案
			安全教育计划
			安全事故上报、调查、处理报告
		现场环保文明施工管理	现场环保、文明施工方案与措施
			现场环保、文明施工检查及整改报告
		成本费用管理	工程进度款支付报告
			工程变更价款报告
			工程费用索赔申请表
			工程费用变更申请表
			安全经费计划表及费用使用报告
			工程保险（人身、设备、运输等）申报表
			清单核算
			工程竣工结算报告及报审表

注：城市桥梁工程、城市供水工程、城市排水工程、城市供热工程、城市地下交通工程、城市供气工程、城市公共广场工程、生活垃圾处理工程、交通安全设施工程、轻轨交通工程、园林绿化工程等市政公用专业工程参照上表执行。

附件2：北京市注册建造师施工管理签章目录

（房屋建筑工程）

序号	文件类别	文件名称	表号
1	施工管理资料 C1	工程技术文件报审表	C1-3
		施工进度计划报审表	C1-4
		工程动工报审表	C1-5
		分包单位资质报审表	C1-6
		月工程进度款报审表	C1-9
		工程变更费用报审表	C1-10
		费用索赔申请表	C1-11
		工程款支付申请表	C1-12
		工程延期申请表	C1-13
		监理通知回复单	C1-14
2	施工技术资料 C2	施工组织设计	
		高大脚手架方案	
		深基坑方案	
		其他危险性较大的工程专项施工方案	
3	工程验收资料C7	分部（子分部）工程验收记录表	C7-6
4	竣工质量验收资料 C8	单位（子单位）工程质量竣工验收记录	C8-1
		单位（子单位）工程质量控制资料核查记录	C8-2
		单位（子单位）工程安全和功能检验资料核查及主要功能抽查记录	C8-3
		单位（子单位）工程观感质量检查记录 单位工程竣工预验收报验表	C8-4 C8-5
5	其他资料	分包工程安全管理协议书	
		安全事故应急预案	
		施工环境保护措施及管理方案	
		施工现场文明施工措施	
		劳务管理	

百问 16：如何做好市政工程总分包管理

目前，市政工程总分包管理十分混乱，以包代管、分而不管、胡包乱管的现象较为普遍，特别是市政专业工程分包越来越多，因此，加强工程总分包管理对市政工程施工安全质量控制显得尤为重要。结合以往施工和监督实践，就如何做好市政工程总分包管理，浅述如下：

一、工程专业承包资质

总分包工程管理中的工程专业分包单位资格应通过规范的招投标方式获得，同时，必须具备相应的工程专业承包资质。按照住房和城乡建设部发布的 2015 年 1 月 1 日起施行的《建筑业企业资质标准》（建市〔2014〕159 号）企业专业承包资质标准，目前，市政工程中常见的工程专业分包主要有：地基基础工程、桥梁工程、隧道工程、钢结构工程、防水工程、预拌混凝土、模板脚手架等。而在市政工程项目施工中，很多施工总承包单位在选择专业工程分包单位时较为随意，未按规定要求落实相应程序。有的工程分包无明确的专业承包资质，如：目前普遍存在的市政道路工程路面沥青混合料摊铺专业分包，按照《建筑业企业资质标准》企业专业承包资质标准中根本没有路面摊铺专业资质，只有公路路面工程专业承包资质。且沥青混合料面层为市政道路工程关键的主体结构，其是否能专业分包值得商榷。

二、工程专业分包合同

总分包工程管理中的工程专业分包工程合同应规范签订并应到属地建设行政主管部门备案。目前，在市政工程项目施工中专业分包工程合同签订内容较随意，安全质量责任划分不清，签字不规范，未按相应工程合同范本填写，且能到建设行政主管部门备案的合同少之又少。总分包双方一旦发生纠纷，合同效力大打折扣，几乎成一张废纸。

三、总分包工程管理相关规定要求

按照《建筑法》规定要求：①施工总承包单位专业工程发包除总承包合同中约定的分包外，必须经建设单位认可。②建设工程主体结构的施工必须由总承包单位自行完成。③禁止专业分包单位将其承包的工程再分包。

按照北京市住房和城乡建设委员会发布的《关于加强北京市建设工程质量施工现场管理工作的通知》（京建发〔2010〕111 号文）规定要求：①专业工程分包单位对分包工程质量向施工总承包单位负责。分包单位项目负责人应持有授权委托书，并应代表单位法人承担工程项目质量责任。施工总承包单位与分包单位对分包工程的质量承担连带责任。②专业工程分包单位分包工程施工质量必须由其质量员和技术质量负责人检查签字认可，形成检查记录，报施工总承包单位检查验收。施工总承包单位质量员和专业技术质量负责人检查合格签字，报送监理单位监理工程师进行检查、验收。未经监理工程师检查签字认可，不得进行下一道工序施工。③分包单位工程项目管理部应至少配备 2 名质量员和 1 名试验员，并应纳入施工总承包单位管理。质量员应具有中级以上技术职称或从事质量管理工作 5 年以上，并取得企业培训上岗证书，试验员应具有初级以上技术职称或从事质量管理工作 3 年以上，并取得企业培训上岗证书。

总分包工程管理中应切实体现"总包负总责"的管理责任，严格管理层级顺序，即建设、监理单位只针对施工总承包单位，由施工总承包单位对专业分包单位，除建设单位直接发包的专业工程外，建设、监理单位不与专业分包单位发生直接关系。总分包工程管理总的责任原则应是"谁发包，谁负责"。而在实际施工中，总包责任体现不到位，各单位之间管理混乱，尤为同时存在多个专业分包单位时。

四、总分包材料采购

应厘清总分包工程管理与材料采购的关系。工程专业分包时，应由专业分包单位对施工原材料、构配件直接负责采购，施工总承包单位和建设、监理单位不应予以干涉，但涉及有特殊要求的材料和建设单位按合同约定负责直接采购的材料除外。目前，有一种趋势，就是有些建设单位要求施工单位对大型预制构件、大宗商品混凝土等材料采购实行总分包工程管理。其目的是为了加强工程质量管理，将质量控制关口前移，对重要材料、构配件厂家实行延伸监督。有些构件厂虽有预制构件加工资质，但无构件安装设备和能力。作为市政工程主要原材的无机混合料、沥青混合料生产厂家目前尚未进行企业资质管理，对这些厂家用总分包工程管理模式代替材料采购，终究还是有些不妥。目前，《北京市施工现场材料工作导则（试行）》（京建发〔2013〕536 号）明确规定不适用于市政工程，市政工程的材料采购尚未实行同房屋建筑工程一样的备案制管理。建议市政工程材料采购尽快实行备案制管理。

五、工程总分包管理中应注意的几个问题

1. 工程总分包体系及一、二级市场。《建筑业企业资质标准》（建市〔2014〕159 号）中规定"①施工总承包工程应由取得相应施工总承包资质的企业承担。取得施工总承包资质的企业可以对所承接的施工总承包工程内各专业工程全部自行施工，也可以将专业工程依法进行分包。对设有资质的专业工程进行分包时，应分包给具有相应专业承包资质的企业。施工总承包企业将劳务作业分包时，应分包给具有施工劳务资质的企业。②设有专业承包资质的专业工程单独发包时，

应由取得相应专业承包资质的企业承担。取得专业承包资质的企业可以承接具有施工总承包资质的企业依法分包的专业工程或建设单位依法发包的专业工程。取得专业承包资质的企业应对所承接的专业工程全部自行组织施工，劳务作业可以分包，但应分包给具有施工劳务资质的企业。③取得施工劳务资质的企业可以承接具有施工总承包资质或专业承包资质的企业分包的劳务作业。④取得施工总承包资质的企业，可以从事资质证书许可范围内的相应工程总承包、工程项目管理等业务。"

综上所述，可将工程总分包体系分为目前常说的一级市场和二级市场。一级市场为：发包人将施工项目发包给施工总承包人或专业承包人。二级市场为：施工总承包人将施工项目分包给专业分包人和劳务分包人、专业承包人将施工项目分包给劳务分包人、专业分包人将施工项目分包给劳务分包人。

2. 指定分包。在市政工程实践中，建设单位直接指定分包的情形普遍存在。在很多情况下，这既可能是一种变相的规避招标的行为，同时也是一种对承包单位合法权益的侵害行为，并往往会给工程质量带来隐患。关于直接指定分包，《中华人民共和国建筑法》和《建设工程质量管理条例》、《建设工程安全生产管理条例》等均未涉及。《工程建设项目施工招标投标办法》（国家发改委等7部委30号令）及《房屋建筑和市政基础设施工程施工分包管理办法》（建设部第124号令）均明确规定建设单位"不得直接指定分包人"，但很遗憾，两个部门规章均没有规定"建设单位直接指定分包人"相应的法律责任。只是《最高人民法院关于审理建设工程施工合同纠纷案件适用法律问题的解释》（法释［2004］14号）进一步规定了因直接指定分包而造成质量缺陷的，建设单位应当承担过错责任。

3. 关于工程主休结构的施工必须由总承包单位自行完成。《中华人民共和国建筑法》第二十九条明确规定："建筑工程主体结构的施工必须由总承包单位自行完成。"《建设工程质量管理条例》第七十八条明确规定："本条例所称违法分包，是指下列行为：施工总承包单位将建设工程主体结构的施工分包给其他单位的"。如：市政钢结构人行天桥工程，总承包单位只是完成了桩基作业，其余主体结构全由钢结构工程分包单位完成。市政道路工程，总承包单位只是完成了路床及基层施工，路面结构却由路面摊铺分包单位完成。市政管线工程，在道路范围内管顶50cm以上回填由道路工程施工总承包单位完成等等。以上种种，与《中华人民共和国建筑法》第二十九条、《建设工程质量管理条例》第七十八条明显不符，却在市政工程施工实践中司空见惯。如何解决这一矛盾，值得思考。

4. 违法发包、转包、违法分包、挂靠。违法发包是指建设单位将工程发包给不具有相应资质条件的单位或个人，或者肢解发包等违反法律法规规定的行为。转包是指施工单位承包工程后，不履行合同约定的责任和义务，将其承包的全部工程或者将其承包的全部工程肢解后以分包的名义分别转给其他单位或个人施工的行为。违法分包是指施工单位承包工程后违反法律法规规定或者施工合同关于工程分包的约定，把单位工程或分部分项工程分包给其他单位或个人施工的行为。挂靠是指单位或个人以其他有资质的施工单位的名义，参与投标、订立合同、办理有关施工手续、从事施工等活动的行为。

违法发包、转包、违法分包、挂靠如何认定见附件《违法发包、转包、违法分包、挂靠认定的常见情形》。

附件：违法发包、转包、违法分包、挂靠认定的常见情形

根据《建筑工程施工转包违法分包等违法行为认定查处管理办法（试行）》（住房和城乡建设部 2014 年 8 月），违法发包、转包、违法分包、挂靠认定的常见情形如下：

一、违法发包

存在下列情形之一的，属于违法发包：1. 建设单位将工程发包给个人的；2. 建设单位将工程发包给不具有相应资质或安全生产许可的施工单位的；3. 未履行法定发包程序，包括应当依法进行招标未招标，应当申请直接发包未申请或申请未核准的；4. 建设单位设置不合理的招投标条件，限制、排斥潜在投标人或者投标人的；5. 建设单位将一个单位工程的施工分解成若干部分发包给不同的施工总承包或专业承包单位的；6. 建设单位将施工合同范围内的单位工程或分部分项工程又另行发包的；7. 建设单位违反施工合同约定，通过各种形式要求承包单位选择其指定分包单位的。

二、转包

存在下列情形之一的，属于转包：

① 施工单位将其承包的全部工程转给其他单位或个人施工的；

② 施工总承包单位或专业承包单位将其承包的全部工程肢解以后，以分包的名义分别转给其他单位或个人施工的；

③ 施工总承包单位或专业承包单位未在施工现场设立项目管理机构或未派驻项目负责人、技术负责人、质量管理负责人、安全管理负责人等主要管理人员，不履行管理义务，未对该工程的施工活动进行组织管理的；

④ 施工总承包单位或专业承包单位不履行管理义务，只向实际施工单位收取费用，主要建筑材料、构配件及工程设备的采购由其他单位或个人实施的；

⑤ 劳务分包单位承包的范围是施工总承包单位或专业承包单位承包的全部工程，劳务分包单位计取的是除上缴给施工总承包单位或专业承包单位"管理费"之外的全部工程价款的；

⑥ 施工总承包单位或专业承包单位通过采取合作、联营、个人承包等形式或名义，直接或变相的将其承包的全部工程转给其他单位或个人施工的。

三、违法分包

存在下列情形之一的，属于违法分包：

① 施工单位将工程分包给个人的；

② 施工单位将工程分包给不具备相应资质或安全生产许可的单位的；

③ 施工合同中没有约定，又未经建设单位认可，施工单位将其承包的部分工程交由其他单位施工的；

④ 施工总承包单位将房屋建筑工程的主体结构的施工分包给其他单位的，钢结构工程除外；

⑤ 专业分包单位将其承包的专业工程中非劳务作业部分再分包的；

⑥ 劳务分包单位将其承包的劳务再分包的；

⑦ 劳务分包单位除计取劳务作业费用外，还计取主要建筑材料款、周转材料款和大中型施工机械设备费用的。

四、挂靠

存在下列情形之一的，属于挂靠：

① 没有资质的单位或个人借用其他施工单位的资质承揽工程的；

② 有资质的施工单位相互借用资质承揽工程的，包括资质等级低的借用资质等级高的，资质等级高的借用资质等级低的，相同资质等级相互借用的；

③ 专业分包的发包单位不是该工程的施工总承包或专业承包单位的，但建设单位依约作为发包单位的除外；

④ 劳务分包的发包单位不是该工程的施工总承包、专业承包单位或专业分包单位的；

⑤ 施工单位在施工现场派驻的项目负责人、技术负责人、质量管理负责人、安全管理负责人中一人以上与施工单位没有订立劳动合同或没有建立劳动工资或社会养老保险关系的；

⑥ 实际施工总承包单位或专业承包单位与建设单位之间没有工程款收付关系，或者工程款支付凭证上载明的单位与施工合同中载明的承包单位不一致，又不能进行合理解释并提供材料证明的；

⑦ 合同约定由施工总承包单位或专业承包单位负责采购或租赁的主要建筑材料、构配件及工程设备或租赁的施工机械设备，由其他单位或个人采购、租赁，或者施工单位不能提供有关采购、租赁合同及发票等证明，又不能进行合理解释并提供材料证明的。

百问 17：如何做好市政工程绿色施工管理

目前，市政工程施工现场对文明安全工地要求已十分了解熟悉。虽然北京市《绿色施工管理规程》DB11/513－2008 早已出台，但大多数施工项目部对绿色施工管理内容却不甚了解，落实还很不到位。现依照 2015 年 8 月 1 日起最新颁布实施的《绿色施工管理规程》DB11/513－2015，结合以往施工和监督实践，就如何做好市政工程绿色施工管理，浅述如下：

一、绿色施工概念

绿色施工是指工程建设中，在保证质量、安全等基本要求的前提下，通过科学管理和技术进步，最大程度地节约资源，提高能源利用率，减少施工活动对环境造成的不利影响，实现节地、节能、节水、节材和环境保护，保护作业人员的安全与健康。

二、绿色施工主要内容

绿色施工主要内容包括：资源节约、环境保护和职业健康与安全三个方面。资源节约内容包括：节地与施工用地保护、节能与能源利用、节水与水资源利用、节材与材料资源利用。环境保护内容包括：扬尘污染控制、有害气体排放控制、水土污染控制、噪声污染控制、光污染控制、建筑垃圾控制、环境影响控制。作业环境与职业健康内容包括：场地布置及临时设施建设、作业条件及环境安全、职业健康。

三、关于绿色施工管理规程强制性条文

《绿色施工管理规程》DB11/513－2015 为强制性标准，以下为强制性条文，必须严格执行。

1. 施工现场出入口应设置车辆冲洗设施，车辆出场时必须将车轮、车身清洗干净。

2. 建筑垃圾应使用符合本市标准的运输车辆并密闭运输，不得遗撒。

3. 建筑物、构筑物内建筑垃圾的清运，应采用相应容器或管道运输，严禁凌空抛掷。

4. 施工现场严禁焚烧油毡、橡胶、塑胶制品及其他废弃物。

《绿色施工管理规程》DB11/513－2008 为原强制性标准，以下为原强制性条文，施工现场中可参照应用。

1. 建设工程施工应实行用电计量管理，严格控制施工阶段用电量。

2. 建设工程施工应实行用水计量管理，严格控制施工阶段用水量。

3. 建设工程施工应采取地下水资源保护措施，新开工的工程限制进行施工降水。因特殊情况需要进行降水的工程，必须组织专家论证审查。

4. 施工现场主要道路应根据用途进行硬化处理，土方应集中堆放。裸露的场地和集中堆放的土方应采取覆盖、固化或绿化等措施。

5. 建筑拆除工程施工时应采取有效的降尘措施。

6. 规划市区范围内的施工现场，混凝土浇筑量超过 $100m^3$ 以上的工程，应当使用预拌混凝土；施工现场应采用预拌砂浆。

7. 施工现场应建立封闭式垃圾站。建筑物内施工垃圾的清运，必须采用相应容器或管道运输，严禁凌空抛掷。

8. 施工现场严禁焚烧各类废弃物。

9. 施工现场临时搭建的建筑物应当符合安全使用要求，施工现场使用的装配式活动房屋应当具有产品合格证书。建设工程竣工一个月内，临建设施应全部拆除。

10. 严禁在尚未竣工的建筑物内设置员工集体宿舍。

11. 施工现场必须采用封闭式硬质围挡，高度不得低于 1.8m。

12. 施工单位应为施工人员配备安全帽、安全带及与所从事工种相匹配的安全鞋、工作服等个人劳动防护用品。

13. 食堂应有相关部门发放的有效卫生许可证，各类器具规范清洁。炊事员应持有效健康证。

四、关于绿色施工噪声污染防治工作的具体要求

根据市政府《关于进一步加强施工噪声污染防治工作的通知》（京政发〔2015〕30 号）要求：

1. 在医院、学校、居住小区等噪声敏感建筑物集中区域内，每日 22 时至次日 6 时禁止进行产生环境噪声污染的施工作业。但涉及国家和本市重点工程或因生产工艺要求及其他特殊需要，确需在 22 时至次日 6 时进行施工的，建设单位应在施工前向建设工程所在地区县建设行政主管部门提出申请，经批准后方可进行施工。夜间施工许可应明确许可时限。中考、高考期间及市政府规定的其他特殊时段内，禁止在规定区域内进行产生噪声的施工作业。

2. 建设单位应会同施工单位在施工现场设立群众来访接待处，明确施工噪声污染协调处理工作负责人并在施工现场出入口公示，妥善解决施工噪声污染引发的纠纷，夜间施工产生噪声超过规定标准的，由建设单位对影响范围内的居民给予经济补偿。

3. 施工单位按照《中华人民共和国环境噪声污染防治法》有关规定，在城市市区范围内施工过程中使用机械设备可能产生环境噪声污染的，须在开工前

15 日内向工程所在区县环境保护行政主管部门申报该工程的项目名称、施工场所和期限、可能产生的环境噪声值及所采取的环境噪声污染防治措施情况。

4. 监理单位应加强对施工噪声污染防治措施落实情况的监理，督促施工单位严格落实有关防治措施及绿色施工管理规定。

五、绿色施工管理应注意的几个问题

1. 施工单位应每月一次对施工现场绿色施工实施情况进行专项检查，做好绿色施工检查记录，并每月一次进行绿色施工专项评价。

2. 工程实行施工总承包的，总承包单位应对施工现场的绿色施工负总责。分包单位应服从总承包单位的绿色施工管理，并对所承包工程的绿色施工负责。

3. 施工单位应在施工组织设计中编制绿色施工技术措施或专项施工方案，绿色施工技术措施或专项施工方案应结合具体市政工程项目特点，具有一定的针对性和可操作性，并应确保绿色施工费用的有效使用。

4. 在施工现场的办公区和生活区应设置明显的有节水、节能、节材等具体内容的警示标识，并按规定设置安全警示标志。

5. 施工前，施工单位应根据国家和地方法律、法规的规定，制定施工现场环境保护和人员安全与健康等突发事件的应急预案，并应在施工过程中适时组织应急预案演练。

6. 施工单位项目部应建立绿色施工管理体系，设置相关管理人员，明确其相关职责，并做好检查考核工作。

7. 施工单位项目现场应明确资料员设专柜保存绿色施工及费用等专项资料。

8. 监理单位应审查施工组织设计中的绿色施工技术措施或专项施工方案，并在实施过程中做好监督检查工作，发现问题应及时下发监理整改通知，并及时复查落实情况。

六、市政工程绿色施工管理措施可参考附件《市政工程绿色施工管理措施》

附件：市政工程绿色施工管理措施

一、绿色施工管理四方面

绿色施工管理主要包括组织管理、规划管理、实施管理和人员安全与健康管理四个方面。

1. 组织管理

建立绿色施工管理体系，并制定相应的管理制度与目标。项目经理为绿色施工第一责任人，负责绿色施工的组织实施及目标实现，并指定绿色施工管理人员和监督人员。

2. 规划管理

编制绿色施工方案，并按有关规定进行审批。绿色施工方案包括以下内容：

（1）环境保护措施，制定环境管理计划及应急救援预案，采取有效措施，降低环境负荷。

（2）节材措施，在保证工程安全与质量的前提下，制定节材措施。如进行施工方案的节材优化，施工垃圾减量化，尽量利用可循环材料等。

（3）节水措施，根据工程所在地的水资源状况，制定节水措施。

（4）节能措施，进行施工节能策划，确定目标，制定节能措施。

（5）节地与施工用地保护措施，制定临时用地指标、施工总平面布置规划及临时用地节地措施等。

3. 实施管理

对整个施工过程实施动态管理，加强对施工策划、施工准备、材料采购、现场施工、工程验收等各阶段的管理和监督。结合工程项目的特点，有针对性地对绿色施工作相应的宣传，通过宣传营造绿色施工的氛围。定期对项目部管理人员进行绿色施工知识培训，增强项目部管理人员绿色施工意识。

4. 人员安全与健康管理

制订施工防尘、防毒、防辐射等职业危害的措施，保障施工人员的长期职业健康。施工现场建立卫生急救、保健防疫制度，在安全事故和疾病疫情出现时提供及时救助。加强对施工人员的管理，改善施工人员的生活条件。提供卫生、健康的工作与施工环境，

二、环境保护技术要点

（一）扬尘控制：

1. 运送回填土方、垃圾、设备及施工材料等，不污损场外道路。运输容易

散落、飞扬、流漏的物料的车辆，必须采取措施封闭严密，保证车辆清洁。

2. 对易产生扬尘的堆放材料应采取覆盖措施；对粉末状材料应封闭存放；场区内可能引起扬尘的材料及施工垃圾搬运应有降尘措施。

3. 施工现场非作业区达到目测无扬尘的要求。对现场易飞扬物质采取有效措施，如洒水、地面硬化、围挡、密网覆盖、封闭等，防止扬尘产生。

（二）噪声控制：

1. 现场噪声排放不得超过国家标准《建筑施工场界环境噪声排放标准》GB 12523-2011 的规定。

2. 在施工场界对噪声进行实时监测与控制。监测方法执行国家标准《建筑施工场界环境噪声排放标准》GB 12523-2011。

3. 使用低噪声、低振动的机具，采取隔音与隔振措施，避免或减少施工噪声和振动。

（三）光污染控制：

1. 尽量避免或减少施工过程中的光污染。夜间室外照明灯加设灯罩，透光方向集中在施工范围。

2. 电焊作业采取遮挡措施，避免电焊弧光外泄。

（四）水污染控制：

1. 施工现场污水排放应达到国家标准《污水综合排放标准》GB 8978-1996 的要求。

2. 污水排放应委托有资质的单位进行废水水质检测，提供相应的污水检测报告。

3. 对于化学品等有毒材料的储存地，应有严格的隔水层设计，做好渗漏液收集和处理。

（五）施工垃圾控制：

1. 制定施工垃圾减量化计划。

2. 加强施工垃圾的回收再利用，力争施工垃圾的再利用和回收率达到25%。

3. 施工现场设置封闭式垃圾容器，施工场地垃圾实行袋装化，及时清运。对施工垃圾进行分类，并收集到现场封闭式垃圾站，集中运出。

三、节材与材料资源利用技术要点

1. 图纸会审时，应审核节材与材料资源利用的相关内容，达到材料损耗率比定额损耗率降低25%。

2. 根据施工进度、库存情况等合理安排材料的采购、进场时间和批次，减少库存。

3. 现场材料堆放有序。储存环境适宜措施得当。保管制度健全，责任落实。

4. 材料运输工具适宜，装卸方法得当，防止损坏和遗漏。根据现场平面布置情况就近卸载，避免和减少二次搬运。

5. 准确计算材料采购数量、供应频率、施工速度等，在施工过程中动态控制。

6. 各类预留预埋应与结构施工同步。

7. 应选用耐用、维护与拆卸方便的周转材料和机具。

8. 优先选用制作、安装、拆除一体化的专业队伍进行工程施工。

四、节水与水资源利用技术要点

1. 施工中采用先进的节水施工工艺。

2. 施工现场喷洒路面、绿化浇灌不宜使用市政自来水。现场养护用水应采取有效的节水措施。

3. 施工现场供水管网应根据用水量设计布置，管径合理、管路简捷，采取有效措施减少管网和用水器具的漏损。

4. 现场机具、设备、车辆冲洗用水必须设立循环用水装置。提高节水器具配置比率。项目临时用水应使用节水型产品，安装计量装置，采取针对性的节水措施。

5. 施工现场建立可再利用水的收集处理系统，使水资源得到梯级循环利用。

6. 施工现场分别对生活用水与工程用水确定用水定额指标，并分别计量管理。

五、节能与能源利用技术要点

1. 制订合理施工能耗指标，提高施工能源利用率。

2. 优先使用国家、行业推荐的节能、高效、环保的施工设备和机具，如选用变频技术的节能施工设备等。

3. 施工现场分别设定生产、办公和施工设备的用电控制指标，定期进行计量、核算、对比分析，并有预防与纠正措施。

4. 在施工组织设计中，合理安排施工顺序、工作面，以减少作业区域的机具数量，相邻作业区充分利用共有的机具资源。安排施工工艺时，应优先考虑耗用电能的或其他能耗较少的施工工艺。避免设备额定功率远大于使用功率或超负荷使用设备的现象。

5. 建立施工机械设备管理制度，开展用电、用油计量，完善设备档案，及时做好维修保养工作，使机械设备保持低耗、高效的状态。

6. 选择功率与负载相匹配的施工机械设备，避免大功率施工机械设备低负载长时间运行。

7. 合理安排工序，提高各种机械的使用率和满载率，降低各种设备的单位耗能。

六、节地与施工用地保护技术要点

1. 根据施工规模及现场条件等因素合理确定临时设施，临时设施的占地面积应按用地指标所需的最低面积设计。

2. 要求平面布置合理、紧凑，在满足环境、职业健康与安全及文明施工要求的前提下尽可能减少废弃物用地和死角，临时设施占地面积有效利用率大于90％。

七、发展绿色施工的新技术、新设备、新材料与新工艺

1. 施工方案应建立推广、限制、淘汰公布制度和管理办法。发展适合绿色施工的资源利用与环境保护技术，对落后的施工方案进行限制或淘汰，鼓励绿色施工技术的发展，推动绿色施工技术的创新。

2. 大力发展现场监测技术、低噪音的施工技术、现场环境参数检测技术、建筑固体废弃物再生产品在墙体材料中的应用技术。

3. 加强信息技术应用实现与提高绿色施工的各项指标。

百问 18：如何区别市政工程质量缺陷通病和事故

目前，很多市政工程项目部对市政工程质量问题——质量缺陷、质量通病和质量事故区别不清，经常造成误解，同时也给工程施工和技术资料管理造成一定影响，现结合以往施工和监督实践，就如何区别市政工程质量缺陷、质量通病和质量事故，浅述如下：

一、工程质量缺陷概念及常见问题

工程质量缺陷是指不符合规定要求的检验试验项或检验试验点，按其缺陷程度分为严重缺陷和一般缺陷。工程严重质量缺陷是指对结构构件的受力性能或安装使用性能有决定性影响的缺陷。工程一般质量缺陷是指对结构构件的受力性能或安装使用性能无决定性影响的缺陷。

工程严重质量缺陷常见问题主要有：污水管道闭水试验不合格；道路路基沉陷；地下综合管廊渗水；天桥栏杆侧向推力试验不合格；检查井井周大面积沉陷；桥梁桩基混凝土强度评定不达标；道路结构层厚度不够等。

工程一般质量缺陷常见问题主要有：道路路面呈现规则性微裂纹；桥梁钢结构防腐厚度不够；污水检查井井周局部渗漏；电力盾构管片间缝隙超标；道路路缘石直顺度不符合要求等。

二、工程质量通病概念及常见问题

工程质量通病是指各类影响工程结构、使用功能和外形观感的常见性质量损伤，主要是由于人工施工操作不当、项目管理不严而引起的常见质量问题。

工程质量通病常见问题主要有：现浇钢筋混凝土工程出现蜂窝、麻面和露筋；砂浆、混凝土配合比控制不严、试块强度不合格；路基压实度达不到标准规定值；钢筋安装箍筋间距不一致；桥面伸缩装置安装不平整；金属栏杆、管道、配件锈蚀；钢结构表面锈蚀，涂料剥落等。

三、工程质量事故概念、成因及分类

工程质量事故是指由于建设、勘察、设计、施工、监理等单位违反工程质量有关法律法规和工程建设标准，使工程产生结构安全、重要使用功能等方面的质量缺陷，造成人身伤亡或重大经济损失的事故。

依据住房和城乡建设部发布《关于做好房屋建筑和市政基础设施工程质量事故报告和调查处理工作的通知》（建质［2010］111号）文件，根据工程质量事故造成的人员伤亡或者直接经济损失，工程质量事故分为4个等级：

1. 特别重大事故，是指造成30人以上死亡，或者100人以上重伤，或者1

亿元以上直接经济损失的事故；

2. 重大事故，是指造成 10 人以上 30 人以下死亡，或者 50 人以上 100 人以下重伤，或者 5000 万以上 1 亿元以下直接经济损失的事故；

3. 较大事故，是指造成 3 人以上 10 以下死亡，或者 10 人以上 50 人以下重伤，或者 1000 万以上 5000 万元以下直接经济损失的事故；

4. 一般事故，是指造成 3 人以下死亡，或者 10 人以下重伤，或者 100 万以上 1000 万元以下直接经济损失的事故。

工程质量事故常见的成因主要有：违背建设程序；违反法规行为；地质勘查失误；设计差错；施工与管理不到位；使用不合格的原材料、制品及设备；自然环境因素和使用不当。

工程质量事故按性质分类主要有：倒塌事故；开裂事故；错位事故；地基、基础工程事故；变形事故；结构或结构能力承载能力不足事故；市政工程功能性事故和其他事故。

四、工程质量缺陷、质量通病和质量事故之间的区别联系

1. 工程质量缺陷按其缺陷程度分为严重质量缺陷和一般质量缺陷。工程严重质量缺陷一般介于质量通病之上，质量事故之下。工程一般质量缺陷一般为质量通病。

2. 工程质量缺陷、质量通病和质量事故三者从其质量损害程度依次为工程质量通病、质量缺陷和质量事故。

3. 工程质量事故一般不会是工程质量通病，但工程质量通病有时也会引起工程质量事故。

4. 工程质量通病一般是由人为因素引起，工程质量缺陷是指影响结构和使用功能，而工程质量事故是指造成重大结构和功能缺陷、人身伤害和重大财产损失。

5. 工程质量通病和质量缺陷一般是由施工原因造成，而工程质量事故一般由建设、勘察、设计、施工、监理等多方原因综合影响造成。

6. 工程质量事故一般为特别严重工程质量缺陷。一般工程质量通病和工程质量缺陷通常不会形成工程质量事故。

7. 在市政工程项目施工过程中应切实采取有效措施不发生工程质量事故，不出现工程严重质量缺陷，严格控制工程一般质量缺陷和工程质量通病，确保工程质量。

百问 19：如何区别市政工程设计变更和工程洽商

目前，市政工程项目管理中，参建各方对设计变更和工程洽商还存在概念不清、使用混乱现象，对完工后的资料整理及工程结算造成不小的麻烦和影响，结合以往施工和监督实践，就如何区别市政工程中设计变更和工程洽商，浅述如下：

一、标准规范对设计变更和工程洽商的要求

1. 《城镇道路工程施工与质量验收规范》CJJ 1－2008 第 3.0.5 条："严禁按未经批准的设计变更、工程洽商进行施工。"

2. 《城市桥梁工程施工与质量验收规范》CJJ 2－2008 第 2.0.5 条："发生设计变更及工程洽商应按国家现行有关规定程序办理设计变更与工程洽商手续，并形成文件。严禁按未经批准的设计变更进行施工。"该条文为黑体字，是强制性条文，应严格执行。

3. 《给水排水管道工程施工及验收规范》GB 50268－2008 第 3.1.4 条："如需变更设计应按照相应程序报审，经相关单位签证认定后实施。"

二、设计变更和工程洽商的概念

设计变更是指设计单位对原施工图纸和设计文件中所表达的设计标准状态的改变和修改。主要是由于设计工作本身的漏项、错误等原因而修改、补充原设计的技术资料。

工程洽商主要是指施工单位就施工图纸、设计变更所确定的工程内容以外，施工图预算或预算定额取费中未包含而施工中又实际发生费用的施工内容所办理的洽商。

三、设计变更和工程洽商的区别

1. 形成记录不同。工程洽商形成的记录为《工程洽商记录》（表式 C2-6），设计变更形成的记录为《设计变更通知单》（表式 C2-7）（现行资料管理规程只提供了表号，未提供表式，可以设计单位提供的表式为准）。设计变更通知单表格样式也可参照附件《设计变更通知单》。

2. 签字人员不同。对涉及费用增减的设计变更和工程洽商，必须经建设、设计、监理、施工单位等各方负责人共同签字方为有效，涉及地勘时，勘察单位项目负责人也应签字确认。对于不涉及费用增减的设计变更，一般情况下，设计及建设（或监理）单位项目负责人签字即可。对于不涉及费用增减的工程洽商，一般情况下应办理工作联系单（C1）或工程变更单（C2），按表要求，相关方签字即可（C1、C2 为《建设工程监理规程》（DBJ 01-41-2002）表格）。

3. 概念内容不同。设计变更主要侧重于设计本身，如：工艺改变、设备选型不当、设计失误等原因而造成的变更设计；而工程洽商主要侧重于工程项目及施工范畴，如：发现古墓、土质变化、拆迁不到位、建设单位的要求等原因而造成的洽商工程。

四、设计变更和工程洽商办理过程中应注意的几个问题

1. 设计变更和工程洽商中涉及内容必须在施工之前填写完成，且责任方项目负责人签字应齐全不应后补。严禁设计变更和工程洽商在施工完成后再行后补办理。

2. 分包工程设计变更和工程洽商的办理应通过工程总承包单位进行，分包工程设计变更和工程洽商记录的施工单位栏应双签。

3. 工程洽商记录内容必须明确具体，注明原图号，必要时应附图说明。涉及图纸修改的必须注明应修改图纸的图号。不应将不同专业的工程洽商办理在同一份记录上。《工程洽商记录》（表式 C2-6）"专业名称"栏应按专业填写，如道路、桥梁、雨水、污水等。

4. 工程洽商记录原件应存档，相同工程不同项目资料整理归档如需要同一工程洽商时，可用复印件存档，但应注明复印人、复印时间和原件存放处，以便追溯。

5. 设计变更通知单必须由设计单位说明变更原因，如工艺改变、设备选型不当、设计失误等。当不涉及设计变更时，应采用工程洽商记录。

6. 设计变更通知单、工程洽商记录应按日期先后顺序编号，工程完工后应由施工总承包单位进行汇总，填写《工程设计变更、洽商一览表》（表式 C2-8）整理归档。

附件：设计变更通知单

工程名称			编 号	
设计单位			日 期	
专业名称				

序号	图号	变更内容

变更原因	
	变更提出单位项目负责人： 日期： （公章）

	设计变更签字人员		
专业设计人员	设计项目负责人	填表人	设计单位公章

百问 20：如何做好市政工程旁站监理

目前，市政工程项目监理部对旁站监理工作虽然较为熟悉，但在监理旁站实际工作中，经常会出现旁站监理记录内容不全、签字不规范、关键工序旁站监理漏项、旁站监理中发现问题未及时下发责令整改并上报等这样或那样的问题。结合以往施工和监督实践，就如何做好市政工程旁站监理工作，浅述如下：

一、市政工程旁站监理的概念

市政工程旁站监理是指在市政工程项目重要部位或关键工序施工过程中，由监理人员在现场进行连续监控的监督活动，是监理在工程质量控制过程中的重要手段，与巡视检查、平行检验共同构成了施工现场监理质量控制方法体系。

二、市政工程旁站监理的部位或工序

凡涉及建设工程结构安全的地基基础和主体结构工程的关键部位或工序，均应实行旁站监理。市政工程应旁站监理的部位或工序主要有：①基础工程：桩基工程、承载力试验、路基处理、土方回填；②结构工程：石灰、粉煤灰、砂砾摊铺、沥青混合料摊铺、弯沉试验、混凝土浇筑、预应力施工、防水施工、伸缩缝施工、大体积混凝土浇筑、结构吊装、梁静载试验、管道闭水（气）试验；③钢结构工程：重要部位焊接、机械连接安装、预拼装、吊装；④隐蔽工程的隐蔽过程；⑤原材料的见证取样、送样；⑥新技术、新工艺、新材料、新设备试验过程；⑦建设工程委托监理合同规定的应旁站监理的部位和工序。

三、旁站监理工作的主要内容

①是否按照技术标准、规范、规程和批准的设计文件和施工组织设计组织施工；②是否使用合格的材料、构配件和设备；③施工单位有关现场管理人员、质控人员是否符合要求并在岗到位；④施工操作人员的技术水平、操作条件是否满足施工工艺要求，特殊操作人员是否持证上岗；⑤施工环境是否对工程质量产生不利影响；⑥施工过程是否存在质量和安全隐患。对施工过程中出现的较大质量问题或质量隐患，旁站监理人员应采用照相、摄像等手段予以记录。

四、旁站监理工作程序

①落实旁站监理人员、进行旁站监理技术交底、配备必要的旁站监理设施；②对施工单位人员、材料、施工方案、安全措施及上一道工序质量报验等进行检查；③具备旁站监理条件时，旁站监理人员应按要求实施旁站监理工作，并做好旁站监理记录；④旁站监理过程中，旁站监理人员发现施工质量和安全隐患时，应按规定及时上报；⑤旁站结束后，监理等相关人员应在旁站监理记录上签字。

五、旁站监理工作方案

①编制依据。监理单位应根据已审批的项目监理规划及监理实施细则编制旁站监理工作方案。②编制和审批。旁站监理工作方案应由专业监理工程师负责编制，由项目总监理工程师负责审批。③主要内容。旁站监理工作方案应明确旁站监理人员及职责、工作内容和程序、旁站监理工程部位或工序、旁站监理记录及要求等。旁站监理记录表式可参见附件《旁站监理记录表》。④相关要求。旁站监理工作方案应在旁站项目开工前编制，审批后报建设单位同时通知施工单位。

六、旁站监理工作中应注意的几个问题

1. 监理单位应建立和完善旁站监理制度，督促旁站监理人员到位、定期检查旁站监理记录和旁站监理工作质量。

2. 旁站监理技术交底应由项目总监理工程师组织相关监理人员进行，交底应详细、具体，并应填写旁站监理技术交底记录留存备查。

3. 旁站监理人员应满足相关要求并持证上岗或经监理单位培训，具备相应的工作能力和水平。

4. 旁站监理人员应及时、准确地记录旁站监理内容，旁站结束时，施工单位相关质量人员应在旁站监理记录上签字确认。

5. 旁站监理记录的内容应包括：旁站监理的部位或工序、时间、地点、气候、主要施工内容、发现或存在的问题及处理过程等。

6. 旁站监理人员对在旁站中发现或存在的问题应按要求及时处理，必要时下发监理通知，并及时组织整改复查。

7. 旁站监理是监理单位项目工程质量控制目标实现的重要方式，并不免除建设单位和施工单位对工程质量应承担的相应责任。

附件：旁站监理记录表

工程名称			
日期及气候：年 月 日		工程地点：	
旁站监理的 部位或工序			
旁站监理开始时间： 年 月 日 时 分		旁站监理结束时间： 年 月 日 时 分	
施工情况：			
监理情况：			
发现问题：			
处理意见：			
备注：			
承包单位： 项目经理部： 质量员（签字） 年 月 日		监理单位： 项目监理机构： 旁站监理人员（签字）： 年 月 日	

第一篇　项目管理类

Ⅲ　项目完工后

百问 21：如何做好市政工程竣工测量

目前，市政工程项目竣工测量一般都不规范，比较滞后，同时也存在无资质施测及未加盖相关主管部门印章等问题。结合以往施工和监督实践，就如何做好市政工程竣工测量，浅述如下：

一、市政工程竣工测量概念

市政工程竣工测量是指为了满足地下管线管理需要，在项目完工后，依据经强制性审查通过的施工图纸及设计变更、工程洽商，按照竣工测量委托书要求对项目进行实地测量并出具项目竣工测量报告的全过程。市政工程地下管线竣工测量包括控制测量、地形图检测和修测、管线点测量、测量成果的检查验收、综合管线图编绘、管线横断面图编绘等。

二、市政工程竣工测量相关要求

1. 市政工程竣工测量项目只针对地下管线工程，其他市政工程项目一般不做竣工测量，设计、建设单位有特殊要求的工程除外。

2. 项目完工后，工程竣工测量前，施工单位应委托经北京市规划行政主管部门批准的具有地下管线测量资质的单位进行地下管线工程竣工测量并出具市政工程竣工测量成果和竣工测量报告。

3. 施工单位项目竣工测量前应填写《竣工测量委托书》（表式 C8-3），施工单位、测量单位项目负责人应签字并加盖单位公章。

4. 测量单位应严格按照现行行业标准《城市地下管线探测技术规程》CJJ 61-2003 进行竣工测量，项目竣工测量完成后，测量单位应出具《市政工程竣工测量报告》，报告内容应齐全、规范，符合竣工测量委托条件及相关要求，其项目负责人应在竣工测量报告上签字并加盖单位公章。市政工程地下管线竣工测量报告样式可参照附件 1《市政工程地下管线竣工测量报告》。

5. 施工单位应依照竣工测量单位提供的竣工测量资料及相关图纸及时修改完善或重新绘制项目竣工图。

6. 市政工程竣工测量成果和竣工测量报告符合要求是市政管线工程竣工验收的前置和必备条件。地下管线竣工测量成果表见附件 2《地下管线竣工测量成果表》。

三、市政工程竣工测量应注意的几个问题

1. 市政工程地下管线工程竣工测量除专业管线工程外还应包括地下隧道工程、地下综合管廊工程和盾构工程等项目；

2. 市政工程《竣工测量委托书》及《竣工测量报告》和修改完善后或重新绘制的竣工图是城建档案馆技术资料预验收的重要文件，因此，《竣工测量委托书》及《竣工测量报告》和修改完善后或重新绘制的竣工图必须在城建档案馆技术资料预验收前完成；

3. 市政工程《竣工测量报告》应附项目竣工测量成果，并应加盖经北京市规划行政主管部门备案的竣工测量成果章，否则，竣工测量成果无效；

4. 市政工程项目竣工测量成果应符合项目竣工测量方案要求，项目竣工测量方案应依据竣工测量委托书和相关测量标准规范编制且应按程序审批。

5. 市政工程竣工测量，如遇完工多年未验收且正在使用的地下管线时，应首先与建设、施工和管线管理单位协商，制定切实可行的竣工测量安全专项方案，经单位技术负责人审批报建设、施工和管线管理单位后再进行竣工测量，以确保竣工测量安全，且下井作业前必须经有害气体检测并符合安全要求。

6. 市政工程竣工测量过程中，施工单位应与竣工测量单位紧密配合，携手合作，双方测量人员应随时沟通，以确保项目竣工测量有序、快速、高效。

附件1:

市政工程地下管线竣工测量报告

工程名称: _____

路名编号: _____

图幅编号: _____

工程编号: _____

测绘单位名称: _____ （公章）

_____年_____月_____日

工程件号		(本单位)	种类	
		(测管处)	长度	
工程名称				
工程地点				
委托单位			管材	
测量单位			工程主持人	
图幅号			测量方式	
路号			完成日期	

说明:

1. 本工程在北京市测绘院布设的一、二级导线点上布设静态 GPS 点,在静态 GPS 点上布设支导线,平面位置采用极坐标施测。

2. 高程采用附合水准高程。

3. 所测成果均符合规范要求。

4. 我单位对该报告的真实性负责。

附件 2：地下管线竣工测量成果表

日期：＿＿＿＿＿＿＿＿　　　类别：＿＿＿＿＿　抄录人：＿＿＿＿＿

编号：＿＿＿＿＿　校对人：＿＿＿＿＿

权属单位				材质		压力			
				建设年代		电压			
点号	坐标		高程			管偏 M	规格	测点性质		备注
	Y	X	井面	外顶	内底			附属设施	特征点	

说明：1. 本表须加盖测绘单位年度测绘成果专用章。

　　　2. 本表须加盖测绘地理信息产品质量审核年度章。

　　　3. 本表核加盖审核单位审核人员个人名章。

百问 22：如何确定市政工程质量保修期

目前，绝大多数参建单位对市政工程质量保修如何确定因无相应标准规范及文件规定而无所适从。参照《建设工程质量管理条例》（国务院令第 79 号令）、《城市道路管理条例》（国务院第 198 号令）、《最高人民法院关于审理建设工程施工合同纠纷案件适用法律问题的解释》（法释［2004］14 号），就如何确定市政工程质量保修期，浅述如下：

一、市政工程质量保修期的概念

市政工程质量保修是指对市政工程竣工验收后在保修期限内出现的不符合工程建设强制性标准以及合同的约定质量缺陷予以修复。

市政工程质量保修期是指市政工程施工单位从工程竣工验收合格之日或质量保修期开始时间点起负责所施工工程项目质量保修的期限长度。

二、相关法规对市政工程质量保修期的规定

目前，对市政工程的质量保修期可以参照的有明确说明的有：

1.《建设工程质量管理条例》（国务院第 79 号令）"第四十条 在正常使用条件下，建设工程的最低保修期限为：（一）基础设施工程、房屋建筑的地基基础工程，为设计文件规定的该工程的合理使用年限；…（四）电气管线、给排水管道、设备安装和装修工程，为 2 年。…建设工程的保修期，自竣工验收合格之日起计算。"

2.《城市道路管理条例》（国务院第 198 号令）"第十八条…城市道路实行工程质量保修制度。城市道路的保修期为 1 年，自交付使用之日起计算。保修期内出现工程质量问题，由有关责任单位负责保修。…"

3.《房屋建筑工程质量保修办法》（建设部令第 80 号）"第七条…在正常使用条件下，房屋建筑工程的最低保修期限为：（一）地基基础工程和主体结构工程，为设计文件规定的该工程的合理使用年限；…（四）电气管线、给排水管道、设备安装为 2 年。…其他项目的保修期限由建设单位和施工单位约定。"

三、市政工程质量保修期的确定

应如何确定市政工程质量保修期呢？施工单位在与建设单位签订市政工程项目质量保修书之前，首先应明确质量保修期限，同时也要确定质量保修期开始时间点。

1. 质量保修期限的确定。质量保修期限首先要看招标文件和施工总承包合同有无具体要求，其次要看施工图纸和设计文件有无质量保修期相关要求，若有要求时应严格按要求落实。当都没有说明时，应参照上述有关市政工程质量保修

期限的相关规定，由施工单位与建设单位协商确定。市政工程质量保修期一般情况下应建议明确为：道路工程：1 年；桥梁工程：由建设单位和施工单位约定，宜为 2 年；排水管道工程：2 年。需要特别说明的是：市政工程的地基基础工程在工程设计使用年限或合理使用年限内必须予以质量保修。

2. 质量保修期开始时间点的确定。质量保修期开始时间点一般为工程竣工验收合格之日。但当工程因各种原因无法正常竣工验收时，施工单位可以参照《最高人民法院关于审理建设工程施工合同纠纷案件适用法律问题的解释》（法释〔2004〕14 号）第十四条加以处理。具体条文为："当事人对建设工程实际竣工日期有争议的，按照以下情形分别处理：（一）建设工程经竣工验收合格的，以竣工验收合格之日为日期；（二）承包人已经提交竣工验收报告，发包人拖延验收的，以承包人提交验收报告之日为竣工日期；（三）建设工程未经竣工验收，发包人擅自使用的，以转移占有建设工程之日为竣工日期。"

四、市政桥梁工程质量保修期的争议

关于市政桥梁工程质量保修期，很多人建议采用设计使用年限或合理使用年限。

设计使用年限。设计使用年限是指设计规定的一个时期，在这一规定的时期内，只需要进行正常的维护而不需进行大修就能按预期目的使用，完成预定的功能，即建设工程在正常设计、正常施工、正常使用和维护下所应达到的使用年限。《城市桥梁设计规范》CJJ 11-2011 中明确规定城市桥梁设计使用年限为：小桥 30 年、中桥 50 年、大桥 100 年。

合理使用年限，主要指建设工程主体结构的设计使用年限。根据《建筑结构可靠度设计统一标准》GB 50068－2001 和《民用建筑设计通则》GB 50352－2005 的规定，建设工程的设计合理使用年限分为四类：1. 对于临时性建筑，其设计使用年限为 5 年；2. 对于易于替换结构构件的建筑，其设计使用年限为 25 年；3. 对于普通房屋和构筑物，其设计使用年限为 50 年；4. 对于纪念性建筑和特别重要的建筑结构，其结构设计使用年限为 100 年。

相对于市政道路工程 1 年的质量保修期，排水管道工程 2 年的质量保修期，市政桥梁工程质量保修期若按设计使用年限或合理使用年限定为 30～100 年，则明显有不适合之处。建议市政桥梁工程质量保修期由建设单位和施工单位双方约定，支座、拉索、缆索、索塔、锚锭、桥面系、附属结构、装饰与装修等工程以 2 年为宜，主体结构和地基基础工程以工程设计使用年限或合理使用年限为宜。

五、市政工程质量保修书可参照《关于印发〈房屋建筑工程质量保修书〉（示范文本）的通知》（建建〔2000〕185 号）也可采用"百问 25：如何做好市政工程竣工验收备案"中的附件 3《市政工程质量保修书》

百问 23：如何设置好市政工程永久性标牌

为切实加强市政工程质量管理，充分发挥社会监督作用，强化工程建设主体的质量责任意识，市住房城乡建设委下发了《关于北京市房屋建筑和市政基础设施工程设置永久性标牌的通知》（京建法〔2011〕24 号）来规范永久性标牌设置。但在目前市政工程实际中尚未见一个项目设置永久性标牌。究其原因，可能是文件与实际操作的脱节及监督执法不力所造成。先避开监督执法不谈，就如何设置好市政工程永久性标牌，浅述如下：

1. "永久性标牌的设置由建设单位负责。"正常情况下市政工程施工中，一般建设单位都比较强势，且监督管理机构对建设单位监管力度也一向都比较弱，由建设单位负责设置永久性标牌，在实践中，一般都会演变成由建设单位委托施工单位负责组织落实，作为施工的具体成果，不如直接由施工单位负责永久性标牌设置更有可操作性。建议文件在修订时予以适当调整。

2. "永久性标牌应于工程竣工验收合格后 15 天内安装完毕。"如果工程已经竣工验收合格，没有其他硬性约束，相关责任单位一般都不会再主动设置永久性标牌。因此，建议将工程竣工验收合格后 15 天内安装完毕调整为工程竣工验收前必须安装完毕，并把永久性标牌设置作为工程竣工验收实体质量外观质量检查的必要条件。这样，既便于具体操作落实，也有利于监督执法检查。

3. "永久性标牌应统筹考虑整体美观，设置在建筑物或工程实体的明显部位。"在市政工程中，作为桥梁工程、通道工程、厂站工程比较易于落实，但大量的道路及地下管线工程如何设置？文件没有任何规定，结合市政工程实际，建议道路工程视工程长度可在施工起点、终点及重要节点的绿化带内或道路两侧设置 2～3 处较为明显的永久性标牌，材质、尺寸、内容可按文件规定。管线工程可视工程长度在施工起点、终点及重要节点的检查井井盖下或子盖上安装多处永久性标牌，内容可按文件规定，但材质、尺寸应满足检查井井盖或子盖实际安装需要。

4. 文件未明确永久性标牌设置主体是项目工程还是单位工程。在市政工程永久性标牌设置时，建议按单位工程或子单位工程设置永久性标牌。如在某一市政工程标段，永久性标牌应分桥梁工程、天桥工程、道路工程、雨水工程及污水工程等分别设置。如果按项目工程设置，则失去了永久性标牌设置的实际意义，既不能有效标识，也不能充分发挥其社会监督的作用。

5. 《房屋建筑和市政基础设施工程质量监督管理规定》（住房和城乡建设部

2010 年第 5 号令)、《建筑工程五方责任主体项目负责人质量终身责任追究暂行办法》(住房和城乡建设部 2014 年 8 月) 文件都对永久性标牌作出了相应规定,但这些规定都未能超过《关于北京市房屋建筑和市政基础设施工程设置永久性标牌的通知》(京建法〔2011〕24 号) 规定的范畴,同样不可避免地存在本文中一、二、三、四相关的问题。因此,应予重视并尽快加以修改、完善以便在项目竣工验收过程中贯彻落实。

相关文件

1. 附件 1:《关于北京市房屋建筑和市政基础设施工程设置永久性标牌的通知》(京建法〔2011〕24 号)。

2. 附件 2:《房屋建筑和市政基础设施工程质量监督管理规定》(住房和城乡建设部 2010 年第 5 号令) 相关条款。

3. 附件 3:《建筑工程五方责任主体项目负责人质量终身责任追究暂行办法》(住房和城乡建设部 2014 年 8 月) 相关条款。

附件1：关于北京市房屋建筑和市政基础设施工程设置永久性标牌的通知

京建法〔2011〕24号

各区、县住房城乡（市）建设委，经济技术开发区建设局，各集团、总公司，各有关单位：

为切实加强本市房屋建筑和市政基础设施工程质量管理，充分发挥社会监督作用，强化工程建设主体的质量责任意识，提高工程质量管理水平，根据《房屋建筑和市政基础设施工程质量监督管理规定》（住房和城乡建设部令第5号），现将本市房屋建筑和市政基础设施工程设置永久性标牌的有关要求通知如下：

一、永久性标牌的设置范围。本市行政区域内所有新建、扩建、改建的房屋建筑和市政基础设施工程应当按本通知规定设置永久性标牌。

二、永久性标牌的设置责任。永久性标牌的设置由建设单位负责，并应统筹考虑美观、预留等事项。永久性标牌应于工程竣工验收前安装完毕。监理单位在签发工程质量评估报告前，应当检查标牌内容的完整性、正确性和标牌的安装质量。

三、永久性标牌的内容、尺寸、材质要求。永久性标牌应当载明工程名称，建设、勘察、设计、施工、监理等工程主要参建单位的名称和工程项目负责人姓名。字体应采用宋体。永久性标牌宽不小于800mm，高不小于600mm。永久性标牌材质宜为花岗岩或不锈钢耐久性材料，标牌设置年限应为建筑物的设计使用年限。

四、永久性标牌的设置地点。住宅工程设置在外墙单元入口一侧，公共建筑（商场、宾馆、会展中心等）设置在外墙主立面主入口处，市政基础设施工程设置在工程明显部位。永久性标牌应在可视范围内，标牌下边缘距地面应不小于0.5米，且不大于2米。

五、市、区县建设行政主管部门及工程质量监督机构应将永久性标牌的设置，作为落实工程建设主体质量责任的重要内容进行监管。

六、本通知自2011年12月1日起施行。

附件：永久性标牌样式

二〇一一年十月二十四日

附件：

永久性标牌样式

工程名称 ×××××××××

建设单位 ××××××××× 项目负责人 ×××

勘察单位 ××××××××× 项目负责人 ×××

设计单位 ××××××××× 项目负责人 ×××

施工单位 ××××××××× 项目经理　×××

监理单位 ××××××××× 总监理工程师 ×××

××××年××月××日立

附件2:《房屋建筑和市政基础设施工程质量监督管理规定》

住房和城乡建设部 2010 年第 5 号令

(相关条款)

第七条 工程竣工验收合格后,建设单位应当在建筑物明显部位设置永久性标牌,载明建设、勘察、设计、施工、监理单位等工程质量责任主体的名称和主要责任人姓名。

附件3:《建筑工程五方责任主体项目负责人质量终身责任追究暂行办法》

住房和城乡建设部 2014 年 8 月

(相关条款)

第七条 工程质量终身责任实行书面承诺和竣工后永久性标牌等制度。

第九条 建筑工程竣工验收合格后,建设单位应当在建筑物明显部位设置永久性标牌,载明建设、勘察、设计、施工、监理单位名称和项目负责人姓名。

百问 24：如何做好市政工程竣工验收

市政工程完工后，大部分项目因各种原因就此了结而未进行工程竣工验收，更谈不上工程竣工验收备案。其中，最主要的原因是项目手续不全，其次是对工程竣工验收认识不到位、不重视，再次就是不了解、不清楚工程竣工验收程序。同时，由于市政工程经常性的拆迁不到位等特点，从而造成市政工程竣工验收迟迟无法进行。结合以往施工和监督实践，就如何做好市政工程竣工验收，浅述如下：

一、市政工程竣工验收概念

市政工程竣工验收是指市政工程依照法律法规和标准规范的规定完成工程设计文件要求和合同约定的各项内容，建设单位已取得政府相关部门出具的有关工程验收文件后，组织工程竣工验收并编制完成《建设工程竣工验收报告》的全过程。

市政工程竣工验收是项目施工全过程的最后一道程序，也是工程项目管理的最后一项工作。它是市政工程投入使用的标志，也是全面检验工程施工质量的重要环节。

二、市政工程竣工验收基本条件

1. 建设单位已提供完成工程设计和合同约定的各项内容的证明。

2. 建设单位提供已按合同约定支付工程款证明。

3. 建设单位已提供施工管理资料齐全的证明。

4. 建设单位已组织对无障碍设施进行专项验收，并已形成专项验收文件。

5. 建设单位与施工单位已签署工程质量保修书。

6. 城建档案馆已出具工程竣工档案预验收认可文件。

7. 市政基础设施的有关质量检测和功能性试验资料已齐全。

8. 施工单位的《工程竣工报告》，监理、设计、勘察单位的《工程质量检查报告》已完成。

9. 工程质量监督机构等有关部门责令整改的问题已全部整改完毕。

三、市政工程竣工验收程序

1. 工程竣工验收之前，建设单位必须组织成立验收组。建设、勘察、设计、施工、监理单位工程项目负责人必须为验收组成员，建设单位项目负责人必须为验收组组长。

2. 建设单位应于工程竣工验收 7 个工作日前将《竣工验收通知书》书面上

报负责质量监督的监督机构。《竣工验收通知书》必须明确验收时间、地点和验收组成员，以及验收组成员的执业资格和在工程项目上担任的职务。竣工验收通知书详见附件1《竣工验收通知书》。

3. 竣工验收工作必须由验收组组长组织，竣工验收工作分为工程竣工验收条件检查、工程建设情况汇报、工程技术资料检查、工程实体质量检查和形成竣工验收意见等五个步骤。

4. 工程竣工验收条件检查：由建设单位对验收组人员资格及到位情况进行检查，验收组组长现场宣布验收组人员名单及相应资格，验收人员必须满足竣工验收各项工作的要求。验收组对工程竣工验收基本条件及相关要求内容进行逐项检查。

5. 工程建设情况汇报：由施工单位对合同履约情况、在工程建设各个环节执行法律、法规、工程建设强制性标准的情况向验收组汇报，并向验收组提交《工程竣工报告》。验收组听取施工单位的汇报后对《工程竣工报告》进行检查；由监理、设计、勘察单位对合同履约情况、在工程建设各个环节执行法律、法规、工程建设强制性标准的情况向验收组汇报，并向验收组提交监理单位的《工程质量评估报告》、设计、勘察单位的《工程质量评估报告》。验收组听取监理、设计、勘察单位的汇报后对监理单位的《工程质量评估报告》、设计、勘察单位的《工程质量评估报告》进行检查。勘察、设计、施工、监理单位的各项汇报必须翔实清楚、结论明确。

6. 工程技术资料和实体质量检查。

7. 工程竣工验收结束后，验收组必须对工程勘察、设计、施工质量和各管理环节等方面作出全面评价，形成经验收组人员签署的工程竣工验收意见等文件。工程竣工验收意见可参见附件2《工程竣工验收意见书》。

四、市政工程竣工验收施工资料的主要内容

资料验收组检查各单位工程技术资料的顺序为：建设——勘察——设计——施工——监理单位的资料。检查工程技术资料时必须严格按《市政基础设施工程资料管理规程》DB11/T 808-2011规定进行。

工程技术资料检查主要内容：①执行工程建设法律法规和工程建设标准强制性条文的情况；②执行有关工程洽商、设计变更资料的情况；③监督机构等有关部门责令整改问题的整改及回复情况；④相关施工单位技术资料。主要包括：工程质量控制资料抽查项目：图纸会审、设计变更、工程洽商记录；施工试验报告及见证检测报告；地基基础、主体结构检验及抽样检测资料；分项、分部工程质量验收记录；管道性能试验；材料构配件检验报告，包括防水材料试验报告、道路基层混合料7d无侧限抗压强度、钢筋原材、钢筋连接试验报告、混凝土强度报告、沥青混合料流值及稳定度试验报告、预应力钢绞线及锚具夹片力学性能检验报告、静锚固试验检测报告、张拉试验记录和有见证试验记录等。工程功能检验资料抽查项目：道路结构功能性检验记录；污水管道闭水试验记录；有设计要求的大型、特异桥梁静（动）载试验记录；桥梁栏杆侧向推力试验记录；桥梁桩基试验记录。

五、市政工程竣工验收实体检查的主要内容

实体验收组检查各单位工程外观质量和实测实量。工程实体质量检查主要内容（含：重点抽查、一般抽查和检测项目）：

1. 道路工程：重点抽查：路基、基层、面层的施工质量、试验检测、隐蔽验收；结构层厚度、压实度、弯沉、混凝土强度、水泥及石灰类混合料强度、承载板试验、沥青混合料等涉及道路结构稳定的重要指标；路面的高程、平整度、抗滑性能、宽度等涉及使用功能的指标值。一般抽查：人行道、侧平石、收水井、地下管线检查井盖等。检测项目：道路压实度与弯沉值；结构层厚度与强度；道路几何尺寸；混凝土预制构件强度。

2. 桥梁工程：重点抽查：基础工程与主体结构工程的施工质量、试验检测和隐蔽验收；混凝土、钢筋和钢绞线、预应力、钢结构制作与安装及其他涉及结构安全的关键工序验收；支座、伸缩装置、桥面铺装及其他涉及使用功能的工序质量验收；大中型桥梁的成桥鉴定，包括动静载试验、评估报告等。一般抽查：桥面系、安装工程、外观质量、桥梁总体等。检测项目：基础与主体结构混凝土强度；主要受力钢筋数量、位置、连接与混凝土保护层厚度；整体与部位的几何尺寸；钢结构防腐涂层厚度。

3. 排水管道工程：重点抽查：地基基础处理、管道敷设（铺设、现浇、非开挖）、桥管下部结构、支（吊）架、管道保护、设备安装的施工质量、试验检测、隐蔽验收；管道连接、混凝土、钢筋及其他涉及结构安全与耐久性的关键工序验收。一般抽查：管道严密性试验、沟槽回填压实度等。检测项目：管道连接；混凝土强度；主要受力钢筋数量、位置与混凝土保护层厚度。

4. 隧道工程：重点抽查：地基处理与桩基、基坑支护结构、主体结构的施工质量、试验检测、隐蔽验收；基坑开挖与支护、混凝土、钢筋、钢结构制作与安装、盾构管片安装、横向联络通道、结构防水、隧道抗渗堵漏及其他涉及结构安全与耐久性的关键工序验收；预制管片的单片检漏检测报告和水平拼装验收记录；基坑位移、地面沉降、隧道轴线、结构限界等与结构安全、使用功能和环境影响相关的重要指标。一般抽查：设备安装、内部装饰、外观质量、几何尺寸等。检测项目：结构混凝土强度；主要受力钢筋数量、位置与混凝土保护层厚度；管片拼装质量。

六、市政工程竣工验收资料流程

1. 单位（子单位）工程完工。

2. 施工单位自检，形成《工程竣工报告》。

3. 施工单位填写《单位工程竣工预验收报验表》（A8），并附相应竣工资料（包括分包单位的竣工资料）报监理单位。监理单位组织监理人员对质量控制资料进行核查，总监理工程师组织监理工程师和施工单位共同对工程进行预验收。预验收中检查问题整改符合要求后，总监理工程师签署《单位工程竣工预验收报验表》（A8）。验收组形成《单位（子单位）工程质量控制资料核查表》（表 C8-5）、《单位（子单位）工程安全和功能检查资料核查及主要工程抽查记录》（表 C8-6）、《单位（子单位）工程观感质量检查记录》（表 C8-7）。监理单位形成《工程质量评估报告》。设计、勘察单位形成《工程质量检查报告》。

4. 建设单位邀请城建档案馆组织工程档案预验收，形成《工程档案预验收意见》。

5. 建设单位于工程竣工验收 7 个工作日前向负责监督的质量监督机构送达《工程竣工验收通知书》并附相关材料。

6. 建设单位组织设计、勘察、监理、施工等单位竣工验收。建设单位形成《工程竣工验收报告》，验收组形成《单位（子单位）工程质量竣工验收记录》（表 C8-1）。

7. 工程竣工验收合格，建设单位组织工程竣工验收备案。

七、市政工程竣工验收中应注意的几个问题

1. 工程竣工验收通知书附件竣工验收组主要成员名单应与竣工验收人员相一致，必须为项目负责人或企业负责人。竣工验收时，若参会人员非项目负责人或企业负责人，则必须持有企业负责人授权委托书，否则，此次工程竣工验收无效。

2. 工程竣工验收通知书附件竣工验收方案应由建设单位编制，经参建各方充分讨论，并应符合市政工程竣工验收程序要求，工程竣工验收时，应严格按竣工验收方案进行。

3. 市政工程竣工验收时，应掌握各阶段时间的合理性，可采取灵活分组、内外业分开、提前准备好实体检查组需要的工具设备、相关辅助人员及提早打开井盖通风等措施，以提高竣工验收效率。

4. 市政工程项目一小部分因拆迁不到位而且施工无望时，经参建各方协商一致，可进行工程甩项竣工。工程甩项竣工应形成甩项竣工说明文件且参建各方须签字盖章。需要注意的是工程甩项竣工应不影响其项目功能的使用。如：道路能通行，可能是局部变窄或与其他道路形成环路；管线能流通，可能是某支线未

接入或与其他管线形成环线。

5. 市政工程因其土地使用权属的特殊性，常常十有八九手续不全，以致完工后久久不能竣工验收，对项目后续的维修养护管理造成重大影响，也给施工质量保证金、质量保修期及项目经理解锁造成相当大的麻烦。建议就此类工程先组织工程竣工质量验收，待手续完善后再组织工程竣工验收，以解决由此造成的一系列难题。

6. 关于市政工程竣工验收时参建各方报告的总体要求、名称、形成时间、盖章，签字及日期要求、主要内容详见"百问 89：如何编制好市政工程参建各方竣工验收报告"。

7. 市政工程竣工验收不是整个项目施工过程的完结，还须组织市政工程竣工验收备案。在工程竣工验收合格之日起 15 日内，建设单位应向工程所在地的县级以上地方人民政府建设行政主管部门备案，逾期责令改正并处 20 万以上 50 万以下罚款。

八、相关文件

1. 竣工验收通知书详见附件 1《工程竣工验收通知书》。

2. 工程竣工验收意见可参见附件 2《工程竣工验收意见书》。

3. 工程竣工验收及资料形成流程图详见附件 3《工程竣工验收及资料形成流程图》。

附件1：工程竣工验收通知书

_____质量监督站（监督机构）：

我单位建设的_____工程，已完成设计文件和合同约定的内容，工程资料完整，工程质量符合国家规范及相关技术标准要求，具备竣工验收的条件，现定于 ____ 年 ____ 月 ____ 日 ____ 时，地点_____，进行竣工验收，请你单位派员参加，予以监督。

附：1. 竣工验收组主要成员名单

   2. 竣工验收方案

签收人：   建设单位：

                               盖章

年   月   日   年   月   日

注：1. 建设单位应在工程竣工验收 7 个工作日前，将本通知报质量监督机构。

   2. 竣工验收组应包括建设、勘察、设计、施工、监理等单位（项目）负责人及其他有关方面专家。

附件2：工程竣工验收意见书

工程名称			日　　期	
检查主要 内容				
对工程勘察、 设计、施工质量 和各管理 环节等方 面作出 全面评价				
工程竣工验收结论				
工程竣工验收小组成员签字栏				
验收组长：（建设单位项目负责人）				
勘察单位 项目负责人	设计单位 项目负责人	监理单位 项目负责人	施工单位 项目负责人	填表人

附件3：工程竣工验收及资料形成流程图

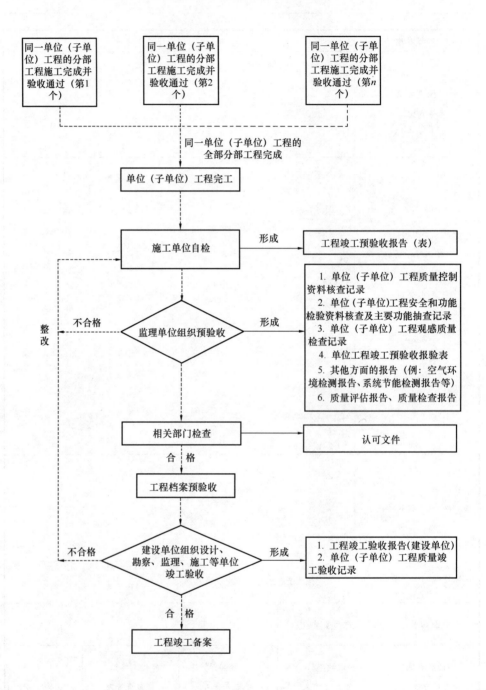

百问 25：如何做好市政工程竣工验收备案

目前，市政工程建设单位普遍对工程竣工验收备案不够重视，除了不了解工程竣工验收备案程序外，缺乏手续或存在一定畏难情绪也是因素之一，有的建设单位委托项目施工单位负责办理，造成备案工作一拖再拖。结合以往施工和监督实践，就如何做好市政工程竣工验收备案，浅述如下：

一、市政工程竣工验收备案的概念

市政工程竣工验收备案是指建设单位在建设工程竣工验收合格后，将建设工程竣工验收报告和相关部门出具的认可文件或者准许使用文件报建设行政主管部门审核备案的行为。

二、市政工程竣工验收备案须提交的文件

1. 《北京市房屋建筑和市政基础设施工程竣工验收备案表》原件一式两份；

2. 工程竣工验收报告原件；

3. 市政工程质量保修书复印件；

4. 建设工程档案预验收意见书复印件；

5. 法人委托书原件。

三、市政工程竣工验收备案应注意的几个问题

1. 市政工程竣工验收备案应由建设单位负责办理。

2. 市政工程竣工验收备案应在工程竣工验收合格之日起 15 日内，向工程所在地的县级以上地方人民政府建设行政主管部门备案，逾期责令改正并处 20 万以上 50 万以下罚款。

3. 《北京市房屋建筑和市政基础设施工程竣工验收备案表》和法人委托书可从市住房城乡建设委官方网站上的"服务大厅"下载。

4. 建设工程档案预验收意见书由城建档案管理部门出具，建设单位名称、建设地址、工程名称应与规划许可证所载信息一致。

5. 《北京市房屋建筑和市政基础设施工程竣工验收备案表》中填写的工程名称应与施工许可证工程名称相一致，并应在括号内注明本次备案内容；建设地址应与施工许可证中建设地址相一致；建设规模、合同价格一栏：应填写本次备案工程建设规模、合同价格；"单位名称"栏内：填写各单位全称，应与各参建单位"法人公章"名称相一致；法定代表人（签字）：应由建设单位法定代表人签字，如为法定代表人指定的授权人签字，应出具法定代表人签署的"法人委托授权书"。

6. 工程竣工验收报告由建设单位编制，其主要内容应包括：工程概况，建设单位执行基本建设程序情况，对工程勘察、设计、施工、监理等方面的评价，工程竣工验收时间、程序、内容和组织形式，工程竣工验收意见及无障碍设施验收情况等内容。工程竣工验收报告工程名称、地址应与建筑工程施工许可证以及备案表一致，并由建设单位项目负责人签字并加盖公章，报告书写日期不能早于竣工验收日期。同时，工程竣工验收报告还应附有下列文件：规划许可文件；施工许可文件；单位工程质量竣工验收记录；工程竣工验收记录；备案机关认为需要提供的其他有关资料。

7. 市政工程质量保修书保修年限及保修起始日期参照《房屋建筑工程质量保修办法》（建设部令第 80 号），工程质量保修书应由双方法定代表人签字，或出具法定代表人授权委托书，由受托人签字。亦可参见"百问 22：如何确定市政工程质量保修期"。

8. 法人委托书指本事项申办人员应持有的由建设单位法人开具的委托书，委托事项为委托该申办人员代表建设单位办理该事项。

9. 备案表及备案文件内容严禁涂改，备案表及备案文件如有更正，须在修改处加盖申请单位公章。所提供的备案文件如为复印件，应加盖复印单位公章，并注明原件存放处。

四、相关文件

1. 《北京市房屋建筑和市政基础设施工程竣工验收备案表》详见附件 1《北京市房屋建筑和市政基础设施工程竣工验收备案表》。

2. 《法人授权委托书》样式可参见附件 2《法人授权委托书》。

3. 《市政工程质量保修书》可参照《关于印发〈房屋建筑工程质量保修书〉（示范文本）的通知》（建建〔2000〕185 号）也可采用附件 3《市政工程质量保修书》。

附件 1：

编号：

北京市房屋建筑和市政基础设施工程竣工验收备案表

工程名称：_____

建设单位：_____

北京市住房和城乡建设委员会制

工 程 名 称			
建 设 地 址			
建 设 规 模		合同价格	万元
规划许可证编号		施工许可文件编号	
开 工 时 间		工程竣工日期	
单 位 名 称		项 目 负 责 人	
建设单位：			
勘察单位：			
设计单位：			
施工单位：			
监理单位：			

工程质量监督机构：

　　本工程已按规定进行了竣工验收，并且验收合格。依据《建设工程质量管理条例》第四十九条及有关规定，所需文件已齐备，现报送备案。

建设单位（公章）：

法定代表人（签字）		报送时间	

工程竣工验收备案文件目录	1. 工程竣工验收备案表一式两份；
	2. 工程竣工验收报告；
	3. 法律、行政法规规定应当由规划部门出具的认可文件或者准许使用文件；
	4. 法律规定应当由公安消防部门出具的对大型的人员密集场所和其他特殊建设工程验收合格的证明文件；
	5. 施工单位签署的工程质量保修书；
	6. 住宅工程提交《住宅质量保证书》和《住宅使用说明书》；
	7. 法规、规章规定必须提供的其他文件：建设工程档案预验收意见书；
	8. 法人委托书

　　该工程的竣工验收备案文件于　　年　　月　　日收讫。

备案部门：

备注：

　　1. 工程参建各方必须依照法律、法规、规章的有关规定承担各自质量责任，严格履行保修义务。

　　2. 供水、供电、供热、供气、绿化、邮电、通信、安防、卫生防疫等未尽事宜，由建设单位联系相关部门妥善解决。

　　3. 人民防空、环境卫生设施、防雷装置、通信、有线广播电视传输覆盖网、环境保护设施、特种设备等工程竣工验收及备案，由建设单位按照有关规定联系相关部门办理。

附件2：法人授权委托书

编号：

<table>
<tr><td>委托单位</td><td colspan="3"></td><td>电 话</td><td></td></tr>
<tr><td>法定代表人</td><td></td><td>性 别</td><td></td><td>身份证号码</td><td></td></tr>
<tr><td>受委托人</td><td></td><td>性 别</td><td></td><td>身份证号码</td><td></td></tr>
<tr><td>所在单位及
现任职务</td><td colspan="2"></td><td colspan="3">电 话</td></tr>
<tr><td rowspan="2">委
托
职
权
范
围</td><td colspan="5">今委托_____同志到北京市住房和城乡建设委员会全权办理申请_____
_____工程竣工验收备案手续的相关事宜。</td></tr>
<tr><td colspan="5"></td></tr>
<tr><td>委托期限</td><td colspan="5">年 月 日始—— 年 月 日止</td></tr>
<tr><td colspan="6">

委托单位（盖章） 委托人（签字或签章）

</td></tr>
<tr><td>备
注</td><td colspan="5"></td></tr>
</table>

注：请受委托人将身份证复印件附后

附件3：市政工程质量保修书

发包人（全称）：_____

承包人（全称）：_____

发包人、承包人根据《中华人民共和国建筑法》、《建设工程质量管理条例》，经协商一致，对_____签订工程质量保修书。

1. 工程质量保修范围和内容 承包人在质量保修期内，按照有关法律、法规、规章规定和双方约定，承担本工程质量保修责任。质量保修范围包括本次工程施工招标范围内的全部内容，以及双方约定的其他项目。具体保修内容，双方约定如下：

_____

_____

2. 质量保修期

2.1 双方根据《建设工程质量管理条例》及有关规定、约定本工程的质量保修期如下：

_____

_____

2.2 质量保修期自工程竣工验收合格之日起计算。

3. 质量保修责任

3.1 属于保修范围、内容的项目，承包人应当在接到保修通知之日起7天内派人保修。承包人不在约定期限内派人保修的，发包人可以委托他人修理。

3.2 发生紧急抢修事故的，承包人在接到事故通知后，应当立即到达事故现场抢修。

3.3 对于涉及结构安全的质量问题，应当按照相关的规定，立即向当地建设行政主管部门报告，采取安全防范措施；由原设计单位或者具有相应资质等级的设计单位提出保修方案，承包人实施保修。

3.4 质量保修完成后，由发包人组织验收。

4. 保修费用 4.1 保修费用由造成质量缺陷的责任方承担。

5 其他

5.1 双方约定其他工程质量保修事项：_____

5.2 本工程质量保修书，由施工合同发包人，承包人双方在竣工验收前共同签发，作为施工合同附件，其有效期限至保修期限满。

发　包　人（公章）：　　　　　　承　包　人（公章）：

法定代表人（签字）：　　　　　　法定代表人（签字）：

　年　　月　　日　　　　　　　　年　　月　　日

第二篇　施工管理类

Ⅰ　道路工程

百问 26：如何做好市政工程不良土质路基处理

目前，随着城市、城镇的不断发展和外延，市政工程道路路基土质越来越复杂，不良土质也日益频现，而对于市政道路工程，路基的强度和稳定性是保证路面强度和稳定性的基本条件，所以，不良土质路基处理是控制市政道路工程质量的关键部位和重要环节。结合以往施工和监督实践，就如何做好市政工程不良土质路基处理，浅述如下：

一、不良土质分类

不良土质按土的性质主要可分为：①软土；②湿陷性黄土；③膨胀土；④冻土等四类。

二、不同不良土质路基的危害

1. 软土。具有天然含水量较高、孔隙比大、透水性差、压缩性高、强度低等特点。软土路基的主要破坏形式是沉降过大引起路基开裂损坏。在较大的荷载作用下，地基易发生整体剪切、局部剪切或刺入破坏，造成路面沉陷和路基失稳。

2. 湿陷性黄土。土质较均匀、结构疏松、孔隙发育。在未受水浸湿时，一般强度较高，压缩性较小。当在一定压力下受水浸湿，土质结构会迅速破坏，产生较大附加下沉，强度迅速降低。主要病害有路基路面发生变形、凹陷、开裂，道路边坡发生崩塌、剥落等。

3. 膨胀土。主要由具有吸水膨胀性或失水收缩性黏土矿物组成，具有较大的塑性指数。在坚硬状态下膨胀土工程性质较好。但其显著的胀缩特性可使路基发生变形、位移、开裂、隆起等严重破坏。

4. 冻土。分为季节性冻土和多年性冻土两大类。冻土在冻结状态强度较高、压缩性较低。融化后承载力急剧下降，压缩性提高，路基容易产生融沉。

三、不同不良土质路基的处理方法

1. 对于软土路基，常用的处理方法有换填法、挤密法、排水固结法等。

2. 对于湿陷性黄土路基，可采取灰土垫层法、强夯法、灰土挤密桩、加筋土挡土墙等成本低、施工简便、效果好的方法进行处理，以减轻或消除其湿陷性。同时，应采取措施做好路基的防冲、截排、防渗。

3. 对于膨胀土路基，可采取灰土桩、水泥桩或用无机结合料对路基进行加固和改良；也可用开挖换填、堆载预压对路基进行加固的方法减轻和消除路基胀缩性。同时，应采取有效措施做好路基的防水和保湿。

4. 对于季节性冻土路基，应适当增加路基总高度；选用不冻胀的路面结构层材料；对于不满足防冻要求的结构，可调整结构层厚度或采用隔温性能好的材料来满足防冻胀要求；为防止不均匀冻胀，防冻层（包括路面结构层）厚度应不低于标准规范的规定。

四、不良土质路基处理中应注意的问题

1. 不良土质路基处理，施工项目部应高度重视，应报告单位技术质量部门，并在其指导下，及时与设计沟通，先做试验段，取得相应技术指标参数后，再组织编制专项施工方案，不良土质路基处理复杂、顽固时，应组织相应的专家论证，以确保技术质量上的可行性。

2. 不良土质路基处理施工前，施工单位应编制专项施工方案，经项目技术负责人审批后报项目总监理工程师。监理单位应把不良土质路基处理作为工程质量控制的关键环节纳入监理实施细则，并加强现场旁站，及时平行检验。

3. 不良土质路基处理施工前，施工单位应按现行有关规定程序办理设计变更或工程洽商手续，严禁按未经批准的设计变更或工程洽商进行施工。

4. 不良土质路基处理相关施工技术资料应包括：设计变更或工程洽商记录；专项施工方案；方案技术交底记录；工序技术交底记录；安全技术交底记录；地基验槽检查记录（表 C5-2-1）；地基处理记录（表 C5-2-2）；地基钎探记录（表 C5-2-3）；不良土质路基处理材料合格证明文件；不良土质路基处理材料进场检验、试验记录；不良土质路基处理的压实度记录；不良土质路基相关处理质量的检查记录；隐藏工程检查记录（表 C5-1-2）；数字图文记录（表 C5-1-4）等。

5. 地基验槽检查记录、地基处理记录、不良土质路基处理检查记录均须建设、设计及勘察单位签字并认可。

6. 不良土质路基相关处理质量的检查记录可参照附件《不良土质路基处理检查记录》。

附件：不良土质路基处理检查记录

工程名称		检查日期	
处理依据		桩　　号	

地质情况描述	植被
	耕地
	不良地质情况（采空区、湿陷黄土、崩塌等）
	原地面倾斜度及坡长

处理部位（附简图）	

处理过程简述	（应含原地面排降水，清除树根，淤泥，杂物及地面下坟坑、水井及较大坑穴的处理记录）

检查情况	（应进行干土质量密度或贯入度试验）

签字栏					
建设单位	监理单位	勘察单位	设计单位	施工单位	填表人

注：1. 本表由施工单位负责填写，参建各方各一份；

　　2. 本表应附地基钎探记录；

　　3. 不良路基采用沉入桩、钻孔桩、碎石桩、灰土桩等处理时，应附专业施工单位提供的路基处理施工记录。

百问 27：如何做好市政工程花岗岩路缘石施工及质量控制

目前，因混凝土路缘石抗融雪剂性能弱、强度差、易破碎、不美观等原因，市政工程中混凝土路缘石使用越来越少，花岗岩路缘石使用越来越普遍，而相关标准规范对花岗岩路缘石进场检验、施工及验收却很少提及，同时，花岗岩路缘石产品标准尚未出台，致使施工中常产生混乱，质量控制难于把握。参照北京市城市道路养护管理中心发布的《城市道路大修工程花岗岩路缘石相应要求》，结合以往施工和监督实践，就如何做好市政工程花岗岩路缘石施工及质量控制，浅述如下：

一、花岗岩路缘石施工质量控制要点

1. 花岗岩路缘石石材加工质量应符合标准规范及设计要求，且色泽均匀一致，不得有锯痕和修补痕迹；

2. 花岗岩路缘石应砌筑稳固，直线段顺直、曲线段圆顺、缝隙均匀；灌缝应密实；

3. 花岗岩路缘石直顺度应≤10mm、相邻块高差应≤3mm、缝宽允许偏差应＋3mm、顶面标高允许偏差应±10mm、外露尺寸允许偏差应±10mm；

4. 花岗岩路缘石后背混凝土尺寸、强度应符合设计要求，还土夯实宽度应不宜小于50cm，高度应不宜小于15cm，压实度应不得小于90％。

二、花岗岩路缘石施工资料管理

花岗岩路缘石施工资料分为：施工技术资料；工程物资资料；施工记录；施工试验记录及检测报告；施工质量验收资料。

施工技术资料：花岗岩路缘石专项施工方案；技术交底记录等。工程物资资料：花岗岩质量合格证；花岗岩进场检验记录；预拌混凝土出厂合格证；预拌砂浆出厂合格证等。施工记录：花岗岩路缘石安装检查记录；混凝土浇筑记录；混凝土养护测温记录；隐蔽工程检查记录；数字图文记录等。施工试验记录及检测报告：最大干密度与最佳含水量试验报告；回填压实度试验记录；混凝土抗压强度试验报告；砂浆抗压强度试验报告；砂浆试块强度统计、评定记录；混凝土试块强度统计、评定记录等。施工质量验收资料：检验批质量验收记录；分项工程质量验收记录；子分部工程质量验收记录等。

按照《城镇道路工程施工与质量验收规范》CJJ 1－2008 表 18.0.1 城市道路分部（子分部）工程与相应的分项工程、检验批，将路缘石划分为分部工程附属构筑物的分项工程，其检验批划分为：每条路或路段。《城市道路工程施工质量检验标准》DB11/T 1073-2014 路缘石的划分与《城镇道路工程施工与质量验收规范》CJJ 1-2008 相一致。而按照《城镇道路工程施工与质量检验标准》DBJ 01-11-2004 附录 A 中单位、分部工程、分项工程的划分，将路缘石划分为分部工程附属构筑物的分项工程，其检验批划分未说明。

参照上述标准规范的划分，结合现场实际及施工资料管理，建议宜将花岗岩路缘石划分为分部工程附属构筑物的子分部工程，其分项工程可划分为：基础、垫层、后背混凝土及回填、灌缝，检验批可划分为：每≤200 延长米。

三、花岗岩路缘石施工应注意的几个问题

1. 花岗岩路缘石其规格、尺寸、型号应符合设计要求，并应有厂家提供的花岗岩路缘石物理性能检测报告，施工单位应对花岗岩路缘石外观质量、几何尺寸进行进场检验，以每 5000 块为一检验批为宜，每批抽样数量为 16 块。按《城镇道路工程施工与质量验收规范》CJJ 1-2008 和《城市道路工程施工质量检验标准》DB11/T 1073-2014 要求，可不进行饱和抗压强度、抗折强度等物理性能试验，设计和建设单位有特殊要求的除外。

2. 花岗岩路缘石基础、垫层、后背混凝土及回填、灌缝应严格按施工图纸及设计要求进行施工和验收。基础宜与相应的基层同步施工；垫层宜采用 C10 细石混凝土；后背宜浇筑混凝土支撑，并还土夯实；灌缝宜采用 M10 水泥砂浆，灌缝后，常温期养护不少于 3d。缝宽应均匀，缝宽宜为 5mm，并采用凹缝处理。

3. 路口、隔离带端部等曲线段花岗岩路缘石，应按设计弧形加工预制，单块长度应大于 70cm，不宜使用小标准块进行拼接。

4. 花岗岩路缘石路口及人行过街的无障碍坡道顶面应与路面平齐。

5. 进行沥青混合料面层施工时，应及时对花岗岩路缘石进行覆盖，防止污染。

6. 绿化施工前，应及时与对方沟通，以尽量减少对花岗岩路缘石的损坏，尤为后背混凝土及回填压实土，必要时，应安排专人负责。

四、花岗岩路缘石验收标准可参照《城镇道路工程施工与质量验收规范》CJJ 1-2008、《城市道路工程施工质量检验标准》DB11/T 1073-2014 附属构筑物石质路缘石标准，也可参照附件 1《花岗岩路缘石外观实测项目》、附件 2《花岗岩路缘石物理力学性能指标表》、附件 3《花岗岩路缘石允许偏差表》执行

附件1：花岗岩路缘石外观实测项目

序号	项	目		允许偏差
1	缺棱	1处		长度不超过10mm（小于5mm不计）
2	缺角	1处		面积不超过5mm×2mm （小于2mm×2mm不计）
3	裂纹	不得有		/
4	色线	1处		长度不超过两端顺延至板边总长度的 1/10且小于40mm
5	色斑	1处	每块料石	面积不超过20mm×30mm （小于15mm×15mm不计）
6	坑窝	1处		粗面板材的正面出现的坑窝体积不超过 5mm×3mm×2mm （小于3mm×3mm×2mm不计）
7	锯痕	不得有		/
8	修补及粘贴	不得有		/
9		长		±3mm
10	外形尺寸	宽		±1mm
11		高		±2mm
12	对角线长度差			±5mm
13	外露面平整度			≤3mm
14	抹角			2mm×2mm

附件2：花岗岩路缘石物理力学性能指标表

序号	检查项目	允许偏差（mm）
1	△饱和抗压强度	≥120MPa
2	△饱和抗折强度	大于等于9.0MPa
3	耐磨性	≥25（1/cm³）
4	抗冻系数	冻融循环次数为50次无明显损伤（裂缝、脱皮）；系数K≥80％m³
5	坚固性	（硫酸钠的侵蚀）质量损失Q≯15％m³
6	吸水率	≯1％m³
7	密度	≮2.5g/cm³
8	硬度	≮7.0莫氏
9	孔隙率	≯3.0％m³

注：石材厂家须全项检测；施工、监理单位只检前7项；施工全过程施工方检验3次，监理方1次。

附件3：花岗岩路缘石允许偏差表

序号	项目	允许偏差（mm）	检验频率		检验方法
			范围	点数	
1	直顺度	≤10	100m	1	拉20m小线量取最大值
2	相邻块高差	≤3	20m	1	用塞尺量取最大值
3	缝宽	+3	20m	1	用钢尺量取最大值
4	顶面高程	±10	20m	1	用水准仪测量
5	外露尺寸	±10	20m	1	用钢尺量取最大值
6	物理性能指标	符合要求	100方/每批	25块/每批	按规范要求

百问 28：如何做好市政工程无砂混凝土施工及质量控制

目前，市政道路工程中人行步道基层越来越广泛地使用无砂混凝土，而目前尚未有相应的无砂混凝土材料及施工质量检验及验收标准，致使在无砂混凝土施工中经常存在配合比不合理、碾压不到位、透水性不强和施工管理人员不清楚、监理人员不重视等诸多问题，结合以往施工和监督实践，就如何做好市政工程中无砂混凝土施工及质量控制，浅述如下：

一、无砂混凝土的概念

无砂混凝土是由一定比例的粗骨料、水泥和水配合拌制形成的一种由粗骨料表面包覆水泥浆相互粘结而组成的孔穴均匀分布的蜂窝状结构混凝土，与普通混凝土的主要区别在于没有细骨料，无砂混凝土又称无砂大孔隙混凝土，多应用于具有一定强度和渗透性的结构。

二、无砂混凝土材料应注意的几个问题

1. 无砂混凝土强度一般为 C15，水泥一般采用 425 普通硅酸盐水泥，骨料采用 5～10mm、10～20mm 的单一粒级的碎石，应严格控制针片状颗粒。

2. 无砂混凝土应选用预拌混凝土，而不应现场搅拌。若必须现场搅拌时，无砂混凝土应采用强制式搅拌机，由于水泥浆稠度较大且数量较少，为了保证水泥浆能够均匀地包裹在骨料上，搅拌时间宜适当延长。投料顺序为先水泥再水后掺外加剂，待搅拌均匀最后加入 10～20mm 碎石继续搅拌均匀。

3. 无砂混凝土进场检验时，应重点查看随车无砂混凝土合格证及配比单，是否符合图纸及设计要求，同时，应现场进行坍落度试验，是否符合设计及施工组织设计要求，并做好无砂混凝土试验取样。

4. 无砂混凝土进场试验方法：将混合料装入 150mm×150mm×150mm 与 100mm×100mm×400mm 的试模中，分层插捣成型试件。标准条件下养护 7d 后，改为自然养护，至 28d 时测其抗压强度、抗折强度、透水系数和孔隙率。透水系数宜采用变水位和定水位透水系数测定方法。孔隙率的测定方法：将试件浸泡在水中使其饱水后，称取试件在水中的重量 W_1；将试件从水中取出，控干内部吸入的水并擦干表面多余的水，待重量恒定后称取试件在空气中的重量 W_2；并测定试件外观体积 V。孔隙率 $P = [1-(W_2-W_1)/V] \times 100\%$。因成型方法、养护条件和骨料形状会对无砂混凝土的强度、透水系数和孔隙率产生较大影响，故对无砂混凝土试验应高度重视并认真对待，同时，很难通过其试验与现场施工质量建立相对应关系。

三、无砂混凝土施工时应注意的几个问题

1. 无砂混凝土施工前，施工单位应编制专项施工方案，经项目技术负责人审核加盖项目经理建造师印章，报专业监理工程师审批后方可组织实施。监理单位应依据施工单位无砂混凝土专项施工方案，编制监理旁站方案，明确监理旁站人员、职责、旁站内容、旁站要点、检查频次、记录要求等，经总监理工程师审批后，在无砂混凝土旁站监理过程中严格落实。

2. 无砂混凝土施工方法与普通混凝土类似，宜尽量减少振捣，以免产生离析，无砂混凝土属于干硬性混凝土材料，初凝快，因此摊铺必须及时。无砂混凝土运至现场后，应立即开始混凝土浇筑施工，将混凝土均匀摊铺在基础上，用括尺找平，在混凝土初凝前检测其标高、横坡及厚度等，满足要求后用木模磨平。

3. 无砂混凝土是干硬性混凝土，在浇筑前，应用水湿润基础，防止混凝土水分流失加速水泥凝结。由于无砂混凝土中水泥量有限，只能包裹骨料颗粒，因此，在浇筑时不得采用强烈振捣或夯实，否则将会使水泥浆沉积，破坏混凝土结构均匀性，并在底部形成不透水层。

4. 无砂混凝土由于存在大量孔隙，易失水，干燥较快，对水泥浆水化影响较大，因此，应特别重视早期养护。浇筑后宜用塑料膜及时覆盖并连续洒水养护。同时，无砂混凝土养护时间不得少于7d。

四、关于无砂混凝土抗压强度与渗水率

市政工程现场无砂混凝土施工时，无砂混凝土试验抗压强度与渗水率指标一般很难同时满足要求，在满足抗压强度时，渗水率一般不符合要求，而满足渗水率要求时，抗压强度又一般不合格，这可能与无砂混凝土试块制作成型方法和养护条件有关，也可能与无砂混凝土的骨料形状和施工工艺有关。目前，市政工程项目大多数还是采用先满足抗压强度要求为主，其次再符合渗水率要求做法。

鉴于无砂混凝土施工工艺尚不十分成熟，建议先在小市政工程中加以充分实践改良后，再在大市政工程中推广使用。不能一味地炒作吸收地表水这一环保节能概念，而不顾市政工程实际质量。

五、无砂混凝土施工资料管理

无砂混凝土施工资料分为：施工技术资料；工程物资资料；施工记录；施工试验记录及检测报告；施工质量验收资料。

施工技术资料：无砂混凝土专项施工方案；技术交底记录等。工程物资资料：无砂混凝土质量合格证；无砂混凝土进场检验记录等。施工记录：无砂混凝土浇筑记录；无砂混凝土养护测温记录；隐蔽工程检查记录；数字图文记录等。施工试验记录及检测报告：无砂混凝土抗压强度试验报告；无砂混凝土透水系数试验报告；无砂混凝土孔隙率试验报告等。施工质量验收资料：检验批质量验收

记录；分项工程质量验收记录等。无砂混凝土浇筑记录既可参照《市政基础设施工程资料管理规程》DB11/T 808－2011 中《地下连续墙混凝土浇筑记录》（表C5-2-6），也可参照附件《无砂混凝土浇筑记录》。

《城镇道路工程施工与质量验收规范》CJJ 1－2008、《城市道路工程施工质量检验标准》DB11/T 1073－2014 都没有对无砂混凝土的分项工程、检验批划分作只字说明。

结合现场实际及施工资料管理，建议宜将无砂混凝土划分为分部工程人行道的分项工程，其分项工程名称为：无砂混凝土基层，检验批可划分为：每≤1000m² 为一检验批。

附件：无砂混凝土浇筑记录

工程名称				
施工单位				
浇筑部位			天气气温	
设计强度等级			浇筑日期	
商品无砂混凝土	供货厂家		试验单编号	
	合同号		供料强度等级	
实测坍落度（cm）		出盘温度（℃）		入模温度（℃）
无砂混凝土完成数量（m³）		完成时间		
试块留置	数量（组）		编号	
标养				
有见证				
同条件				
无砂混凝土浇筑中出现的问题及处理方法				

签字栏			
项目负责人	项目技术负责人	施工员	填表人

注：本表每浇筑一次无砂混凝土，记录一张。

百问 29：如何做好市政工程无机料施工及质量控制

目前，市政工程无机料施工已基本实现机械化，施工质量也日渐提升，但依然还存在碾压不密实、不到位、大料集中、过程控制不规范等问题，因无机料基层是道路工程的重要结构受力层，也是道路工程施工的关键层，因此应切实加强无机料的施工和质量控制，结合以往施工和监督实践，就如何做好市政工程无机料施工及质量控制，浅述如下：

一、无机料施工前相关要求

1. 无机料施工前，施工单位应由项目技术负责人编制可操作性的专项施工方案，经项目经理审批并加盖建造师印章后报项目总监理工程师。监理单位应依据施工单位无机料专项施工方案，制定有针对性的监理实施细则，监理实施细则经项目总监理工程师审批后在无机料施工全过程中严格落实。

2. 无机料施工前，监理单位总监理工程师应组织相关人员学习无机料专项施工方案和监理实施细则，明确监理人员相关工作要求和责任划分，做好旁站监理和平行检验工作。如：高程复核、虚铺厚度控制、见证取样等。

3. 无机料施工前，施工单位应明确试验员职责做好相应试验工作，同时，监理单位应做好相应的见证取样工作，按频率要求取足相应组数。无机料自检项目为含灰量，检验频率为每层每 1000m² 为一检验批；无机料见证检测项目为 7d 无侧限抗压强度，检验频率为每 600t 为一检验批。

4. 无机料施工前，施工和监理单位应共同检查检查井井位是否拴好，检查井井口处理是否到位，是否满足基层碾压要求；路基压实度是否符合设计要求；路基弯沉值是否检测，是否不大于设计规定；路基是否平整、坚实，无显著轮迹、翻浆、波浪、起皮等现象。

二、无机料进场检验相关要求

无机料进场后，应对无机料质量进行检验，主要检验内容为：①随车是否提供无机料运输单；②运输单中的无机料品种规格（0.6MPa 或 0.8MPa）是否与施工图纸相一致；③现场抽检每车无机料是否搅拌均匀、色泽一致；骨料最大粒径是否大于 4cm；石灰中是否含有大于 1cm 的灰块等；④必要时，可查询无机料生产厂家材料分级保留的相关资料；⑤应及时填写无机料进场检验记录。

三、无机料施工时相关要求

1. 路床应湿润，在摊铺上层无机料之前，宜将下层表面洒水湿润；

2. 无机料含水量应在最佳含水量允许偏差内；

3. 应严格控制无机料虚铺厚度,最大压实厚度应为 20cm,且不宜小于 10cm;

4. 摊铺中发生粗、细集料离析时,应及时翻拌均匀;

5. 应在潮湿状态下养护,常温下不宜少于 7d;

6. 养护时,宜封闭交通;

7. 无机料摊铺时,宜按规范要求从底基层开始,一层一层施工,即:下一层 7d 无侧限抗压强度符合要求后再施工上一层,若因工程原因急需各层分层连续摊铺时,应在 24 小时内连续施工完毕,同时,总体养护期应适当延长,多于 7d;

8. 无机料从进场到辅助时间间隔不宜超过 24h。

四、无机料施工质量控制要点

1. 原材料质量符合标准规范及设计要求;

2. 主干路压实度应≥97%、次干路压实度应≥95%;

3. 厚度允许偏差为±10mm;

4. 平整度允许偏差为≤10mm;

5. 7d 无侧限抗压强度符合设计要求;

6. 用 12t 以上压路机碾压后,轮迹深度不得大于 5mm;

7. 表面应平整、坚实、无粗细骨料集中现象,不应有推移、裂缝,接茬平顺,无贴皮、散料等现象。

五、无机料施工资料管理

无机料施工资料分为:施工技术资料;工程物资资料;施工记录;施工试验记录及检测报告;施工质量验收资料。

施工技术资料:无机料专项施工方案;技术交底记录等。工程物资资料:无机料质量合格证;无机料进场检验记录等。施工记录:无机料摊铺及碾压记录;隐蔽工程检查记录;数字图文记录等。施工试验记录及检测报告:最大干密度与最佳含水量试验报告;压实度试验记录;弯沉试验报告;含灰量试验报告;7d 无侧限抗压强度试验报告;平整度检测记录;厚度检测记录等。施工质量验收资料:检验批质量验收记录;分项工程质量验收记录;子分部工程质量验收记录等。无机料摊铺及碾压施工原始记录可参照附件《无机料摊铺及碾压施工记录》。

按照《城镇道路工程施工与质量验收规范》CJJ 1-2008 表 18.0.1 城市道路分部(子分部)工程与相应的分项工程、检验批,将无机料划分为分部工程基层的分项工程,其检验批划分为:每条路或路段。《城市道路工程施工质量检验标准》DB11/T 1073-2014 无机料的划分与《城镇道路工程施工与质量验收规范》

CJJ 1 - 2008 相一致。而按照《城镇道路工程施工与质量检验标准》DBJ 01 - 11 - 2004 附录 A 中单位、分部工程、分项工程的划分，将无机料划分为分部工程基层的分项工程，其检验批划分未说明。

　　参照上述标准规范的划分，结合现场实际及施工资料管理，建议宜将无机料划分为分部工程基层的分项工程，其分项工程名称为：无机料基层，检验批可划分为：每≤1000m² 为一检验批。

附件：无机料摊铺及碾压施工记录

工程名称				日期	
起止桩号				天气气温	
无机料情况	类型			层位	设计厚度cm
摊铺情况	摊铺机型号	摊铺宽度m		虚铺系数	下承面情况
碾压情况	压路机型号	碾压方式	碾压遍数	最佳含水量	标准干密度
试块制作情况	制作组数			试件编号	制取部位
完成情况	面积		计算方量 （面积×设计厚度）		平均虚铺厚度
	折算厚度 （虚铺厚度×虚铺系数）		折算方量 （面积×折计厚度）		
现场抽检情况 及结果	（含级配、无机料剂量、含水量等）				
无机料虚铺厚度 检测情况					
签字栏					
施工单位项目负责人		质量员		施工员	填表人

百问 30：如何做好市政工程沥青混合料施工及质量控制

目前，市政工程沥青混合料施工正逐步走向专业化，施工质量也正稳步提升，但依然还存在碾压不到位、接顺不细致、过程控制不规范等诸多问题，因沥青面层是市政道路工程的"面子"工程，也是项目施工最后的可见成果，因此，加强市政工程沥青混合料的施工控制和质量管理尤为重要，结合以往施工和监督实践，就如何做好市政工程沥青混合料施工及质量控制，浅述如下：

一、关于市政工程沥青混合料专业分包

目前普遍存在的市政工程沥青混合料专业分包，按照建设部《建筑业企业资质等级标准》（建建［2001］82 号文）和住房和城乡建设部《建筑业企业资质标准》（建市［2014］159 号），企业专业承包资质标准中根本都没有路面摊铺专业资质，只有公路路面工程专业承包资质。而沥青混合料面层为市政道路工程关键的主体结构，其是否能专业分包很值得商榷。

二、沥青混合料施工前相关要求

1. 沥青混合料施工前，施工单位应由项目技术负责人编制可操作性的专项施工方案，经项目经理审批并加盖建造师印章后报项目总监理工程师。监理单位应依据施工单位沥青混合料专项施工方案，制定有针对性的监理实施细则，监理实施细则经项目总监理工程师审批后在沥青混合料施工全过程中严格落实。

2. 沥青混合料施工前，施工单位应全方位、多层次、多角度做好相应准备工作，充分考虑各种因素的干扰，做好应急预案工作，以确保摊铺、碾压工作的有序进行：应组织项目部管理人员做好技术交底和安全交底工作，并填写相应技术交底和安全交底记录；应组织机械设备人员进行设备检修和维护，并填写相应维修保养记录；应组织摊铺、碾压机械操作人员进行相应操作交底，以控制好摊铺顺序、摊铺速度、碾压顺序、碾压速度、碾压次数和重点碾压部位；应组织测量人员严格按测量方案进行测量放线，控制好摊铺中心线、边线和高程控制点，做好复测工作，并填写相应记录；应组织相关技术人员通过试验段来确定摊铺虚铺厚度，监理应予旁站，并填写相关记录；应组织相关人员做好路缘石、平石的成品保护。

3. 沥青混合料施工前，监理单位总监理工程师应组织相关人员学习沥青混合料专项施工方案和监理实施细则，明确监理人员相关工作要求和责任划分，做好旁站监理和平行检验工作。如：测温、高程复核、摊铺及碾压速度控制、见证取样等。

4. 沥青混合料施工前，施工单位应明确试验人员作好相应试验工作，同时，监理单位应做好相应的见证取样工作，按频率要求取足相应组数。沥青混合料自检项目为油石比、密度、矿料级配，检验频率为每摊铺 600t 为一检验批；沥青混合料见证检测项目为马歇尔试验（流值、稳定度），检验频率为每摊铺 600t 为一检验批。

5. 沥青混合料施工前，施工和监理单位应共同检查混凝土井圈及井盖是否安装到位；检查井高程是否符合要求；透（粘、封）层沥青品种、标号和封层粒料质量、规格是否符合标准规范及设计要求；封层应洒布均匀，是否有松散、裂缝、油丁、泛油、波浪、花白、漏洒、堆积、污染其他构筑物等现象。

三、沥青混合料进场施工时相关要求

1. 沥青混合料进场施工时，施工单位应对沥青混合料质量进行检验，主要检验内容为：①随车是否提供混合料运输单、标准密度资料和沥青混合料出厂质量合格证；②出厂质量合格证中的沥青混合料品种规格（AC-10、AC-13 等）是否与施工图纸相一致；③现场检查每车沥青混合料进场温度是否符合设计要求、外观是否有发散（沥青含量少）、焦红（过火）或离析（搅拌不匀）等现象；④必要时，可查询沥青混合料生产厂家材料分级保留的相关资料；⑤应及时填写沥青混合料进场检验记录。

2. 沥青混合料施工时，施工单位应明确油车运行路线，设专人负责维护路线畅通，同时，应设专人负责与沥青混合料生产厂家的业务联系，随时了解沥青混合料供应状况，确保摊铺的连续性。

3. 沥青混合料施工时，施工单位应严格控制沥青混合料的施工温度，确保沥青混合料到场温度、摊铺温度、碾压温度及开放交通四项温度符合标准规范要求。

4. 沥青混合料施工时，施工单位应重点控制摊铺速度、碾压速度、碾压次数三项指标符合标准规范要求。

5. 沥青混合料施工时，施工单位应对路面边缘、雨水口及检查井周围等压路机不易压实的部位用人工小型机具补充夯实、熨平。

6. 沥青混合料施工时，监理单位应按照沥青混合料专项施工方案和监理实施细则要求，认真做好旁站监理以及测温、高程复核、摊铺及碾压速度控制、见证取样等各项平行检验试验工作。

四、沥青混合料施工质量控制要点

1. 沥青混合料面层压实度主干路应≥96%、次干路应≥95%；

2. 沥青混合料面层厚度误差控制为-5mm——+10mm；

3. 沥青混合料面层弯沉值不大于设计规定；

4. 沥青混合料面层表面应平整、坚实，接缝紧密，无枯焦；不应有明显轮迹、推挤裂缝、脱落、烂边、油斑、掉渣等现象；

5. 沥青混合料面层与路缘石、平石及其他构筑物应接顺，不得有积水现象；

6. 沥青混合料施工不得污染其他构筑物。

五、沥青混合料施工资料管理

沥青混合料施工资料分为：施工技术资料；工程物资资料；施工记录；施工试验记录及检测报告；施工质量验收资料。

施工技术资料：沥青混合料专项施工方案；技术交底记录；沥青混合料运输单、标准密度资料等。工程物资资料：沥青混合料质量合格证；沥青混合料进场检验记录；沥青混合料进场测温记录等。施工记录：沥青混合料摊铺记录；沥青混合料碾压记录；沥青混合料摊铺测温记录；沥青混合料摊铺速度测量记录；沥青混合料摊铺成品养护记录；沥青混合料摊铺成品放行记录；隐蔽工程检查记录；数字图文记录等。施工试验记录及检测报告：最大干密度与最佳含水量试验报告；压实度试验记录；弯沉试验报告；油石比试验报告；密度试验报告；矿料级配试验报告；流值试验报告；稳定度试验报告；平整度检测记录；厚度检测记录等。施工质量验收资料：检验批质量验收记录；分项工程质量验收记录；子分部工程质量验收记录等。沥青混合料摊铺施工原始记录可参照附件1《沥青混合料摊铺施工记录》，沥青混合料碾压施工原始记录可参照附件2《沥青混合料碾压施工记录》。

按照《城镇道路工程施工与质量验收规范》CJJ 1-2008 表 18.0.1 城市道路分部（子分部）工程与相应的分项工程、检验批，将沥青混合料面层划分为分部工程面层的子分部工程，其分项工程为热拌沥青混合料面层，其检验批划分为：每条路或路段。《城市道路工程施工质量检验标准》DB11/T 1073-2014 路缘石的划分与《城镇道路工程施工与质量验收规范》CJJ 1-2008 相一致。而按照《城镇道路工程施工与质量检验标准》DBJ 01-11-2004 附录 A 中单位、分部工程、分项工程的划分，将沥青混凝土路面划分为分部工程路面的分项工程，其检验批划分未说明。

参照上述标准规范的划分，结合现场实际及施工资料管理，建议宜将沥青混合料面层划分为分部工程面层的子分部工程，其分项工程名称为热拌沥青混合料面层，检验批可划分为：每摊铺≤600t 为一检验批。

附件1：沥青混合料摊铺施工记录

工程名称					日期		
起止桩号					天气气温		
分部工程					分项工程		
结构层	规格型号	沥青牌号	摊铺机		摊铺起时	摊铺止时	
			型号	最大宽度			
上层							
中层							
下层							
卸载前沥青混合料温度	抽查次数（车号）						
	温度						
摊铺机后沥青混合料厚度检测（碾压前）	抽检桩号						
	左						
	中						
	右						
试块制作情况	制作组数		试件编号		制取部位		
完成情况	面积		计算方量（面积×设计厚度）		平均虚铺厚度		
	折算厚度（虚铺厚度×虚铺系数）		折算方量（面积×折计厚度）				
摊铺工作一致性及外观记录							
施工单位项目负责人		质量员	施工员			填表人	

附件 2：沥青混合料碾压施工记录

工程名称					日期		
起止桩号					天气气温		
分部工程					分项工程		
结构层	规格型号	沥青牌号	摊铺机		摊铺起时	摊铺止时	
			型号	最大宽度			
上层							
中层							
下层							
碾压情况		压路机型号及吨位		碾压方式		碾压遍数	
	初压						
	复压						
	终压						
摊铺及碾压时的温度检测情况（℃）							
检测桩号							平均
初压时							
终压时							
开放交通时							
施工单位自检情况说明							
施工单位项目负责人		质量员		施工员			填表人

百问 31：如何做好市政工程温拌沥青混合料施工及质量控制

目前，市政工程道路工程路面设计使用温拌沥青混合料越来越广泛，尤为隧道路面工程。而参建各方对温拌沥青混合料还不十分了解，对其施工及质量控制更是不熟悉。依照《北京市温拌沥青混合料路面技术指南》，结合以往施工和监督实践，就如何做好市政工程温拌沥青混合料施工及质量控制，浅述如下：

一、温拌沥青混合料的缘起

热拌沥青混合料在拌和、运输及摊铺过程中出现的有害气体排放、过多能耗以及热老化等问题，已逐步被人们所关注，而冷拌沥青混合料，尽管在环保、能耗等方面有很大优势，但由于其路用性能与热拌沥青混合料相比有较大差距，因此只能用于沥青路面的养护、低交通量路面、中重交通量路面的下面层和基层。鉴于此，如何保留热拌沥青混合料性能良好的特点并克服其存在的问题，或从另外一个角度说，如何保留冷拌沥青混合料在环保、节能等方面优势的同时克服其性能尚有差距的不足，温拌沥青混合料因此而应运而生。

二、温拌沥青混合料的概念

温拌沥青混合料是指与相同类型热拌沥青混合料相比，在基本不改变沥青混合料配合比和施工工艺的前提下，通过技术手段，使沥青混合料的拌和温度相应降低 30℃～40℃以上性能达到热拌沥青混合料的新型沥青混合料。

三、温拌沥青混合料特点

温拌沥青混合料特点：①有害气休排放少；②能耗较少；③较低温度下有良好压实性能。

四、温拌沥青混合料的适用范围

温拌沥青混合料和热拌沥青混合料一样，适用于路面工程的各沥青结构层。因其特点尤其适用于：①城市道路；②隧道；③地下结构工程；④较低环境温度条件下施工的工程。

五、温拌沥青混合料施工前和施工时的相关要求

温拌沥青混合料施工前和施工时相关要求详见"百问 30：如何做好市政工程沥青混合料施工及质量控制"中的相关内容。

六、温拌沥青混合料施工的工艺要求

1. 温拌沥青混合料摊铺应采用机械摊铺，压实应配备数量足够、吨位适宜的大吨位双钢轮振动压路机和大吨位胶轮压路机。

2. 在不产生严重推移和裂缝的前提下，初压、复压、终压都应紧跟摊铺机，在尽可能高的温度下进行。同时不得在过低温度状况下反复碾压，使石料棱角磨损、压碎，破坏集料嵌挤。

3. 根据温拌沥青混合料的级配类型、天气情况，选择合理的碾压工艺。常用的碾压工艺为：初压 2 遍，选择 11～18t 双钢轮振动压路机振动压实，压实速度宜为 2～3km/h。如果第 1 遍前进振动碾压时发生严重推移，则采用静压，其他采用振压。复压 2～4 遍，应采用 25～35t 胶轮压路机，压实速度宜为 2～4km/h。终压 2 遍，选择 10～15t 双钢轮振动钢轮压路机，采用振、静结合方式，采用静压收光，压实速度可为 3～5km/h。

4. 为保证压实过程中不出现沾轮现象，振动压路机水箱中可加入少量的表面活性剂，并应尽可能减少洒水量。胶轮压路机不得洒水，压实过程中应适量喷洒或涂抹隔离剂，并以不粘轮为原则。

5. 温拌沥青混合料施工的其他要求，按照《公路沥青路面施工技术规范》JTGF40 和《城镇道路工程施工与质量验收规范》CJJ 1－2008 对热拌沥青混合料的相关规定执行。

七、温拌沥青混合料施工质量要求

1. 温拌沥青混合料和乳化沥青的规格及质量应符合标准规范和设计要求。

2. 温拌沥青混合料的压实度不应小于 95％。

3. 温拌沥青混合料面层厚度应符合设计规定，允许偏差为－5mm～＋15mm。

4. 温拌沥青混合料表面应平整、坚实，接缝紧密，不应有明显轮迹、粗细骨料集中、推挤、裂缝、脱落等现象。

5. 温拌沥青混合料实测实量项目应满足《城镇道路工程施工与质量验收规范》CJJ 1－2008 表 8.5.2 要求。

6. 温拌沥青混合料路面施工其他质量要求，按照《公路沥青路面施工技术规范》JTG F40 对热拌沥青混合料的相关规定执行。

八、温拌沥青混合料施工资料管理

温拌沥青混合料施工资料分为：施工技术资料；工程物资资料；施工记录；施工试验记录及检测报告；施工质量验收资料。

施工技术资料：温拌沥青混合料专项施工方案；技术交底记录；温拌沥青混合料运输单、标准密度资料等。工程物资资料：温拌沥青混合料质量合格证；温拌沥青混合料进场检验记录；温拌沥青混合料进场测温记录等。施工记录：温拌沥青混合料摊铺记录；温拌沥青混合料摊铺测温记录；温拌沥青混合料摊铺速度测量记录；温拌沥青混合料摊铺成品养护记录；温拌沥青混合料摊铺成品放行记录；隐蔽工程检查记录；数字图文记录等。施工试验记录及检测报告：最大干密度与最佳含水量试验报告；压实度试验记录；弯沉试验报告；油石比试验报告；密度试验报告；矿料级配试验报告；流值试验报告；稳定度试验报告；平整度检测记录；厚度检测记录等。施工质量验收资料：检验批质量验收记录；分项工程质量验收记录；子分部工程质量验收记录等。温拌沥青混合料摊铺施工原始记录、温拌沥青混合料碾压施工原始记录可参照"百问30：如何做好市政工程沥青混合料施工及质量控制"中的相关内容。

《城镇道路工程施工与质量验收规范》CJJ 1－2008、《城市道路工程施工质量检验标准》DB11/T 1073－2014、《城镇道路工程施工与质量检验标准》DBJ01－11－2004都没有对温拌沥青混合料的分项工程、检验批划分作只字说明。

结合现场实际及施工资料管理，建议宜将温拌沥青混合料面层划分为分部工程面层的子分部工程，其分项工程名称为温拌沥青混合料面层，检验批可划分为：每摊铺≤600t为一检验批。

百问 32：如何做好市政工程透层、 粘层和封层施工及质量控制

目前，市政工程项目部对道路工程中的透层、粘层和封层施工及质量控制问题较多，首先概念不清，其次施工不够重视，洒布不均匀、漏洒、用料不清楚，现行《市政基础设施工程资料管理规程》DB11/T 808 - 2011 对透层、粘层和封层未做任何文字说明，也无任何记录表格。导致资料缺乏，无相关记录。结合以往施工和监督实践，就如何做好市政工程透层、粘层和封层施工及质量控制，浅述如下：

一、透层、粘层和封层的概念

透层是指为使沥青层与非沥青层结合良好，在基层上浇洒乳化沥青、煤沥青或液体沥青而形成的透入基层表面的薄层。粘层是指为加强沥青层与沥青层，沥青层与混凝土路面的粘结而设置的沥青材料薄层。封层是指为封闭表面空隙、防止水分进入面层或基层而铺筑的沥青混合料薄层，铺筑在面层上表面的为上封层，铺筑在面层下表面的为下封层。

二、透层、粘层和封层的适用范围

透层适用范围：沥青路面的级配砂砾、级配碎石基层；水泥、石灰、粉煤灰等无机结合料稳定土；粒料的半刚性基层上必须浇洒透层沥青。

粘层适用范围：旧沥青路面层上加铺沥青层；或桥面铺装前；水泥混凝土路面上铺筑沥青面层；与新铺沥青混合料接触的路缘石、雨水进水口、检查井等的侧面；双层式或三层式热拌沥青混合料路面在铺筑上层前，其下面的沥青层已被污染。

上封层适用范围：沥青面层的空隙较大，透水严重；有裂缝或已修补的旧沥青路面；需加铺磨耗层改善抗滑性能的旧沥青路面；需铺筑磨耗层或保护层的新建沥青路面。

下封层（稀浆封层）的适用范围：稀浆封层是指用适当级配的石屑或砂、填料（水泥、石灰、粉煤灰、石粉等）与乳化沥青、外加剂和水，按一定比例拌和而成的流动状态的沥青混合料，将其均匀摊铺在路面上形成的沥青封层。当位于多雨地区且沥青面层空隙较大，渗水严重；在铺筑基层后，不能及时铺筑沥青面层，且须开放交通时，应在沥青面层下铺筑稀浆封层。

三、透层、粘层和封层的质量控制要点

1. 透层、粘层和封层所采用沥青的品种、标号和封层粒料质量、规格应符

合设计和标准规范要求；

2. 透层、粘层和封层的宽度不应小于设计规定；

3. 透层、粘层和封层的沥青总用量不得超过规定值的±10%；

4. 封层油层与粒料浇洒应均匀，不应有松散、裂缝、油丁、泛油、波浪、花白、漏洒、堆积和污染其他构筑物等现象；

5. 透层施工宜紧接在基层施工结束表面稍干后浇洒；

6. 封层施工之前要保持表面潮湿，应用连续膜作养护封层（0.7～1.4L/m²）；

7. 按照《北京市建设工程见证取样和送检管理规定（试行）》（京建质〔2009〕289号文）要求，透层、粘层和封层的沥青须做100%见证试验。试验项目为粘度和沥青含量，试验频率为每50t为一检验批，试验标准为《公路工程沥青及沥青混合料试验规程》JTG E20-2011。

四、透层、粘层和封层的质量检验及现场质量控制

1. 质量检验。质量检验主要是沥青洒布量、碎石洒布规格及数量和整体质量。

1）沥青洒布量。检测方法及标准：选择一横断面，在三等分点处放置两块0.5m² 木板，待沥青洒布车过后称其增加的质量，三个样本的平均值即为一次沥青量的抽检结果，其结果不应超过设计中值的±0.2kg/m²，三个样本的级差不应超过0.3kg/m²。检测频率：在试验段阶段，防水粘结层每2000m² 现场抽检一次沥青洒布剂量，以确定沥青洒布的施工参数。当正常施工时，通过计量每台沥青洒布车中沥青的装载重量及相应的洒布面积来计算实际沥青的洒布量。

2）碎石洒布规格及数量。检测方法及标准：通过计量每台碎石洒布车碎石装载的重量及相应的洒布面积来计算实际碎石的洒布量。同时进行洒布碎石的外观检测，要求洒布碎石均匀、无重叠，且没有明显大范围移动现象。检测频率：每天对每台班碎石洒布车进行检测1次。

3）整体质量检查。洒布施工完成后，检查施工断面是否有漏洒（包括粘轮粘起的现象）、多洒（沥青膜厚度大于3mm）以及洒布碎石表面被沥青污染或尘土污染现象。

2. 现场质量控制。

1）透层油现场质量控制。基层的清扫质量检查：在洒布透层油之前，基层必须清洁，表面不得有松动的石子、尘土或其他污染物，沥青含量、温度等指标均符合要求时，方可同意洒布车进行洒布作业，洒布前后均应过磅，检验洒布总量是否与要求相一致。透层油在洒布过程中，不得污染路缘石、防撞护栏等部位，在洒布前，必须使用塑料进行覆盖。透层油施工完成后，必须及时封闭交通，以免过往车辆造成污染。

2）粘层现场质量控制。粘层油在洒布前，必须将下承层表面清扫干净且保持干燥。检查项目和要求与透层油相一致，粘层油在完全破乳水分蒸发后，必须摊铺上面层沥青混凝土，并严格进行交通管制。

3）封层现场质量控制。机械设备：为保证改性沥青与碎石较好粘接，应使用2台胶轮压路机紧跟洒布车对碎石进行碾压，胶轮压路机少于2台时，不得进行封层作业。透层表面必须清洁、干燥。SBS改性沥青的洒布温度为180℃。碎石：使用前必须通过沥青拌合站进行高温除尘，碎石表面应清洁，表面不粘有粉尘或其他杂质；必须使用防雨篷布将碎石洒布车覆盖严，保持碎石表面在洒布处于干燥状态。

五、透层、粘层和封层施工中应注意的几个问题

1. 当气温低于10℃时，不得进行透层、粘层和封层施工，风力大于4级或即将降雨时，不得浇洒透层油，当路面潮湿时，不得浇洒粘层沥青，粘层油宜在摊铺面层当天洒布；

2. 透层、粘层和封层施工前，下承层必须清扫干净，粘层、封层施工时下承层必须干燥，防止路面和基层出现两层皮现象。同时，下承层必须经监理工程师验收合格方可进行透层、粘层和封层施工；

3. 当在已有旧路面上铺筑封层时，施工前应先修补坑槽，平整路面；

4. 乳化沥青应由沥青拌合站集中生产，运至现场，不得现场拌和生产；

5. 透层、粘层和封层喷洒应均匀，不得露白，防止出现洒布量过多或过少现象，以免出现路面泛油或剥落等质量问题；

6. 为保证路面质量，面层、透层撒布的石屑必须坚硬、清洁、无风化、无杂质，撒布量应适宜，不得有多余的浮动石屑；

7. 若双层混合料连续施工，保持表面干净、清洁时，可不浇洒粘层；

8. 透层、粘层沥青洒布后，严禁车辆、行人通行，必要时，应设置围挡保护；

9. 透层、粘层和封层施工过程中，应采用塑料布等覆盖的方式加强对路缘石等附属构筑物的保护。

六、透层、粘层和封层的施工资料管理

透层、粘层和封层施工资料分为：施工技术资料；工程物资资料；施工记录；施工试验记录及检测报告；施工质量验收资料。

施工技术资料：技术交底记录等。工程物资资料：透层、粘层和封层所用沥青产品质量合格证、进场检验记录；石屑产品质量合格证；石屑进场检验记录等。施工记录：透层、粘层和封层施工原始记录；石屑洒布记录；隐蔽工程检查记录；数字图文记录等。施工试验记录及检测报告：透层、粘层和封层所用沥青进场复试报告等。施工质量验收资料：检验批质量验收记录；分项工程质量验收记录等。透层、粘层和封层施工原始记录可参照附件《透层、粘层和封层施工记录》。

按照《城镇道路工程施工与质量验收规范》CJJ 1－2008 表 18.0.1 城镇道路工程分部（子分部）工程与相应的分项工程、检验批，将透层、粘层和封层划分为分项工程，其检验批划分为：每条路或路段。与《城市道路工程施工质量检验标准》DBJ11/T 1073－2014 附录 A 城市道路工程分部（子分部）工程、分项、检验批划分表相一致。而《城镇道路工程施工与质量检验标准》DBJ 01－11－2004 对透层、粘层和封层的分项工程、检验批划分作只字未提。

参照上述标准规范的划分，结合现场实际及施工资料管理，建议将透层、粘层和封层划分为分项工程，检验批划分为≤1000 或 2000m² 为宜。

附件：透层、粘层和封层施工记录

工程名称				日期	
起止桩号				天气气温	
设计情况	每 km² 沥青用量（kg）			每 km² 石屑或粗砂用量（m³）	
沥青配合比情况	混合类型及使用部位	液体（乳化）沥青配合比	审批编号		1000m² 石屑或粗砂用量（m³）
下承面情况	清扫程序及方式			表面情况描述	
施工情况	拌和方式	喷洒方式	碾压情况		
			压路机吨位	碾压遍数	
完成情况	完成面积（km²）	沥青使用情况			石屑或粗砂使用情况
		乳化沥青实际用量（kg）	每 km² 乳化沥青实际用量（kg）	每 km² 乳化沥青折算用量（kg）	实际用量（m³）	每 km² 折算用量（kg）
施工项目负责人	质量员	施工员			填表人

百问 33：如何做好市政工程巨型石材铺装施工及质量控制

市政工程巨型石材铺装随着运动休闲广场、大型体育设施和高标准建筑室外工程的日益增多而广泛应用，而目前，国家、行业及地方尚未发布相应的巨型石材铺装的施工和质量验收规范，参照北京科技园建设（集团）股份有限公司企业标准《北京奥林匹克公园中心区巨型石材铺装工程施工技术规程及质量检验验收标准》QB 01-04-2006，结合以往施工和监督实践，就如何做好市政工程巨型石材铺装施工及质量控制，浅述如下：

一、巨型石材概念

巨型石材是指在施工过程中不宜采用人工搬运、定位、翻转的石材。一般重量宜大于 500kg。

二、巨型石材质量控制

1. 巨型石材的产地及厂家应经过充分的考察比选确定。以保证巨型石材的技术指标满足设计要求，保证资源条件满足工程规模需要。

2. 巨型石材生产厂家必须具有石材生产加工资质，第三方材质试验检测单位必须具有相应见证检测资质。

3. 巨型石材进场时应有出厂合格证明，品种、规格尺寸应符合设计和加工委托合同要求。

4. 巨型石材外观质量和物理性能应参照《城镇道路工程施工与质量验收规范》CJJ 1-2008 按设计确定的参数执行。

5. 巨型石材力学性能设计无要求时，抗压强度应≥120MPa，抗折强度应≥9MPa。

6. 巨型石材进场检验应按同材质、同厂家、同色泽划分，其中物理力学性能每 200m² 为 1 个检验批，不足 200m² 按一检验批计。外观质量按进场批次抽取 10％且≥20 块进行检验。

三、巨型石材铺装

1. 准备工作。全面检查基层平整度并进行必要修整；施工现场根据巨型石材规格、色泽对应石材排布图和大样图逐一编号；检查落实工具、材料、检测器具。

2. 施放控制标志。在铺装区域根据巨型石材的尺寸和轴线间距，加密石材铺装控制网，控制网应≤6m×6m；设置标高控制点，严格保证石材顶面标高、坡度符合设计要求，控制点方格网间距不超过 10m；相临标志点间用直径＜

1mm 的尼龙线拉通。

3. 铺砂浆结合层。铺 1:3 干硬性砂浆，砂浆的端头用 L50×50mm 的角钢封口，铺好后用平板振动夯进行夯实，再用大杠刮平。砂浆的虚铺厚度必须严格按照试验段所取得的参数执行，以保证压实后的砂浆厚度符合设计要求。

4. 洒水泥浆、铺放石材。刮平砂浆后在上面洒一道素水泥浆（水灰比控制在 0.4~0.5），随即落放巨型石材就位，就位时应采用吊车和专用吊具运输和吊放，落放时应严格按控制线调准石材位置。

5. 夯击。石材就位后以锤重为 5~12kg 的木锤夯击，直至石材顶面达到相邻标志点引拉的通线标高。

6. 灌缝。在石材铺砌 1~2 昼夜后，用漏斗将 1:6 的水泥干砂分 3 次灌入石材缝隙，灌缝 1~2h 后，用棉丝团蘸水将板面上的污物擦净。

四、巨型石材铺装质量控制

1. 巨型石材的品种、规格、级别、形状、光洁度、颜色和图案必须符合设计要求。

2. 巨型石材面层与基层应结合牢固，无空鼓、松动现象。

3. 巨型石材铺砌应平整稳固，不得有翘动现象；砂浆及灌缝饱满，缝隙一致。

4. 巨型石材铺砌表面应整洁美观，砌缝直顺，面层颜色过渡自然，基本协调，不得有色斑、污染等现象。

5. 巨型石材面层与路缘石、检查井等构筑物应接顺，不得有反坡、积水现象。

6. 巨型石材面层实测实量允许偏差应符合《城镇道路工程施工与质量验收规范》CJJ 1-2008 表 11.3.1 的要求（建议表中检查频率单位由长度变为面积应更为合适，更有可操作性。可将 20m 调整为 200m^2）。表 11.3.1 料石面层允许偏差详见附件 1。

7. 砂浆平均抗压强度应符合设计要求，且任一组试件抗压强度最低值不应低于设计强度的 85%。

五、巨型石材铺装施工资料管理

巨型石材铺装施工资料分为：施工技术资料；工程物资资料；施工记录；施工试验记录及检测报告；施工质量验收资料。施工技术资料：巨型石材铺装专项施工方案；技术交底记录等。工程物资资料：巨型石材质量合格证；巨型石材进场检验记录；水泥出厂合格证；砂石质量合格证等。施工记录：巨型石材铺装安装检查记录；水泥砂浆铺砌检查记录；水泥浆洒布记录；水泥干砂灌注记录；隐蔽工程检查记录；数字图文记录等。施工试验记录及检测报告：巨型石材抗压强度试验报告；巨型石材抗折强度试验报告；砂浆抗压强度试验报告等。

施工质量验收资料：检验批质量验收记录；分项工程质量验收记录；子分部工程质量验收记录等。巨型石材铺装安装检查原始记录可参照附件2《巨型石材铺装检查记录》。

《城镇道路工程施工与质量验收规范》CJJ 1－2008、《城市道路工程施工质量检验标准》DB 11/T 1073－2014、《城镇道路工程施工与质量检验标准》DBJ 01－11－2004 都没有对巨型石材铺装的分项工程、检验批划分作只字说明。

结合现场实际及施工资料管理，建议宜将巨型石材铺装面层划分为分部工程广场与停车场的子分部工程巨型石材面层，其分项工程划为结合层铺砌、巨型石材安装、灌缝，检验批可划分为：每≤200m²。

附件1：料石面层允许偏差

序号	项目 (mm)	允许偏差	检验频率		检查方法
			范围	点数	
1	纵断高程	±10	10m	1	用水准仪测量
2	中线偏位	≤20	100m	1	用经纬仪测量
3	平整度	≤3	20m	1	用3m直尺和塞尺 连续量两尺，取较大值
4	宽度	不小于设计规定	40m	1	用钢尺量
5	横坡（%）	±0.3%且不反坡	20m	1	用水准仪测量
6	井框与 路面高差	≤3	每座	1	十字法，用直尺和塞尺量，取最大值
7	相邻块高差	≤2	20m	1	用钢尺量
8	纵横缝直顺度	≤5	20m	1	用20m线和钢尺量
9	缝宽	+3 −2	20m	1	用钢尺量

注：建议表中检查频率单位由长度变为面积应更为合适，更有可操作性。可将20m调整为200m²。

附件2：巨型石材铺装检查记录

工程名称			日期	
工程部位			天气气温	
水泥浆层情况	水灰比		表面情况描述	
砂浆找平层情况	砂浆配合比	配合比编号	砂浆虚铺系数	表面情况描述
施工情况	施工吊装机械安全性	找平方式	夯击方法	灌缝材质
	灌缝方式	擦缝情况	保养措施	检查方法

完成情况	完成面积（m²）	巨型石材铺装前检验情况		巨型石材铺装自检情况	
		外观质量	复试情况	检查标准规范	符合性情况

施工项目负责人	质量员	施工员		填表人

百问 34：如何做好市政工程无障碍设施施工及质量控制

随着城市管理的日趋完善，基础设施人性化的逐步深化，尤其是"2008 残奥会"的举办，北京无障碍设施的建设和管理得到了全面加强，但目前，市政工程无障碍设施的施工管理及质量控制还存在一些不足，现行有效的《城市道路工程施工质量检验标准》DBJ 11/T1073－2014、《市政基础设施工程资料管理规程》DB 11/T808－2011 对无障碍设施的施工及质量控制和资料管理均只字未提。《城镇道路工程施工与质量验收规范》CJJ 1－2008、《北京市城市道路工程施工技术规程》DBJ 01－45－2000 也只是对盲道作了只言片语的简述，难以指导无障碍设施的施工管理及质量控制。参照《无障碍设施施工验收及维护规范》GB 50642－2011，结合以往施工和监督实践，就如何做好市政工程无障碍设施施工及质量控制，浅述如下：

一、无障碍设施概念

无障碍设施是指在城市道路和建筑物中，为方便残疾人或行动不便者设计的使之能参与正常活动的设施。市政工程无障碍设施主要是指城市道路中的盲道及无障碍坡道等。

二、市政工程无障碍设施施工中应注意的几个问题

1. 无障碍设施施工前，建设单位应组织设计单位进行有针对性的设计交底，监理单位应编制无障碍设施监理实施细则，施工单位应编制无障碍设施专项施工方案并严格审批落实；

2. 盲道砖应有出厂合格证，进场检验和复试均符合要求，尤为结构厚度及抗压强度；

3. 行进盲道砌块与提示盲道砌块不得混用；

4. 盲道必须避开树池、检查井、杆线等障碍物，其最小距离应大于 0.25m，行进盲道离围墙、花台、绿化带最小距离应大于 0.25m；

5. 路口处盲道应铺设为无障碍形式；

6. 盲道颜色宜为中黄色，盲道宽度不宜小于 0.3m，盲道的触感条和触感圆点凸面高度应为 4mm 并高出相邻地面，同时，表面应防滑；

7. 盲道基层施工质量应同于人行步道，盲道砖铺设质量验收标准可采用：盲道坚实、平整、抗滑、无倒坡、不积水；平整度允许偏差不大于 3mm、相邻块高差允许偏差不大于 3mm；

8. 目前，盲道砖的进场复试一般参照《城市道路混凝土路面砖》DB 11/

T152-2003 标准，每 20000 块为一验收批。考虑到盲道砖材料和使用的特殊性以及尺寸的多样性，应加强盲道砖材料进场的验收监管，结合市政工程规模实际，应以 200～500m² 为一验收批为宜。

三、市政工程无障碍设施竣工验收中应注意的问题

1. 无障碍设施必须组织专项验收，否则不予项目竣工验收备案并予以行政处罚。《北京市无障碍设施建设和管理条例》（2004 年 4 月 1 日）"第十四条 新建、扩建和改建建设项目的建设单位在组织建设工程竣工验收时，应当同时对无障碍设施进行验收。未按规定进行验收或者验收不合格的，建设行政主管部门不得办理竣工验收备案手续。""第二十六条 建设单位未按规定对建设的无障碍设施进行验收的或者建设的无障碍设施验收不合格即交付使用的，由建设行政主管部门责令改正，处工程合同价款 2% 以上 4% 以下的罚款。"

2. 无障碍设施竣工验收时，参建各方应按相关要求严格落实《关于加强建设工程无障碍设施竣工验收工作的通知》（2005 年 1 月 25 日京建质〔2005〕84 号发布，根据 2011 年 4 月 29 日京建质〔2011〕188 号修改）文件要求。一是工程建设、设计、施工、监理单位在工程竣工验收前，应当对工程无障碍设施进行专项验收，验收合格后，方可进行单位工程竣工验收。二是建设单位应在工程竣工验收报告中注明该工程无障碍设施的专项验收情况。未按规定注明的，不予办理竣工验收备案。三是施工单位应严格按照设计文件和施工标准、规范施工，加强对无障碍设施工程的质量管理，并在工程竣工报告中注明无障碍设施施工质量情况。四是监理单位应加强对工程无障碍设施建设质量、安全情况的检查，发现工程无障碍设施不符合相关标准、规范要求的，要按照监理规范的要求责令整改或者局部停工。无障碍设施工程未达到相关规范和设计文件要求的，总监理工程师不得在工程竣工验收文件上签字。五是质量监督机构要在日常监督中，要重点检查工程无障碍设施的建设质量情况。在工程竣工验收时，要监督参建各方无障碍设施竣工验收情况。

3. 无障碍设施专项验收时，建设单位应制定无障碍设施专项验收方案。建设单位项目负责人应担任验收组组长，设计、监理、施工单位项目负责人应为验收组成员，验收组应按专项方案组织验收并及时形成项目无障碍设施专项验收记录。

四、市政工程无障碍设施专项验收记录可参照采用《市政基础设施工程资料管理规程》DB 11/T 808-2011《分部（子分部）工程质量验收记录》（表式 C7-3），也可参照使用附件《市政工程无障碍设施专项验收记录》

附件：市政工程无障碍设施专项验收记录

工程名称			日期	
建设单位				
设计单位				
监理单位				
施工单位				

序号	验收项目	检查记录	验收结论
1	盲道		
2	缘石坡道		
3	轮椅坡道		
4	无障碍通道		
5	天桥无障碍设施		
6	其他无障碍设施		
7	相关施工技术资料文件		

验收意见

建设单位	设计单位	监理单位	施工单位
项目负责人 （签字盖公章）	项目负责人 （签字盖公章）	项目总监理工程师 （签字盖公章）	项目负责人 （签字盖公章）

注：各单位的验收意见应包含以下内容：

1. 设计单位验收意见应包括无障碍设计是否符合相关规范要求，现场施工是否达到设计要求。

2. 施工单位验收意见应包括现场是否按经审查合格的图纸施工，无障碍工程施工质量自评是否合格。

3. 建设、监理单位验收意见应包括现场是否按经审查合格的图纸施工，无障碍工程施工质量是否合格。

百问 35：市政道路工程质量监督检查主要内容有哪些

目前，市政工程施工现场监督方法主要是抽查材料合格证及相关试验报告、见证试验报告，各种相关施工记录，按规定检查材料及实体外观质量、进行实测实量，抽查监理平行检验记录和旁站监理记录。市政道路工程质量监督检查主要内容按重点抽查、一般抽查划分，主要有如下几个部分，分别为：

一、道路基础工程

1. 路基土方、石方。重点抽查：路基土方、石方压实度是否符合标准规范要求，路基土方、石方是否碾压密实。一般抽查：填土是否按规定厚度分层进行回填，是否有翻浆、弹簧等现象；工程定位放线、路基位置、平面尺寸、标高是否符合标准规范要求。

2. 路床。重点抽查：路床压实度、中线高程、弯沉值是否符合标准规范要求。一般抽查：路床是否有翻浆、弹簧、起皮、波浪、积水等现象；碾压后轮迹深度；路床中线线位、平整度、宽度、横断高程是否符合标准规范要求。

3. 路肩。重点抽查：路肩压实度。一般抽查：路肩是否顺直，表面是否平整，是否有裂缝及阻水现象。

4. 边沟、边坡。重点抽查：边沟砂石基础是否稳定、密实、平整。一般抽查：边坡是否平整、坚实、稳定。

二、道路基层结构

1. 砂石、碎石道路基层。重点抽查：砂石、碎石道路基层压实度是否符合标准规范要求。一般抽查：表面是否坚实、平整，是否有浮石、是否有梅花砂窝等粗细料集中现象；用 12t 以上压路机碾压后轮迹深度；厚度、平整度、宽度、中线线位、中线高程、横断高程是否符合标准规范要求。

2. 石灰土基层。重点抽查：石灰土是否拌和均匀，是否含有未消解颗粒及粒径大于 10mm 灰块；无侧限抗压强度、压实度是否符合标准规范要求。一般抽查：用 12t 以上压路机碾压成型后轮迹深度；含灰量、含水量、平整度、厚度、宽度、中线线位、中线高程、横断高程是否符合标准规范要求。

3. 石灰粉煤灰砂砾（碎石）基层。重点抽查：无侧限抗压强度和压实度是否符合标准规范要求。一般抽查：粉煤灰品质、砂砾级配、破碎率、含泥量、混合料配合比；是否拌和均匀、色泽一致，砂砾（碎石）最大粒径是否大于 40mm，石灰中是否含有未消解粒径大于 10mm 灰块，且最大团粒是否大于 50mm；摊铺层是否有明显粗细颗粒离析现象；用 12t 以上压路机碾压后轮迹深度，是否有浮料、脱皮、松散现象；养生期；含灰量、含水量、平整度、厚度、宽度、中线线位、中线高程、横断高程是否符合标准规范要求。

4. 石灰粉煤灰钢渣基层。重点抽查：无侧限抗压强度和压实度是否符合标准规范要求。一般抽查：石灰、粉煤灰品质、钢渣级配、破碎率、稳定性指标、粉化率，钢渣是否经过磁选，是否含有有害物质，钢渣的游离 CaO、MgO 含量，混合料的配合比；拌和是否含有大于 10mm 未消解灰块，钢渣最大粒径是否小于 40mm；摊铺层是否有明显的粗细颗粒离析现象；用 12t 以上压路机碾压后的轮迹深度，是否有浮料、脱皮、松散、颤动现象；含灰量、含水量、平整度、厚度、宽度、中线线位、中线高程、横断高程是否符合标准规范要求。

5. 水泥稳定粒料基层。重点抽查：无侧限抗压强度和压实度是否符合标准规范要求。一般抽查：表面是否坚实、平整，是否有浮灰；用 12t 以上压路机碾压后是否有明显轮迹；平整度、厚度、宽度、中线线位、中线高程、横断高程是否符合标准规范要求。

三、道路路面结构

1. 水泥混凝土路面。重点抽查：标养 28d 试件抗压强度、抗折强度、路面厚度是否符合标准规范要求。一般抽查：表面是否光平，隔离剂的涂刷是否均匀一致；板面边角是否整齐、无裂缝，是否有石子外露和浮浆、脱皮、印痕、积水等现象，表面拉毛是否均匀，深度一致；缝内是否有废弃物，胀缝是否全部贯通，传力杆是否与缝面垂直；切缝直线段是否直顺，曲线段圆顺，是否有瞎缝、跑锯，缝深是否符合设计要求；嵌缝料灌缝是否饱满、密实、缝面整齐，是否有漏灌现象；路面模板偏差，抗滑构造深度、平整度、相邻板高差、宽度、中线线位、中线高程、横断高程、纵缝直顺度、横缝直顺度、蜂窝麻面面积、胀缩缝、井框与路面高差是否符合标准规范要求。

2. 沥青混凝土路面。重点抽查：路面压实度、厚度、弯沉值、沥青混凝土流值和稳定度的有见证取样和自检试验结果是否符合标准规范要求。一般抽查：表面是否平整、坚实，是否有脱落、掉渣、裂缝、推挤、烂边、粗细料集中、油斑等现象；用 12t 以上压路机碾压后是否有明显轮迹；施工接缝是否紧密、平顺，烫缝有无枯焦；面层与路缘石、平石及其他构筑物是否接顺，有无污染其他构筑物，有无积水现象；路面质量允许偏差，摩擦系数、构造深度、平整度、宽度、中线线位、中线高程、横断高程、检查井框与路面高差是否符合标准规范要求。

3. 天然石材路面及广场。重点抽查：路床与基层的压实度、水泥砂浆强度、路面砖的抗压、抗折强度是否符合标准规范要求。一般抽查：石材铺砌是否平整稳固，有无翘动现象，灌浆是否饱满，缝隙是否一致；铺砌路面是否整洁美观、

I 道 路 工 程

未污染，砌缝直顺，路面颜色过渡自然、基本协调；路面与路缘石及其他构筑物是否接顺，有无积水现象；天然石材路面质量允许误差，平整度、相邻板高差、宽度、中线线位、中线高程、横断高程、纵缝直顺度、横缝直顺度、蜂窝麻面面积、缝宽、井框与路面高差是否符合标准规范要求。

四、道路附属工程

1. 路缘石、平石。一般抽查：是否稳固、线条平直、曲线圆顺，表面无污染，路缘石勾缝是否严密，平石是否阻水；路缘石后背回填是否密实；路缘石、平石混凝土抗压强度是否符合设计要求；路缘石直顺度、相邻块高差、缝宽、顶面高程、外露尺寸是否符合标准规范要求。

2. **路面砖人行道**。重点抽查：路床和基层压实度、路面砖及其抗压、抗折强度是否符合相关标准规范要求；水泥砂浆强度是否符合设计要求。一般抽查：铺砌是否平整、稳固，灌缝应饱满，有无翘动现象；人行道与其他构筑物是否接顺，有无积水现象；平整度、高度、相邻块高差、横坡、纵缝直顺度、缝宽、井框与路面高差允许偏差是否符合标准规范要求。

3. **现场浇筑水泥混凝土人行道**。重点抽查：路床与基层压实度是否符合相关标准规范要求；水泥混凝土抗压强度是否符合设计要求。一般抽查：边角是否整齐，有无裂缝、石子外露、浮浆、脱皮现象；伸缩缝是否切割及时、顺直，填缝料材质是否符合要求；面层与其他构筑物是否接顺，是否有积水现象；厚度、平整度、宽度、胀缩缝、横坡、井框与路面高差允许偏差是否符合标准规范要求。

4. **沥青混凝土人行道**。重点抽查：路床和基层压实度是否符合相关标准规范要求。一般抽查：表面是否平整、坚实，有无脱落掉渣、裂缝、推挤、烂边、粗细料集中现象；施工缝是否紧密、平顺，烫边有无焦枯；面层与其他构筑物是否接顺，有无积水现象；厚度、平整度、宽度、横坡、井框与路面高差允许偏差是否符合标准规范要求。

5. **雨水口、支管**。重点抽查：砌体砂浆是否嵌缝饱满、密实；砌体砂浆抗压强度是否符合设计要求。一般抽查：雨水口内壁勾缝是否直顺、坚实，不得漏勾、脱落；井框、井箅是否完整无损，安装是否平稳牢固；井周回填是否满足路基要求；支管是否直顺，管内是否清洁，不得有错口、反坡及破损现象，管头应与井壁平齐，不得破口朝外；雨水口及支管井内尺寸、井口高、雨水口与路边线的平行位置允许偏差是否符合标准规范要求。

6. **护底、护坡、砌体挡墙**。重点抽查：砌体砂浆是否嵌缝饱满、密实；砌体砂浆抗压强度是否符合设计要求。一般抽查：灰缝是否均匀整齐，缝宽是否符合要求，勾缝有无脱落或漏勾；砌体是否分层错缝砌筑，咬茬是否紧密，有无通缝；沉降缝是否直顺贯通；预埋件、泄水孔、反滤层、防水设施等是否符合设计和相关标准要求；干砌石有无松动、叠砌和浮塞；护底、护坡、砌体挡墙断面尺寸、基底高程、顶面高程、轴线位移、墙面垂直度、平整度、水平缝平直、墙面坡度允许偏差是否符合标准规范要求。

7. 金属结构声屏障。重点抽查：基础埋置深度、材料质量是否符合设计要求；所使用焊接材料和紧固件是否符合设计要求及现行标准规定，焊缝有无裂纹、未熔合、夹渣和未填满弧坑等缺陷；当采用钢化玻璃为声屏障时，其与金属框架镶嵌是否严密牢固，钢化玻璃强度等力学性能指标是否符合设计规定；金属结构声屏障降噪效果是否达到设计要求。一般抽查：构件有无变形；屏体与基础连接及屏体间的密实情况是否符合设计要求。

8. 栏杆、地袱、扶手。重点抽查：水泥混凝土抗压强度是否满足设计要求；安装是否牢固。一般抽查：接缝处填缝是否饱满，伸缩缝是否全部贯通；水泥混凝土构件有无蜂窝、露筋等现象，安装后构件有无损伤、掉角和裂纹等；是否线条直顺，有无歪斜、扭曲，金属栏杆、扶手焊缝是否饱满，有无漏焊、脱焊等现象，漆面是否完好，有无脱皮、锈蚀等现象；预制混凝土栏杆构件断面尺寸、长度、侧向弯曲、麻面等允许偏差是否符合规范要求；安装后直顺度、垂直度、相邻地袱高度、相邻栏杆扶手高差允许偏差是否符合标准规范要求。

9. 隔离墩、防撞墩。重点抽查：水泥混凝土抗压强度是否满足设计要求；预埋铁及预埋件位置是否准确、牢固；安装是否牢固。一般抽查：构件接缝处填缝砂浆是否饱满，伸缩缝是否全部贯通；水泥混凝土构件有无蜂窝、麻面、露筋等现象，安装后构件有无硬伤、掉角和裂纹等缺陷；隔离墩、防撞墩是否线条直顺，无歪斜、扭曲，焊缝质量及长度是否符合要求，直线是否直顺、曲线是否圆滑；预制混凝土隔离墩、防撞墩构件断面尺寸、长度允许偏差是否符合规范要求；安装后的直顺度、相邻高差、顶面高程、缝宽允许偏差是否符合相关标准规范要求。

第二篇 施工管理类

Ⅱ 桥梁工程

百问 36：如何做好市政工程深基坑工程支护和监测

目前，市政工程的深基坑支护及监测没有相应的施工技术及验收标准规范，大部分施工单位只是参照《建筑基坑支护技术规程》DB 11/489－2007 和《建筑基础工程监测技术规范》GB 50497－2009 执行，而规范对监测频率的规定不够明确，导致在施工现场频频发生监测项目不足且不统一、监测频率偏少、监测数据反馈不及时等现象。参照《建筑基坑支护技术规程》DB 11/489－2007 和《建筑基础工程监测技术规范》GB 50497－2009，结合《关于对地方标准〈建筑基坑支护技术规程〉DB 11/489－2007 中建筑深基坑支护工程监测项目和监测频率有关问题解释的通知》（京建发〔2013〕435 号）和《关于规范北京市房屋建筑深基坑支护工程设计、监测工作的通知》（京建法〔2014〕3 号）文件要求，结合以往施工和监督实践，就如何做好市政工程深基坑工程支护和监测，浅述如下：

一、深基坑工程的概念

深基坑工程是指开挖深度大于等于 5m 或开挖深度虽小于 5m 但基坑、槽周边环境较复杂的基坑、槽工程。周边环境较复杂是指开挖深度范围内存在地下水或为淤泥质地层或回填年限不足 5 年且未经分层夯实的填土或开挖主要影响区内存在构筑物、重要管线基础、重要道路或河湖。

市政工程深基坑工程主要有：泵站基坑工程；盾构工程、浅埋暗挖出入井工程；顶管顶坑工程；大管径管道明开基槽工程等。

二、深基坑工程支护和监测相关管理要求

1. 建设单位应依法选择具备工程勘察综合资质或同时具备岩土工程物探测试检测监测和工程测量两方面资质的单位，对深基坑工程开展第三方监测工作，必要时，第三方监测深基坑监测方案应经专家论证。

2. 第三方监测单位应在综合考虑场地工程条件、周边环境、深基坑专项施工方案等因素后制定具有针对性和可操作性的深基坑监测方案，深基坑监测方案应从施工计划、施工工艺技术、施工安全保证措施等方面对质量安全进行有效控制，还应当包括环境保护措施、监控措施和应急救援预案等内容。并经由建设单位、设计单位与监理单位的三方认可。深基坑监测方案必须经第三方监测单位技术、安全、质量等部门专业技术人员审核后由其技术负责人签字审批。

3. 深基坑工程设计文件应明确施工监测的监测项目、监测频率、监测点数量及位置、监测控制值和报警值等技术要求。

4. 第三方监测单位应当根据勘察资料、深基坑工程设计文件、监测合同及相关规范标准等编制第三方监测方案，并严格按方案开展监测和巡视工作；应及时处理、分析监测数据，及时向建设单位提交监测数据和分析报告；发现异常时，应立即向建设单位反馈。第三方监测分析报告应有注册土木工程师（岩土）签章。

5. 施工单位应按要求编制具有针对性的深基坑工程专项施工方案，经程序审批并按要求专家论证后，严格施工、监测和巡视，发现异常时，应立即向建设单位反馈，并采取有效措施确保深基坑工程及周边环境安全。

6. 施工单位、第三方监测单位应加强对监测点的管理，确保布设的监测点满足监测工作要求。监测人员应具备一定的专业技能，并取得测量验线员或测绘作业证资格证书；使用的监测设备应合格有效、满足监测工作要求。

7. 当所有监测工作结束时，监测单位应将完整的监测方案、测点布设与验收记录、阶段性监测报告及总结报告交由建设单位整理归档并存储。

8. 监理单位应针对深基坑工程支护和监测编制切实可行的安全监理实施细则并严格落实，对深基坑工程专项施工方案、深基坑监测方案、相关监测记录进行严格审查；发现安全隐患应及时签发监理通知并复查整改落实。

三、深基坑工程支护和监测质量控制要点

1. 基坑周边排水系统、设施及基坑内部排水措施设置符合相关标准规范及设计要求。

2. 基坑支护与开挖方式应与设计和方案相一致；基坑支护结构上不得放置和悬挂重物；复合土钉墙坑壁腰梁及预应力锚杆和排桩腰梁及顶部冠梁设置必须符合设计和专项方案要求；基坑坑壁不得有空鼓、脱落、露筋、冻胀和渗漏水现象等。

3. 混凝土及喷射混凝土施工应留置混凝土试块；土钉和锚杆应进行抗拔力承载力检测；混凝土灌注桩应进行桩身完整性检测。

4. 基坑周边 1m 范围内严禁堆载，1m 以外堆物堆料必须满足设计要求和专项方案规定。

5. 市政工程深基坑支护工程监测项目和监测频率应参照京建发〔2013〕435号文，监测项目、监测频率经参建各方协商一致后在项目实施过程中严格落实。《深基坑支护工程监测项目和监测频率表》详见附件 1。

四、深基坑工程现场巡查相关要求及主要内容

深基坑工程现场巡查相关要求：①在基坑工程整体施工期限内，需要由一定工作经验的专业人员配合施工单位工程技术人员一同对基坑工程进行现场巡视检查，同时双方也需将所获得的信息数据资料及时地进行沟通交流并记录施工进度

与施工工况。②现场巡查主要依靠肉眼凭经验观察判断出对基坑施工稳定性与安全性的有效信息资料，同时也可与摄影摄像仪器及量尺、钎锤等简单工具配合开展。③每一次现场巡视检查均应对自然环境、基坑检查情况做出全面详细的记录整理，并同当天监测数据报告进行综合分析处理，以备一旦有异常状况出现能够适时有效地与总承包施工单位技术人员及时沟通并制定出相应的应急预案处理措施。

深基坑工程现场巡查主要内容：①支护结构：支护结构成型质量；冠梁、围檩、支撑有无裂缝出现；支撑、立柱有无较大变形；止水帷幕有无开裂、渗漏；墙后土体有无裂缝、沉陷及滑移；基坑有无涌土、流砂、管涌。②施工工况：基坑周边地面有无超载；开挖后暴露的土质情况与岩土勘察报告有无差异；基坑开挖分段长度、分层厚度及支锚设置是否与设计要求一致；场地地表/地下水排放状况是否正常，基坑降水、回灌设施是否运转正常。③周边环境：邻近基坑及建筑的施工变化情况；周边管道有无破损、泄漏情况；周边道路（地面）有无裂缝、沉陷；周边建（构）筑物有无新增裂缝出现。④监测设施：基准点、监测点完好状况；监测元件的完好及保护情况；有无影响观测工作的障碍物。

五、深基坑工程监测中的常见问题

深基坑工程监测中的常见问题主要有：①关于在工程项目中是否选择开设监测环节，建设单位的明确性不大；②监测合同格式不统一，所标注的监测项目内容不明确；③基坑监测专业技术人员与技术队伍数量不足，使得现场监测的工作缺少有效的监督，造成监测质量与准确度难以得到切实的保证；④由于深基坑工程难度大，监测单位不能绝对严格地按照监测方案对监测项目实时监测，为降低资金成本选择的监测项目常无法满足监控需求；⑤较长的基坑监测频率不能满足优化设计的要求，且不利于指导施工进程；⑥没有选择合适的监测方法，使得精度达不到要求；⑦监测点布设不合理，保护不到位，使得测点失效；⑧监测预警值的确定不够明确合理；⑨监测单位不能及时对提供的监测数据进行分析处理，无法及时达到预警效果；⑩监测报告、报表等数据资料不能及时上交，导致失去原有的监测价值。

六、深基坑支护工程验收记录可参照附件 2《深基坑支护工程验收记录》、深基坑工程变形监测记录可参照附件 3《深基坑工程变形监测记录》

附件1：深基坑支护工程监测项目和监测频率表

监测项目	基坑侧壁安全等级			监测单位	监测（巡视）频率	备　注
	一级	二级	三级			
支护结构顶部水平位移	应测	应测	应测	施工监测第三方监测	基坑开挖至开挖完成后稳定前：1次/天； 基坑开挖完成稳定后至结构底板完成前：1次/3天； 结构底板完成后至回填土完成前：1次/15天	对于桩（墙）锚支护，基坑开挖深度小于总深度的1/2时，可适当降低监测频率
基坑周边建（构）筑物、地下管线、道路沉降	应测	应测	可测	施工监测第三方监测	基坑开挖至开挖完成后稳定前：1次/2天； 基坑开挖完成稳定后至结构底板完成前：1次/3天； 结构底板完成后至回填土完成前：1次/15天	对于桩（墙）锚支护，基坑开挖深度小于总深度的1/2时，可适当降低监测频率
基坑周边地面沉降	应测	应测	可测	施工监测第三方监测	基坑开挖至开挖完成后稳定前：1次/天； 基坑开挖完成稳定后至结构底板完成前：1次/3天； 结构底板完成后至回填土完成前：1次/15天	对于桩（墙）锚支护，基坑开挖深度小于总深度的1/2时，可适当降低监测频率
支护结构顶部竖向位移	宜测	应测	应测	施工监测第三方监测	基坑开挖至开挖完成后稳定前：1次/天； 基坑开挖完成稳定后至结构底板完成前：1次/3天； 结构底板完成后至回填土完成前：1次/15天	
支护结构深部水平位移	应测	宜测	可测	施工监测第三方监测	基坑开挖至开挖完成后稳定前：1次/4天； 基坑开挖完成稳定后至结构底板完成前：1次/10天； 结构底板完成后至回填土完成前：1次/30天	

续表

监测项目	基坑侧壁安全等级			监测单位	监测（巡视）频率	备 注
	一级	二级	三级			
锚杆拉力	应测	应测		施工监测第三方监测	基坑开挖至开挖完成后稳定前：1次/天；基坑开挖完成稳定后至结构底板完成前：1次/3天；结构底板完成后至回填土完成前：1次/15天	
支撑轴力	应测	应测		施工监测第三方监测	基坑开挖至开挖完成后稳定前：1次/天；基坑开挖完成稳定后至结构底板完成前：1次/3天；结构底板完成后至回填土完成前：1次/15天	
地下水位	应测	应测	应测	施工监测第三方监测	基坑开挖至开挖完成后稳定前：1次/天；基坑开挖完成稳定后至结构底板完成前：1次/3天；结构底板完成后至回填土完成前：1次/15天	
安全巡视	应测	应测	应测	施工巡视第三方巡视总包巡视	基坑开挖至开挖完成后稳定前：2次/天；基坑开挖完成稳定后至结构底板完成前：1次/天	巡视内容应满足《建筑基坑工程监测技术规范》GB 50497-2009 的规定

注：1. 本表中监测频率为施工监测频率，第三方监测频率为施工监测频率的一半。

2. 本表中巡视频率为施工巡视频率，第三方监测巡视频率同第三方监测频率。总包单位在基坑工程施工和使用期内，每天应进行巡视检查并做好记录。

3. 当基坑支护工程出现《建筑基坑工程监测技术规范》GB 50497-2009 第 7.0.4 条情况时，应提高监测频率，并及时向委托方报告监测结果。

4. 当基坑支护工程出现《建筑基坑工程监测技术规范》GB 50497-2009 第 8.0.7 条情况时，应立即进行危险报警，并应对基坑支护结构和周边环境中的保护对象采取应急措施。

附件2：深基坑支护工程验收记录

工程名称				检查日期	
深基坑 名称或编号					
序号		验收内容	施工单位自检情况	建设、监理单位验收意见	
1	施工方案	专项施工方案 设计计算书			
2	临边防护	临边防护 其他防护			
3	坑壁支护	坑槽边坡 深坑支护 支护设施			
4	排水措施	排水措施 防临边建筑 沉降措施验收			
附图					
验收 结论					
签字栏					
建设单位	监理单位	施工单位			填表人
		项目技术负责人	质量员	施工员	

附件3：深基坑工程变形监测记录

工程名称	
深基坑 名称或编号	
监测项目	
监测点布置 （附图）	
监测结果	监测人： 年　月　日
处理意见	
备注	

签字栏					
监测单位		施工单位			填表人
项目技术负责人	安全员	项目技术负责人	安全员	施工员	

注：1. 按项目深基坑监测方案最小监测周期记录，每次一张。

　　2. 监测单位监测人员应相对固定且应具备相关业务能力和水平，并取得测量验线员或测绘作业证资格证书。

百问 37：如何做好市政工程中钢筋直螺纹连接施工及质量控制

目前，市政工程钢筋直螺纹连接施工中由于施工、监理单位对于钢筋直螺纹连接重视不够，对现场钢筋机械连接施工质量控制不到位，致使施工现场普遍存在：丝头加工不规范、接头丝口外露过多、连接不够紧密、易脱落、接头检验标识不清晰、施工技术资料不齐全等问题，因此，应切实加强市政工程钢筋直螺纹连接施工及其质量控制管理。针对《钢筋机械连接技术规程》JGJ 107－2010、《滚轧直螺纹钢筋连接接头》JG 163－2004、《钢筋机械连接用套筒》JG/T 163－2013 等技术规范，参照《关于加强钢筋机械连接质量管理的通知》（京建发[2013]383 号文），结合以往施工和监督实践，就如何做好市政工程中钢筋直螺纹连接施工及质量控制，浅述如下：

一、钢筋直螺纹连接施工及质量控制相关要求

1. 钢筋直螺纹连接接头施工宜由具有相关资质证明或经专门培训的专业施工队伍承包施工，作业人员必须进行技术培训，经考核合格后方可持证上岗操作。

2. 监理单位要加强对钢筋直螺纹连接接头施工全过程的抽查，严格实行有见证取样检测制度，对检测不合格的接头验收批，应提请建设单位会同设计等有关单位研究后提出处理方案，并督促施工单位按处理方案认真整改。

3. 钢筋直螺纹连接接头施工前，施工、监理单位应对进场套筒合格证、型式检验报告进行检验验收，并对不同钢筋生产厂的不同规格钢筋接头进行工艺检验，合格后方可进行丝头加工和连接。

4. 钢筋应先调直再加工，钢筋端面需平整并与钢筋轴线垂直，不得有马蹄形或扭曲，钢筋端部不得有弯曲，钢筋切割宜采用台式砂轮片切割机。

5. 钢筋在套丝前，必须对钢筋规格及外观质量进行检查。钢筋套丝操作前应先调整好定位尺的位置，并按照钢筋规格配以相对应的加工导向套。

6. 应对外观质量、螺纹长度、螺纹尺寸检验合格的丝头加以保护，在其端头加带保护帽或用套筒拧紧，按规格分类堆放整齐，连接套筒上应标明生产厂家标志，连接套筒保护盖上应标明被连接钢筋的规格，钢筋规格必须与连接套筒规格相一致。

7. 连接钢筋时应采用扳手或管钳子进行旋拧，钢筋接头拧紧后再采用扭力扳手进行拧紧检查力矩值，必须分开施工用和检验用的力矩扳手，不能混用，以保证力矩检验值准确。

8. 同一结构内钢筋直螺纹连接接头不得使用两个生产厂家提供的产品。

二、钢筋直螺纹连接施工质量控制要点

1. 钢筋连接套筒表面应刻印清晰、持久性标志，外观质量、外形尺寸、螺纹尺寸和长度及外径必须符合《钢筋机械连接用套筒》JG/T 163‐2013 的规定。

2. 钢筋平头切口端面倾斜度不应大于 $2°$。

3. 钢筋接头位置应互相错开，其错开间距不应少于 $35d$，且不大于 $500mm$，接头端部钢筋弯起点不得小于 $10d$。

4. 标准丝头有效螺纹长度不小于 $1/2$ 连接套筒长度，允许误差为 $+2p$ 即两口丝（长度为 $6mm$）。丝头尺寸用专用螺纹环规检验，其环通规应能顺利地旋入，环止规旋入长度不得超过 $3p$ 即三口丝。

5. 标准型接头连接套筒须有外露有效螺纹，且连接套筒单边外露有效螺纹不得超过 $+2p$ 即两口丝。

6. 加工丝头应逐个自检，并对自检合格的丝头以一个工作班加工的丝头为一检验批，进行 10% 抽查，检验合格率不应小于 95%，若合格率小于 95%，则应对全部丝头进行逐个检验，合格后方可使用。

7. 接头应逐个自检，合格的以蓝点标记，于正在施工的工程结构中随机抽取 15% 的接头，且不少于 75 个接头，进行外观质量检验和拧紧扭矩校核，合格的以黄点标记，不合格数超过被校核接头数的 5% 时，应重新拧紧全部接头至合格。

8. 监理应对施工自检合格的接头质量进行检查验收，并抽取 5% 的接头进行拧紧扭矩校核，合格的以红点标记，如不合格数超过被校核接头数的 5% 时，应责令施工单位重新拧紧全部接头至合格。

9. 施工、监理单位应对同一施工条件下采用同一批材料的同等级、同形式、同规格的接头，以 300 个为一个验收批进行现场检验，不同直径变径接头应分别进行现场检验。钢筋机械连接接头现场检验必须在工程结构中随机抽取，监理单位应对抽取过程进行见证，并留存取样过程照片或影像资料。

三、钢筋直螺纹连接的施工资料管理

钢筋直螺纹连接的施工资料分为：施工技术资料；工程物资资料；施工记录；施工试验记录及检测报告；施工质量验收资料。施工技术资料：钢筋直螺纹连接专项施工方案；技术交底记录等。工程物资资料：钢筋产品质量合格证；钢筋进场检验记录；连接套筒出厂合格证；连接套筒进场检验记录等。施工记录：现场钢筋丝头加工质量检查记录表；现场钢筋接头连接质量检查记录表；隐蔽工程检查记录；数字图文记录等。施工试验记录及检测报告：钢材试验报告；钢筋接头连接试验报告等。施工质量验收资料：检验批质量验收记录；分项工程质量验收记录等。现场钢筋丝头加工质量检查记录表可参照《滚轧直螺纹钢筋连接接头》JG 163-2004 附录 D，也可参照附件 1《现场钢筋丝头加工质量检查记录》、现场钢筋接头连接质量检查记录表可参照《滚轧直螺纹钢筋连接接头》JG 163-2004 附录 E，也可参照附件 2《现场钢筋接头连接质量检查记录》。

按照《城市桥梁工程施工与质量验收规范》CJJ 2-2008 表 23.0.1 中城市桥梁工程分部（子分部）工程与相应的分项工程及检验批对照表、《城市桥梁工程施工质量检验标准》DB 11/1072-2014 表 2.2.6 中城市桥梁工程分部（子分部）工程与相应的分项工程、检验批对照表和《桥梁工程施工质量检验标准》DBJ 01-12-2004 表 A.0.6 中城市桥梁工程分部（子分部）工程、分项工程及检验批的划分，对钢筋直螺纹连接分部、分项工程及检验批的划分都未提及，只提及分项工程钢筋。

参照上述标准规范的划分，结合现场实际及施工资料管理，建议宜将钢筋直螺纹连接划分为分项工程，分项工程名称为直螺纹连接钢筋，检验批可划分为：每 300 个同一施工条件下采用同一材料的同等级、同形式、同规格的接头为一检验批。

四、《关于加强钢筋机械连接质量管理的通知》（京建发［2013］383 号文）中的相关条款详见附件 3。市政工程执行中应进行调整注意：①第四条应为"随机抽取 15% 的接头，且不少于 75 个接头"。②第六条应为"同等级、同形式、同规格的接头，以 300 个为一个验收批"。③第七条"双倍取样送检"应为"直接以不合格材料退厂处理"

附件1：现场钢筋丝头加工质量检查记录

工程名称		工程部位	
加工单位		钢筋规格	
生产班次		生产日期	
抽检数量		代表数量	
接头类型		检查日期	

检 查 结 果

序号	钢筋直径	丝头螺纹检查		丝头外观检查			备注
		环通规	环止规	有效螺纹长度	不完整螺纹	外观检查	

签 字 栏

项目技术负责人	质量员	施工员	填表人

注：1. 螺纹尺寸检查应按相关规定，选用专用的螺纹环规检查。

2. 相关尺寸检查合格后在相应的格里打“√”，不合格时打“×”，并在备注栏加以标注。

附件2：现场钢筋接头连接质量检查记录

工程名称		工程部位	
加工单位		钢筋规格	
生产班次		生产日期	
抽检数量		代表数量	
接头类型		检查日期	

检查结果

序号	钢筋直径	拧紧力矩值检查	外露有效螺纹检查		备注
			左	右	

签字栏

项目技术负责人	质量员	施工员	填表人

注：1. 拧紧力矩值检查、外露有效螺纹检查应按相关规定进行检查。

2. 相关尺寸检查合格后在相应的格里打“√”，不合格时打“×”，并在备注栏加以标注。

附件3：关于加强钢筋机械连接质量管理的通知

京建发〔2013〕383号文

（相关条款）

一、施工单位必须严格按照《钢筋机械连接技术规程》JGJ 107-2010进行丝头加工、连接和检查验收。加工机械应满足加工质量要求，检查用量规、止规、通规等应配备齐全，操作工人应经过培训合格后上岗。

二、钢筋接头工程开始前，施工、监理单位应对进场套筒合格证、型式检验报告进行检验验收，并对不同钢筋生产厂的不同规格钢筋接头（包括变径钢筋接头）进行工艺检验，合格后方可进行丝头加工和连接。

三、施工操作工人应对加工丝头逐个进行自检，施工单位质检员应对自检合格的丝头进行抽查，抽检数量10％，检验合格率不应小于95％，并参考《滚轧直螺纹钢筋连接接头》JG 163-2004附录D形成丝头加工质量检查记录表。若合格率小于95％，施工单位质检员应对全部丝头进行逐个检验，合格后方可使用，并形成检查记录。

四、施工单位质检员应对接头质量逐个自检，合格的以蓝点标记，并抽取10％的接头进行拧紧扭矩校核，合格的以黄点标记，同时参考《滚轧直螺纹钢筋连接接头》JG 163-2004附录E形成接头连接质量检查记录表。拧紧扭矩值不合格数超过被校核接头数的5％时，应重新拧紧全部接头至合格。

五、监理单位应对施工单位自检合格的接头质量进行检查验收，并抽取5％的接头进行拧紧扭矩校核，合格的以红点标记，同时形成接头连接质量检查记录表。如拧紧扭矩值不合格数超过被校核接头数的5％时，应责令施工单位重新拧紧全部接头至合格。

六、施工、监理单位应对同一施工条件下采用同一批材料的同等级、同形式、同规格的接头，以500个为一个验收批进行现场检验，不同直径变径接头应分别进行现场检验。钢筋机械连接接头现场检验必须在工程结构中随机抽取，监理单位应对抽取过程进行见证，并留存取样过程照片或影像资料。

七、施工、监理单位应认真核查钢筋连接试验报告的结论，应严格按《建筑工程检测试验技术管理规范》JGJ 190-2010对检验结论不合格或不符合要求的接头检验批进行处理，严禁抽撤、替换和修改。对检验结论为"现场检验不符合要求，应双倍取样复试"的，必须在监理的见证下双倍取样送检，合格后方可进行验收。对检验结论为"现场检验不符合要求"的或"现场双倍检验不符合要求"的，应由建设单位会同设计、施工、监理等单位分析原因并提出处理意见。施工单位应严格按处理意见进行整改，并重新进行验收，同时留存处理过程照片或影像资料及检查记录。

注：市政工程执行中应进行调整注意：①第四条应为"随机抽取15％的接头，且不少于75个接头"。②第六条应为"同等级、同形式、同规格的接头，以300个为一个验收批"。③第七条"双倍取样送检"应为"直接以不合格材料退厂处理"。

百问 38：如何做好市政工程钢筋连接质量检查和验收

目前，市政工程结构施工越来越多，且钢筋种类及连接方式也日益增多，而项目施工现场，由于管理人员质量意识不强或工程抢工等原因，工程钢筋连接质量控制一直不是十分到位，危及工程实体及结构质量的同时，还造成一定安全质量隐患，结合以往施工和监督实践，就如何做好市政工程钢筋连接质量检查和验收，浅述如下：

一、钢筋连接概念

钢筋连接是指由于钢筋长度不够而需要接长所发生的驳接。其驳接方式通常分为绑扎连接、焊接接头、机械连接三种。

二、钢筋连接原则

①在同一根钢筋上宜少设接头。②钢筋接头应设置在受力较小区段，不宜位于构件的最大弯矩处。③在任一焊接或绑扎接头长度区段内，同一根钢筋不得有两个接头，在该区段内的受力钢筋，其接头的截面面积占总截面面积的百分比应符合标准规范要求。④接头末端至钢筋弯起点的距离不得小于钢筋直径的10倍。⑤施工过程中钢筋受力分不清受拉、受压的，按受拉处理。⑥钢筋接头部位横向净距不得小于钢筋直径，且不得小于25mm。

三、钢筋连接使用规定

①直径大于12mm以上的钢筋，应优先采用焊接接头或机械连接接头。②当受拉钢筋的直径大于28mm及受压钢筋的直径大于32mm时，不宜采用绑扎搭接接头。③轴心受拉及小偏心受拉杆件（如桁架和拱的拉杆）的纵向受力钢筋不得采用绑扎搭接接头，应用焊接。④直接承受动力荷载的结构构件中，其纵向受拉钢筋不得采用绑扎搭接接头。⑤冷拔低碳钢丝的接头只能用绑扎接头，不允许采用接触对焊或电弧焊。

四、钢筋连接质量检查和验收中应注意的几个问题

1. 受力钢筋连接：受力钢筋的连接方式必须符合设计要求，以确保钢筋应力传递和结构的受力性能。

2. 接头的试件检验：在施工现场应按国家现行标准《钢筋机械连接技术规程》JGJ 107-2010的规定抽取钢筋机械连接接头焊接接头试件作力学性能检验其质量应符合有关规程的规定。

3. 钢筋接头位置：钢筋的接头宜设置在受力较小处。同一纵向受力钢筋不宜设置两个或两个以上接头。接头末端至钢筋弯起点的距离不应小于钢筋直径的

10 倍。

4. 接头的外观检查：在施工现场应按国家现行标准《钢筋机械连接技术规程》JGJ 107 - 2010 的规定抽取钢筋连接接头的外观进行检查其质量应符合有关规程的规定。

5. 钢筋连接头的设置规定：当受力钢筋采用机械连接接头或焊接接头时设置在同一构件内的接头宜相互错开纵向受力钢筋机械连接接头及焊接接头连接区段的长度为 35d（d 为纵向受力钢筋的较大直径）且不小于 500mm，凡接头中点位于该连接区段长度内的接头均属于同一连接区段。同一连接区段内纵向受力钢筋机械连接及焊接的接头面积百分率为该区段内有接头的纵向受力钢筋截面面积与全部纵向受力钢截面面积的比值。同一连接区段内纵向受力钢筋的接头面积百分率应符合设计要求当设计无具体要求时符合下列规定：在受拉区不宜大于接头不宜设置在有抗震设防要求的框架梁端柱端的箍筋加密区；当无法避开时对等强度高质量机械连接接头不应大于 50%；直接承受动力荷载的结构构件中，不宜采用焊接接头当采用机械连接接头时不应大于 50%。

6. 钢筋绑扎接头：同一构件中相邻纵向受力钢筋的绑扎搭接接头宜相互错开。绑扎搭接接头中钢筋的横向净距不应小于钢筋直径且不应小于 25mm 钢筋绑扎搭接接头连接区段的长度为 1.3L（L 为搭接长度）凡搭接接头中点位于该连接区段长度内的搭接接头均属于同一连接区段。同一连接区段内纵向钢筋搭接接头面积百分率为该区段内有搭接接头的纵向受力钢筋截面面积与全部纵向受力钢筋截面面积的比值。同一连接区段内纵向受拉钢筋搭接接头面积百分率应符合设计要求当设计无具体要求时应符合下列规定：对梁类板类及墙类构件不宜大于 25%；对柱类构件不宜大于 50%；当工程中确有必要增大接头面积百分率时对梁类构件不应大于 50%；对其他构件可根据实际情况放宽。纵向受力钢筋绑扎搭接接头的最小搭接长度应符合标准规范的规定。

7. 梁、柱类构件的箍筋配置：在梁、柱类构件的纵向受力钢筋搭接长度范围内，应按设计要求配置箍筋。当设计无具体要求时应符合下列规定：箍筋直径不应小于搭接钢筋较大直径的 0.25 倍；受拉搭接区段的箍筋间距不应大于搭接钢筋较小直径的 5 倍且不应大于 100mm；受压搭接区段的箍筋间距不应大于搭接钢筋较小直径的 10 倍且不应大于 200mm；当柱中纵向受力钢筋直径大于 25mm 时应在搭接接头两个端面外 100mm 范围内各设置两个箍筋其间距宜为 50mm。

五、《钢筋机械连接技术规程》JGJ 107 - 2010 中强制性条文

1. 接头抗拉强度等级评定。Ⅰ级、Ⅱ级、Ⅲ级接头的抗拉强度应符合规定。即：Ⅰ级接头试件实际抗拉强度等于接头试件中连接钢筋抗拉强度实测值或不小于 1.1 倍钢筋抗拉强度标准值；Ⅱ级接头试件实际抗拉强度不小于钢筋抗拉强度标准值；Ⅲ级接头试件实际抗拉强度不小于 1.25 倍钢筋抗拉强度标准值。

2. 接头验收批评定。对接头的每一验收批，必须在工程结构中随机截取 3 个接头试件作抗拉强度试验，按设计要求的接头等级进行评定。当 3 个接头试件的抗拉强度都符合规定相应等级的抗拉强度要求时，该验收批评为合格。如有 1 个试件的抗拉强度不符合要求，则应再取 6 个试件进行复检。复检中如仍有 1 个试件的抗拉强度不符合要求，则该验收批评为不合格。

六、关于钢筋接头应该注意的几个常见问题

1. Ⅰ、Ⅱ、Ⅲ级接头使用区别。混凝土结构中要求充分发挥钢筋强度或对延性要求高的部位应优先采用Ⅱ级接头。当在同一连接区段内必须实施 100% 钢筋接头的连接时，应采用Ⅰ级接头。混凝土结构中钢筋应力较高但对延性要求不高的部位可采用Ⅲ级接头。当接头无法避开有抗震设防要求的框架的梁端、柱端箍筋加密区时，应采用Ⅱ级接头或Ⅰ级接头，且接头百分率不应大于 50%。当需要在高应力部位设置接头时，在同一连接区段内Ⅲ级接头的接头百分率不应大于 25%，Ⅱ级接头的接头百分率不应大于 50%。Ⅰ级接头的接头百分率除特殊情况规定之外一般可不受限制。

2. 接头试件的接头长度规范。机械连接接头长度是接头连接件长度加连接件两端钢筋横截面变化区段的长度。对带肋钢筋套筒挤压接头，其接头长度即为套筒长度；对锥螺纹或滚扎直螺纹接头，为套筒长度加两端外露丝扣长度；对镦粗直螺纹接头，接头长度为套筒长度加两端镦粗过渡段长度。

3. 按验收批进行接头强度检验时，如有 1 个试件不合格时再取 6 个试件进行复检，2 个或 2 个以上的试件不合格则不能进行再取试件复检，应直接判定为不合格。

4. 直螺纹接头当拉断于套筒外的螺纹丝扣处时，不能按母材破坏进行评定。对于直螺纹接头，当断于连接件两端外露丝扣时，应按断于接头进行评定。

5. 试件断于钢筋母材，但未达到 1.1 倍钢筋抗拉强度标准值时，接头不能判为不符合Ⅰ级接头。只要试件断于钢筋母材时，且接头试件抗拉强度不小于钢筋抗拉强度标准值条件，即可判为试件合格。

6. 当接头试件断于母材、但试件强度未达到钢筋的抗拉强度标准值，应判定试件无效。说明接头试件中的钢筋母材不合格，应使用合格钢筋重新制作试件并重新试验。

7. 钢筋连接完成后，项目部应及时进行自查并填写《钢筋连接质量检查记录》，钢筋连接质量检查记录表式可参照附件《钢筋连接质量检查记录》。

附件：钢筋连接质量检查记录

工程名称			检查日期	
分部工程			分项工程	

序号	检查项目	质量检查要求
1	纵向受力钢筋	连接方式应符合设计要求
2	接头试件	应作力学性能检验，其质量应符合有关规程的规定
3	接头位置	宜设在受力较小处。①同一纵向受力钢筋不宜设置两个或两个以上接头。②接头末端至钢筋弯起点距离不应小于钢筋直径的10倍
4	接头	外观质量检查应符合有关规程规定
5	受力钢筋机械连接或焊接接头设置	宜相互错开。在连接区段长度为35d且不小于500mm范围内，接头面积百分率应符合下列规定：①受拉区不宜大于50%；②不宜设置在有抗震设防要求的框架梁端、柱端的箍筋加密区；当无法避开时，机械连接接头不应大于50%。③直接承受动力荷载的结构构件中，不宜采用焊接接头。当采用机械连接时不应大于50%
6	绑扎搭接接头	宜相互错开。接头中钢筋的横向净距不应小于钢筋直径，且不应小于25mm。搭接长度应符合规范规定；连接区段1.3L长度内，接头面积百分率：①对梁类板类及墙类构件，不宜大于25%；②对柱类构件，不宜大于50%；③确有必要时对梁内构件不宜大于50%
7	箍筋配置	在梁、柱类构件的纵向受力钢筋搭接长度范围内，应按设计要求配置箍筋。当设计无具体要求时：①箍筋直径不应小于搭接钢筋较大直径的0.25倍；②受拉搭接区段的箍筋间距不应大于搭接钢筋较小直径的5倍，且不应大于100mm；③受压搭接区段的箍筋间距不应大于搭接钢筋较小直径的10倍，且不应大于200mm；④当柱中纵向受力钢筋直径大于25mm时，应在搭接接头两个端面外100mm范围内各设置两个箍筋，其间距宜为50mm

自检情况		自检结论	

签 字 栏			
项目技术负责人	质量员	施工员	填表人

百问 39：如何做好市政工程大体积混凝土施工及质量控制

市政工程大体积混凝土的浇筑随着城市桥梁、地下通道和综合管廊工程越来越多，桥梁扩大基础、大体积桥台、墩柱、预制 T 梁、箱梁及顶进箱涵和现浇混凝土综合管廊等也日益增多，但由于施工、监理单位对大体积混凝土不太关注和重视，致使施工现场大体积混凝土浇筑时经常存在这样或那样的问题，给施工质量造成不同程度的缺陷，结合以往施工和监督实践，就如何做好市政工程大体积混凝土施工及质量控制，浅述如下：

一、大体积混凝土的概念

大体积混凝土是指混凝土结构实体最小几何尺寸不小于 1m，或预计会因混凝土中水泥水化引起的温度变化和收缩导致有害裂缝产生的混凝土。大体积混凝土的主要特征为：结构厚实、混凝土量大、工程条件复杂、施工技术要求高、水泥水化热较大（一般超过 25℃）、易使构筑物产生温度变形。

二、大体积混凝土浇筑前相关要求

1. 大体积混凝土浇筑前，施工单位必须组织编制有针对性的专项施工方案，经单位技术负责人审批加盖项目经理注册建造师印章，报总监理工程师审批后方可组织实施，必要时，应按要求组织专家论证。

2. 监理单位应依据施工单位大体积混凝土专项施工方案，编制监理旁站方案，明确监理旁站人员、职责、旁站内容、旁站要点、检查频次、记录要求等，经总监理工程师审批后，在监理旁站过程中严格落实。

3. 大体积混凝土浇筑前，施工单位应组织钢筋工程隐蔽检查和模板工程预检并填写相应记录存档备查，符合要求后方可进行混凝土浇筑。

4. 大体积混凝土用材料应符合：水泥应选用有利于改善混凝土抗裂性能的水泥；粗骨料宜采用连续级配；细骨料应采用中砂；采用非泵送施工时，粗骨料粒径可适当增大；应选用缓凝型高效减水剂。

5. 大体积混凝土配合比应符合：设计强度等级、耐久性、抗渗性、体积稳定性等符合要求；坍落度不宜大于 160mm；用水量不宜大于 170kg/m³；粉煤灰掺量不宜超过水泥用量的 40%；矿渣粉掺量不宜超过水泥用量的 50%；两种掺和料的总量不宜大于水泥重量的 50%。

6. 当设计有要求时，可在混凝土中填放片石。填放片石应符合：可埋放厚度不小于 15cm 的石块，埋放石块的数量不宜超过混凝土结构体积的 20%；应选用无裂纹、无夹层且抗冻性能符合设计要求的石块，并应清洗干净；石块的抗压强度不低于混凝土的强度等级的 1.5 倍；石块应分布均匀，净距不小于 15cm，距离结构侧面和顶面的净距不小于 25cm，石块不得接触钢筋和预埋件；当气温低于 0℃时，不得埋放石块。

7. 大体积混凝土浇筑前，应布置好混凝土浇筑体内监测点，应以能真实反映出混凝土浇筑体内最高温升、芯部与表层温差、降温速率及环境温度为原则。监测点的布置应考虑其代表性按平面分层布置，在基础平面对称轴线上，监测点不宜少于 4 处，布置应充分考虑结构的几何尺寸。沿混凝土浇筑体厚度方向，应布置外表、底面和中心温度测点，其余测点布设间距不宜大于 60cm。

三、大体积混凝土浇筑时相关要求

1. 混凝土入模温度（振捣后 5～10cm 深处的温度）不宜高于 28℃。混凝土浇筑体在入模温度基础上的温升值不应大于 45℃。

2. 大体积混凝土浇筑宜采用分层连续浇筑或推移式连续浇筑。应依据设计尺寸进行均匀分段、分层浇筑。当横截面面积在 200m^2 以内时，分段不宜大于 2 段；当横截面面积在 300m^2 以内时，分段不宜大于 3 段，且每段面积不得小于 50m^2。每段混凝土厚度应为 1.5～2.0m。段与段间的竖向施工缝应平行于结构较小截面尺寸方向。当采用分段浇筑时，竖向施工缝应设置模板。上、下两邻层中的竖向施工缝应互相错开。

3. 当采用泵送混凝土时，混凝土浇筑层厚度不宜大于 50cm；当采用非泵送混凝土时，混凝土浇筑层厚度不宜大于 30cm。

4. 大体积混凝土施工采取分层间歇浇筑混凝土时，水平施工缝设置除应符合设计要求外，还应根据混凝土浇筑过程中温度裂缝控制要求、混凝土供应能力、钢筋工程施工、预埋管件安装等因素确定。

5. 大体积混凝土在浇筑过程中，应采取有效措施防止受力钢筋、定位筋、预埋件等移位和变形。

6. 大体积混凝土浇筑面应及时进行二次抹压处理。

7. 大体积混凝土施工遇炎热、冬期或者雨雪天气等特殊气候条件下时，必须采用有效的技术措施，保证混凝土浇筑和养护质量，并应符合下列规定：在炎热季节浇筑大体积混凝土时，宜将混凝土原材料进行遮盖，避免日光暴晒，并用冷却水搅拌混凝土，或采用冷却骨料、搅拌时加冰屑等方法降低入仓温度，必要时也可采取在混凝土内埋设冷却管通水冷却。混凝土浇筑后应及时保湿保温养护，避免模板和混凝土受阳光直射。条件许可时应避开高温时段浇筑混凝土。冬期浇筑混凝土，宜采用热水拌和、加热骨料等措施提高混凝土原材料温度，混凝土入模温度不宜低于 5℃。混凝土浇筑后应及时进行保温保湿养护。雨雪天不宜露天浇筑混凝土，当需要施工时，应采取有效措施，确保混凝土质量。浇筑过程中突遇大雨或大雪天气时，应及时在结构合理部位留置施工缝，尽快中止混凝土浇筑，对已浇筑还未硬化的混凝土立即进行覆盖，严禁雨水直接冲刷新浇筑的混凝土。

四、大体积混凝土浇筑后相关要求

1. 保湿养护持续时间不得少于 28d。保温覆盖层拆除应分层逐步进行，当混凝土表层温度与环境最大温差小于 20℃时，可全部拆除。

2. 保湿养护过程中，应经常检查塑料薄膜或养护剂涂层的完整情况，保持混凝土表面湿润。

3. 在大体积混凝土保温养护中，应对混凝土浇筑体的芯部与表层温差和降温速率进行检测，当实测结果不满足温控指标（浇筑后混凝土表面与芯部温差不超过 25℃）要求时，应及时调整保温养护措施。

4. 大体积混凝土宜适当延迟拆模时间，当模板作为保温养护措施的一部分时，其拆模时间应根据温控要求确定。

5. 大体积混凝土芯部与表层温差、降温速率、环境温度及应变的测量，在混凝土浇筑后，每昼夜应不少于 4 次，入模温度的测量，每台班不少于 2 次。混凝土浇筑体的表层温度，宜以混凝土表面以内 5cm 处的温度为准。测量混凝土温度时，测温计不应受外界气温的影响，并应在测温孔内至少留置 3min。

6. 大体积混凝土浇筑完成后应及时进行养护和测温并参照填写《市政基础设施工程资料管理规程》DB 11/T 808-2011 中的大体积《混凝土养护测温记录》（表 C5-2-20）存档备查。

五、大体积混凝土施工及质量控制应注意的几个问题

1. 应加强商品混凝土运输过程控制。混凝土生产厂家每车出厂时应出具混凝土标号、坍落度、出厂时间、数量和到达地点的发料单据。到达现场后，由总承包单位派专人按规定程序验收，填写到达时间、混凝土坍落度、目前混凝土有无异常等情况。监理人员应不定期进行抽检，如发现混凝土出现离析，必须进行再次搅拌。

2. 应根据浇筑现场情况制定适宜的混凝土浇筑方案。一是全面分层浇筑方案。即在第一层全面浇筑完毕后，再回头浇筑第二层。对于结构的平面尺寸不太大，施工时从短边开始，沿长边推进比较合适。必要时可分成两段，从中间向两端或从两端向中间同时进行浇筑。二是分段分层浇筑方案。先从底层开始，浇筑至一定距离后浇筑第二层，如此依次向前浇筑其他各层。它适用于单位时间内要求供应的混凝土较少，结构物厚度不太大而面积或长度较大的工程。三是斜面分层浇筑方案。斜面坡度不大于 1/3，结构长度大大超过厚度 3 倍的情况下混凝土浇筑适用此方案。混凝土从浇筑层下端开始，逐渐上移。

3. 应加强振捣确保混凝土密实。为确保混凝土的均匀密实，提高混凝土的抗压强度，操作人员应加强混凝土的振捣，插点应均匀排列，按规定顺序振实不得遗漏，振捣期间距以宜取 30cm，时间以 0.5min 为宜，不宜过振，以表面呈现浮浆，平整且不再沉落为准，为了能排除混凝土因泌水在粗骨料、水平钢筋下部生成的水分和空隙，宜须进行二次振捣以提高混凝土与钢筋的握裹力，防止因混凝土沉落而出现裂缝，增加混凝土密实度，使混凝土的抗压强度提高，从而提高混凝土的抗裂性，一般间隔 20～30min 进行二次复振，或者是在混凝土经振捣后尚能恢复塑性状态的时间。

4. 应采取防止大体积混凝土裂缝的温控技术措施。一是应选用中低热的水泥品种，并尽量降低水泥用量，大体积混凝土结构施工宜选用 325♯、425♯ 矿渣硅酸盐水泥，可使水化热量减少超过 20％。二是宜在混凝土内掺入一定比重的粉煤灰，以改善混凝土黏塑性，因为粉煤灰具有一定活性，可替代部分水泥，另外粉煤灰颗粒呈球形，能发挥"滚珠效应"起到润滑作用。在混凝土中掺入一定比重的木质素磺酸钙，以改善混凝土的和易性，并降低拌和水，节约水泥水量，降低水化热。应尽量使用已证明有效的减低收缩剂。三是应充分利用混凝土的后期强度。为控制混凝土温升，降低温度应力，最大程度避免温度裂缝，结合实际，可采用 f45、f60 或 f90 替代 f28 作为混凝土设计强度，单位统计混凝土水泥使用量可大幅减少，混凝土的水化热温升也随之大幅降低。四是应严控粗细骨料选择。自然连续级配的粗骨料配制混凝土和易性好，经济用量能达到较好抗压强度，应作为首选。粗骨料中针、片状颗粒按重量计应以不超过 15％ 为宜，细骨料采用中、粗砂较好，可降低混凝土温升并减少收缩。同时，应严格控制砂、石的含泥量。

5. 大体积混凝土浇筑完成后应及时参照填写《市政基础设施工程资料管理规程》DB 11/T808－2011 中的《混凝土浇筑记录》（表 C5-2-19）存档备查，大体积混凝土施工检查记录表也可参照附件《大体积混凝土施工检查记录》。

附件：大体积混凝土施工检查记录

工程名称			施工单位	
混凝土 供应厂家			混凝土 浇筑部位	
浇筑起时			浇筑止时	
设计强度等级			设计坍落度	
预拌混凝土	供料强度等级			
	运输单编号			
设计浇筑数量			实际浇筑数量	
实测坍落度			出盘温度	
天气气温			入模温度	
试件留置 种类、数量、编号	标养试件			
	同条件试件			
拆模后 外观质量			拆模日期	
混凝土浇筑 过程中出现 的问题及 处理情况				
签字栏				
监理人员	项目技术负责人	质量员	施工员	填表人

百问 40：如何做好市政工程预应力波纹管施工及质量控制

目前，市政工程预应力结构工程施工越来越多，而现场预应力施工管理却十分混乱，尤为预应力波纹管的施工，经常出现管道与设计要求不符、安装位置不符合要求、管道漏浆等诸多问题，结合以往施工和监督实践，就如何做好市政工程预应力波纹管施工及质量控制，浅述如下：

一、预应力波纹管的概念

预应力波纹管又称波纹管，是设置和张拉预应力筋的外层保护孔道，其压浆密实性好坏对结构的耐久性能具有重要影响。预应力波纹管一般有：胶管、高密度聚乙烯管、钢管和镀锌金属螺旋管等。

二、预应力波纹管的主要性能及技术要求

1. 预应力波纹管应有足够的刚度，在混凝土重量作用下不弯曲，保持原有形状，能传递粘结力。胶管的承受压力不得小于 5kN，极限抗拉力不得小于 7.5kN，且应具有较好的弹性恢复性能。钢管和高密度聚乙烯管的内壁应光滑，壁厚不得小于 2mm。金属螺旋管宜采用镀锌材料制作，制作金属螺旋管的钢带厚度不应小于 0.3mm。

2. 预埋在混凝土中的预应力波纹管在使用过程中，不允许有漏浆、外观应清洁，表面无油污、裂纹且无引起锈蚀的附着物，无空洞和不规则的折皱，咬口无开裂、无脱扣。

3. 一般情况下，预应力波纹管的内横截面积至少应是预应力筋截面积的 2.0～2.5 倍。

三、预应力波纹管的进场检验要求

1. 核查预应力波纹管合格证或质量证明文件、出厂检验报告。预应力波纹管进场时，应先检查其合格证或质量证明文件、出厂检验报告是否有效并符合设计要求，再依据合格证或质量证明文件核实预应力波纹管的类别、型号、规格及数量。

2. 进行预应力波纹管外观检查。应逐根进行外观检查，内外表面应清洁，不得有砂眼、杂质，咬口必须牢固，不得有松散现象，管道结构尺寸符合要求。

3. 进行预应力波纹管性能试验。塑料波纹管一般应进行强度试验和严密性试验。金属螺旋管一般应进行集中荷载下的径向刚度、荷载作用后的抗渗漏及抗弯曲渗漏试验。

四、预应力波纹管管道基本要求

1. 预应力波纹管直径应保证预应力筋能顺利通过。

2. 预应力波纹管应按设计要求的位置、尺寸埋设准确、牢固,浇筑混凝土时不应出现移位和变形。

3. 预应力波纹管应在设计规定的位置上留设灌浆孔。

4. 预应力波纹管在曲线孔道的曲线波峰部位应设置排气兼泌水管,必要时可在最低点设置排水管。

5. 预应力波纹管的灌浆孔及泌水管孔径应能保证浆液畅通。

五、预应力波纹管安装基本要求

预应力波纹管安装是预应力施工的关键环节,是预应力体系的重要基础,其安装质量直接影响施工进度及工程质量,影响结构使用寿命。必须严格施工过程控制,确保预应力波纹管安装牢固、接头密合、弯曲圆顺、位置准确,锚垫板平面与孔道轴线垂直。

1. 进场波纹管应码放整齐,放在阴凉干燥处保存,防止老化造成波纹管的环刚度降低及变形,同时,波纹管应在工地根据实际长度截取,以减少施工工序和管材损伤机会,把好材料第一关。

2. 使用前应逐根检查波纹管是否存在破损,发现损伤且无法修复波纹管的一律废弃不用。

3. 波纹管与锚垫板的喇叭口管道连接时,必须确保其密封性,管道轴线与锚板端面垂直。

4. 波纹管的铺设一定要严格按设计给定孔道坐标位置固定。固定管道的钢筋支架,对于波纹管不宜大于 0.8m,对于塑料波纹管不宜大于 0.5m,曲线段宜适当加密,钢筋与波纹管的间隙不应大于 3mm,每个定位点的坐标安装偏差不得大于 10mm。严格按设计要求设置防崩钢筋及锚板下钢筋网片。当预应力波纹管与普通钢筋发生位置干扰时可适当调整普通钢筋位置以保证预应力波纹管位置的准确。

5. 预留孔道的定位应牢固,浇筑混凝土时不应出现移位和变形,成孔用管道应密封良好,接头严密、不漏浆,孔道就位后,应做通水试验检查,发现漏水及时修补。

6. 所有预应力波纹管必须设置橡胶内衬管后才能进行混凝土浇筑,橡胶内衬管的直径比波纹管内径小 10mm,放入波纹管后应长出 100cm 左右,在预应力混凝土浇筑过程中派专人不停左右扭转、前后拉出、推入橡胶内衬管,确保预应力波纹管畅通。

7. 为不使预应力波纹管损坏,焊接应放在预应力波纹管埋置前进行,管道安置后尽量不焊接，若必须焊接则应对预应力波纹管采取严格的保护措施，确保预应力波纹管不受损伤。在波纹管附近电气焊作业时要在其上覆盖湿麻袋或薄铁皮等以免波纹管被损伤。

8. 施工中要注意避免尖锐物与波纹管的接触，保护好波纹管。施工时注意尽量避免振捣棒触及波纹管，要确保关键部位的混凝土深处的腹板波纹管、锯齿板处波纹管质量。

9. 螺旋筋安放位置及锚垫板与端模安放位置应准确。待接长的波纹管、锚板喇叭内口及压浆孔中要用棉纱或碎海绵块填充塞紧以防进浆及杂物。波纹管应插入锚垫板的小口内缝隙用塑料胶带裹缠严密。

六、预应力波纹管施工及质量控制中应注意的几个问题

1. 应按设计图纸所示位置布设波纹管，并用定位钢筋固定，定位钢筋间距不应大于 1m，在起弯点处适当增加。安放后的波纹管必须平顺、无折角。

2. 穿入波纹管，应将定位钢筋网片固定在腹板钢筋上，以防浇筑混凝土时波纹管上浮。波纹管的定位筋与梁肋钢筋点焊牢固，以保证定位钢筋准确。波纹管所有接头长度应以 5～7d 为准，采用大一号的波纹管套接，且对称旋紧，并用胶带纸缠好接头处以防止混凝土浆掺入。

3. 当波纹管位置与非预应力钢筋发生矛盾时应采取以波纹管为主的原则，适当移动钢筋保证波纹管位置的正确。

4. 波纹管端部的预埋锚垫板应垂直于孔道中心线，并在混凝土浇筑期间不得产生位移。波纹管安装好后，应将其端部盖好防止水或其他杂物进入。

5. 波纹管安装就位过程中，尽量避免反复弯曲，以防管壁开裂。同时，在焊定位钢筋时对波纹管采取防护措施，防止电焊火花烧伤管壁。波纹管安装就位后，在波纹管内另加入比其内径小 5mm 的硬质塑料衬管，以保证波纹管的畅通。

6. 浇筑混凝土之前对波纹管仔细检查，主要检查波纹管上是否有孔洞，接头是否连接牢固、密封，波纹管位置是否有偏差，严格检查无误后，采用空压机通风的方法清除波纹管内杂物，保证波纹管畅通。

7. 预应力波纹管施工检查记录表可参照附件《预应力波纹管施工记录》。

附件：预应力波纹管施工记录

工程名称			日　期	
波纹管 供应厂家			施工部位	
波纹管 管材	外观检查情况			
	进场试验报告编号			
波纹管安装	是否平顺、无折角			
	定位筋与梁肋钢筋焊接是否牢固			
	接头长度是否符合要求			
	接头是否渗漏			
	接头连接是否牢固密封			
	管道是否畅通			
	外观是否有孔洞			
	管内是否有杂物			
	是否按要求设置泌水孔			
	是否按要求设置泄水孔			
	螺旋筋安放位置是否准确			
	锚垫板与端模安放位置 是否准确			
波纹管安装过程 中出现的问题及 处理情况				
签字栏				
监理人员	项目技术负责人	质量员	施工员	填表人

百问 41：如何做好市政工程预应力张拉施工及质量控制

目前，随着城市桥梁工程的快速发展，预应力张拉也越来越广泛，但预应力张拉专业施工队伍却日渐萎缩，给市政工程预应力张拉带来越来越大的困难，同时，张拉施工质量也存在锚固值不统一、钢绞线强度不够、张拉不到位、记录不规范、施工错位、监理缺位等问题，结合以往施工和监督实践，就如何做好市政工程预应力张拉施工及质量控制，浅述如下：

一、预应力张拉的概念及分类

预应力张拉的概念。预应力张拉是指通过千斤顶拉紧预应力筋，预先给桥梁或构件施加应力，使桥梁或构件产生向上的拱度，以提高桥梁或构件的承载能力的施工过程。

预应力张拉的分类。预应力张拉分为先张法和后张法两种。先张法：先张拉，后浇筑。先将钢筋施加拉力并将其固定在台座上后浇筑混凝土，待混凝土强度达到一定强度时，放松预应力筋，从而使混凝土产生预压应力。后张法：先浇筑，后张拉。先浇筑混凝土，预留钢筋孔道，待混凝土强度达到设计要求后，穿入预应力筋并张拉，通过锚具传递给构件预压应力。

二、预应力张拉施工前应注意的几个问题

1. 张拉前，施工总包单位应选择有一定施工经验和相关业绩的施工单位进行预应力张拉专业施工 [注：住房和城乡建设部发布的 2015 年 1 月 1 日起施行的《建筑业企业资质标准》（建市 [2014] 159 号），取消了预应力工程等 8 类专业承包资质]，张拉设备应配套标定、配套使用并计量有效，张拉人员应持证上岗并专人专岗。预制构件厂家其预应力张拉设备、人员也应符合相关要求。

2. 张拉前，专业承包单位应编制切实可行的有针对性的预应力张拉专项施工方案，加盖项目负责人建造师印章并经单位技术负责人审查后报总承包单位审核，并报总监理工程师审批，审批合格后方可张拉作业。预制构件厂家也应编制预应力张拉专项施工方案并经程序审批合格后方可张拉作业。

3. 张拉前，总承包单位或专业承包单位应对预应力筋、锚夹具进行有见证取样和送检，符合要求后方可张拉作业。预制构件厂家也应对预应力筋、锚夹具进行有见证取样和送检。

4. 预应力筋应有出厂质量合格证明，表面不得有裂纹、润滑剂油渍及锈蚀、麻坑，预应力筋不得有折断、横裂和相互交叉，钢丝花距应一致。锚夹具应与预应力筋的品种、规格和张拉设备相匹配，并有足够的强度储备，确保使用安全，表面应无污物、锈蚀、机械损伤和裂纹。

5. 预应力筋应用砂轮锯或切断机切断，不得采用电弧切割。

6. 波纹管应有出厂合格证，且应逐根进行外观检验，内外表面应清洁，不得有砂眼、杂质，咬口必须牢固，不得有松散现象。塑料波纹管应进行强度和严密性试验，金属螺旋管一般应进行集中荷载下的径向刚度、荷载作用后的抗渗漏及抗弯曲渗漏试验。

7. 波纹管的铺设一定要严格按设计给定孔道坐标位置固定。固定管道的钢筋支架，对于波纹管不宜大于0.8m，对于塑料波纹管不宜大于0.5m，曲线段宜适当加密。支架应与梁体钢筋焊牢，管道与定位钢筋应绑扎结实，间距不宜大于0.5m，预留孔道的定位应牢固，浇筑混凝土时不应出现移位和变形，成孔用管道应密封良好，接头严密、不漏浆，孔道就位后，应做通水试验检查，发现漏水及时修补。

8. 张拉前，应根据设计要求对孔道的摩阻损失进行实测，以确定张拉控制应力，并确定预应力筋的理论伸长值。

9. 锚具安装时，应确保锚具牢固，同时应保证锚固面与预应力筋垂直，且在锚具和套管的接缝部分不产生折线。

三、预应力张拉施工时应注意的几个问题

1. 预应力张拉由专业承包单位项目技术负责人全面主持，施工总包单位技术人员全过程参与，监理单位专业监理人员全过程旁站。

2. 预应力张拉时其张拉顺序、张拉工艺、张拉最大应力控制值应严格按照张拉专项施工方案切实落实。

3. 预应力张拉应张拉强度和龄期双控、应力与延伸量双控。

4. 张拉过程中应避免预应力筋断裂或滑脱，当发生断裂或滑脱时，对先张法构件，在浇筑混凝土前必须予以更换，对后张法构件，其数量严禁超过同一截面预应力筋总数的3%，且每束钢丝不得超过1根。

5. 后张法一般不少于14天方可张拉，先张法5天后方可放张。

6. 单束张拉完成后应立即对实际伸长量进行校核，应与理论伸长值的偏差在±6%范围内，确认合格后持荷2min锚固。如超出±6%范围应停止张拉，查找原因整改后方可继续进行。单束张拉完成后，应检查是否有断丝或滑丝现象，确认合格后方可进行下一束张拉。

7. 预应力张拉后应尽早进行孔道压浆，压浆前应使用高压水冲洗管道，并用高压风将孔道内吹干。压浆应以真空压浆为宜，压浆后孔道内水泥浆应饱满、密实。

8. 锚具的封闭应采取防止锚具腐蚀和遭受机械损坏的有效措施，锚具的保护厚度不应小于 50mm，外露预应力筋的保护厚度不应小于 20mm。

9. 预应力筋锚固后的外露部分宜在灌浆后采用机械方法切割，严禁使用电弧焊切割，其外露长度不宜小于钢绞线直径的 1.5 倍，且不宜小于 30mm。

10. 压浆应连续进行，不能中断，一般应在 30min 内完成，压浆质量的检查，必要时可采用无损检测或凿孔检查。

11. 预应力张拉应以目前人工张拉逐步过渡到机械张拉人工辅助为宜。

四、预应力张拉质量控制要点

1. 预应力筋、锚夹具、波纹管应进行进场检验和复试，并符合相关标准规范和设计要求。

2. 在浇筑混凝土之前，应进行预应力隐蔽工程检查，其内容主要为：预应力筋和锚具、连接器的品种、规格、数量、位置等；预留孔道的规格、数量、位置、形状及灌浆、排气管、排水管等；锚固区局部加强构造是否符合设计要求。

3. 预应力筋张拉时，混凝土强度必须符合设计规定，设计无规定时，不得低于设计强度的 80%。

4. 预应力筋张拉应力值、伸长率及断丝数等允许偏差应符合标准规范要求，其张拉控制应力必须符合设计规定。

5. 锚固阶段张拉端预应力筋内缩量应符合标准规范和设计要求。

6. 孔道压浆用水泥应采用普通硅酸盐水泥，严禁使用含氯化物的水泥，水泥浆其水灰比不应大于 0.45，其抗压强度不应小于 30MPa。

7. 孔道压浆的水泥浆强度必须符合设计要求，压浆时排气孔、排水孔应有水泥浓浆溢出。

8. 孔道内的水泥浆强度达到设计规定后方可吊移预制构件，设计未规定时，不应低于砂浆设计强度的 75%，且不得低于 20MPa。

9. 封锚混凝土强度等级应不低于结构混凝土的 80%，且不得低于 30MPa。

五、预应力张拉施工资料管理

预应力张拉施工资料分为：施工技术资料；工程物资资料；施工记录；施工试验记录及检测报告；施工质量验收资料。施工技术资料：预应力张拉专项施工方案；技术交底记录；预应力张拉设计数据和理论张拉伸长值计算资料；油泵、千斤顶、压力表等预应力张拉设备由法定计量检测单位进行校验的报告和张拉设备配套标定的报告等。工程物资资料：预应力锚具、连接器、夹片、波纹管或金属螺旋管材料的质量合格证、出厂检验试验报告及进场复试报告等。施工记录：预应力管道安装检查记录；预应力张拉原始记录；预应力孔道灌浆记录；隐蔽工程检查记录；数字图文记录等。施工试验记录及检测报告：锚具组装件的静载锚固性能试验报告；塑料波纹管强度试验报告和严密性试验报告；金属螺旋管抗渗漏试验报告；金属螺旋管抗弯曲渗漏试验报告；预留孔道实际摩阻值的测定报告书；孔位示意图（孔束号、构件编号与张拉原始记录应一致）等。施工质量验收资料：检验批质量验收记录；分项工程质量验收记录；子分部工程质量验收记录等。预应力管道安装检查记录可参见"百问40：如何做好市政工程预应力波纹管施工及质量控制"文中附件《预应力波纹管施工记录》；预应力张拉原始记录宜采用《市政基础设施工程资料管理规程》DB11/T 808-2011中《预应力张拉数据记录》（表C5-2-21）、《预应力张拉记录（一）》（表C5-2-22）、《预应力张拉记录（二）》（表C5-2-23）；预应力孔道灌浆记录宜采用《预应力张拉孔道压浆记录》（表C5-2-24）。预应力张拉施工完成后，项目部应及时进行自查并填写《预应力施工质量检查记录》，预应力施工质量检查记录表式可参照附件《预应力施工质量检查记录》。

按照《城市桥梁工程施工与质量验收规范》CJJ 2-2008表23.0.1中城市桥梁工程分部（子分部）工程与相应的分项工程及检验批对照表、《城市桥梁工程施工质量检验标准》DB 11/1072-2014表2.2.6中城市桥梁工程分部（子分部）工程与相应的分项工程、检验批对照表和《桥梁工程施工质量检验标准》DBJ 01-12-2004表A.0.6中城市桥梁工程分部（子分部）工程、分项工程及检验批的划分，对预应力张拉分部、分项工程及检验批的划分都未提及，只提及分项工程预应力钢筋和预应力混凝土。

参照上述标准规范的划分，结合现场实际及施工资料管理，建议宜将预应力张拉划分为子分部工程，子分部工程名称为：预应力，其分项工程为：预应力管道安装、预应力张拉、预应力放张、预应力孔道灌浆、封锚，检验批可划分为：每≤10～20孔为一检验批。

附件：预应力施工质量检查记录

工程名称				检查日期	
分部工程				分项工程	
检查项目		质量检查要求			
1	张拉或放张时的混凝土强度	混凝土强度应符合设计要求。当设计无具体要求时不应低于设计的混凝土立方体抗压强度标准值的75%			
2	张拉力张拉或放张顺序及张拉工艺	1. 应能保证同一束中各根预应力筋的应力均匀一致； 2. 后张法施工中当预应力筋是逐根或逐束张拉时应保证各阶段不出现对结构不利的应力状态； 3. 先张法预应力筋放张时宜缓慢放松锚固装置使各根预应力筋同时缓慢放松； 4. 实际伸长值与理论伸长值允许偏差为±6%			
3	实际预应力值控制	预应力筋张拉锚固后实际建立的预应力值与工程设计规定检验值的相对允许偏差为±5%			
4	预应力筋断裂或滑落	1. 对后张法预应力结构构件断裂或滑脱的数量严禁超过同一截面预应力筋总根数的3%且每束钢丝不得超过一根； 2. 对先张法预应力构件在浇筑混凝土前发生断裂或滑脱的预应力筋必须予以更换			
5	孔道灌浆一般要求	后张法有粘结预应力筋张拉后应尽早进行孔道灌浆孔道内水泥浆应饱满、密实			
6	锚具的封闭保护	1. 应采取防止锚具腐蚀和遭受机械损伤的有效措施； 2. 凸出式锚固端锚具的保护层厚度不应小于50mm； 3. 外露预应力筋的保护层厚度处于正常环境时不应小于20mm处于易受腐蚀的环境时不应小于50mm			
7	锚固阶段张拉端预应力筋内缩量	内缩量应符合设计要求			
8	先张法预应力筋张拉后位置	先张法预应力筋张拉后与设计位置的偏差不得大于5mm且不得大于构件截面短边边长的4%			
9	外露预应力筋的切断方法和外露长度	后张法预应力筋锚固后的外露部分宜采用机械切割，其外露长度不宜小于直径的1.5倍且不宜小于30mm			
10	灌浆用水泥浆的水灰比和泌水率	水灰比不应大于0.42，搅拌后3h泌水率不宜大于2%，且不应大于3%，泌水应在24h内全部重新吸收			
11	灌浆用水泥浆的抗压强度	抗压强度不应小于30N/mm²			
自检情况				自检结论	
项目技术负责人		质量员	施工员	填表人	

百问 42：如何做好市政工程大型预制构件施工及质量控制

目前，市政工程随着城市的日新月异而快速发展，尤为城市桥梁工程的发展更加迅速，同时，大型钢筋混凝土预制构件（以下简称大型预制构件）随着其造价低、工期短、施工方便等优点在城市桥梁工程中的应用越来越广泛，但其施工及质量问题也日见突出，因此加强大型预制构件的施工及质量控制日趋必要。结合以往施工和监督实践，就如何做好市政工程大型预制构件施工及质量控制，浅述如下：

一、大型预制构件现状

目前，市政工程大型预制构件一般由总承包单位专业发包，北京市场一般固定就那么几家大型预制构件加工企业，相比较而言，这几家大型预制构件加工企业人员较为齐全，技术有一定保障，管理较为到位，构件加工质量相对较好，但同时也存在不容小视的其他问题，应切实予以高度重视。

二、大型预制构件现行有效标准规范

①《混凝土结构工程施工规范》GB 50666－2011；②《混凝土结构工程施工质量验收规范》GB 50204－2015；③《清水混凝土预制构件生产与质量验收标准》DB11/T 698－2009；④《城市桥梁工程施工与质量验收规范》CJJ 2－2008；⑤《北京市城市桥梁工程施工技术规程》DBJ 01－46－2001；⑥《桥梁工程施工质量检验标准》DBJ 01－12－2004；⑦《市政基础设施工程资料管理规程》DB11/T 808－2011。

三、大型预制构件施工及质量管理相关要求

1. 大型预制构件加工企业应具备一定加工经验和相关业绩，组织机构完善、管理到位、人员齐备、试验及加工能力满足相关要求。

2. 大型预制构件加工前，施工单位应组织技术人员在对箱梁等大型预制构件进行详细的图纸审查及图纸会审的基础上，对大型预制加工企业技术人员进行全面的技术交底并形成技术交底记录存档备查。

3. 大型预制构件加工企业应编制大型预制构件加工方案，经企业技术负责人，施工单位项目总工审核报监理单位专业监理工程师审批后在加工全过程中严格落实。

4. 施工、监理单位应切实加强对大型预制构件加工企业的质量管理，对钢筋、混凝土、钢绞线等重要原材料应进行抽检，并委托第三方有资质的相应试验室进行复试，应对加工过程中的模板支护、钢筋隐检、混凝土浇筑、预应力施工

和混凝土养护等进行抽查并填写相应记录存档备查。

5. 预应力张拉施工应由专业技术负责人主持，张拉作业人员应经专业培训考核合格后持证上岗；张拉设备的校准期限不得超过半年，且不得超过 200 次张拉作业；张拉设备应配套校准、配套使用；预应力筋的张拉控制应力必须符合设计要求。

6. 大型预制构件加工企业应具备静载试验条件，大型预制构件出厂时，应按照相关标准规范及设计、合同要求进行相应静载试验。

7. 大型预制构件出厂时，应重点检查混凝土强度是否合格；标识是否明显清晰；外观质量、尺寸偏差是否满足要求；结构性能检验是否符合《混凝土结构工程施工质量验收规范》GB 50204 - 2015 的有关规定，同时应附有《预制钢筋混凝土构件出厂合格证》（表式 C3-3-3），并加盖单位公章，也可参照附件 1《大型预制钢筋混凝土构件出厂合格证》，并加盖单位公章。

四、大型预制构件资料分级管理

1. 施工单位应填写、整理以下资料：

预制构件出厂合格证；技术交底记录；构件加工过程抽查记录；构件原材料抽检试验报告；预应力钢绞线、锚夹具见证试验报告；静载试验报告。

2. 大型预制构件加工企业应填写、整理以下资料，留存并备查：

1）钢筋：钢筋原材合格证、钢筋复试报告、钢筋连接接头试验报告。

2）混凝土：混凝土配合比及试配记录、水泥出厂合格证及复试报告、砂子试验报告、碎石试验报告、外加剂试验报告、掺合料试验报告、氯离子、碱含量试验报告、混凝土开盘鉴定、混凝土抗压、抗折、抗渗、抗冻等试验报告（含标养及同条件养护）、混凝土试块强度统计评定记录、混凝土坍落度测试记录。

3）预应力施工：预应力锚具、连接器、夹片、波纹管材料的出厂检验试验报告及进场复试报告；锚具组装件的静载锚固性能试验报告；预应力张拉设计数据和理论张拉伸长值计算资料；预应力张拉原始记录；油泵、千斤顶、压力表等预应力张拉设备应有由法定计量检测单位进行校验的报告和张拉设备配套标定的报告；预应力孔道灌浆记录；预留孔道实际摩阻值的测定报告书；孔位示意图，其孔（束）号、构件编号与张拉原始记录一致。

4）加工过程生产及质量验收记录（参见《清水混凝土预制构件生产与质量验收标准》DB11/T 698 - 2009）：钢筋工程隐蔽检查记录；混凝土浇筑记录；混凝土测温养护记录；模板安装质量验收记录；钢筋质量验收记录；混凝土质量验收记录；预制构件成品质量验收记录。钢筋工程隐蔽检查记录表式可参照附件 2《大型预制构件钢筋工程隐蔽检查记录》。混凝土浇筑记录表式可参照附件 3《大型预制构件混凝土浇筑记录》。

五、大型预制构件施工应注意的几个问题

1. 住房和城乡建设部发布的 2015 年 1 月 1 日起施行的《建筑业企业资质标准》(建市〔2014〕159 号),取消了预制构件加工、预应力张拉企业等 8 类专业承包资质。即从 2015 年 1 月 1 日起,预制构件加工、预应力张拉企业不再实行企业资质管理。

2. 关于大型预制构件加工过程中预应力张拉的概念及分类、张拉施工前应注意的几个问题、张拉施工时应注意的几个问题、张拉质量控制要点、张拉施工资料管理可参见"百问 41:《如何做好市政工程预应力张拉施工及质量控制》"。

3. 大型预制构件加工企业或施工单位应按照《北京市建设工程见证取样和送检管理规定》要求,对预应力钢绞线、锚夹具的外观、硬度和静载锚固性能试验应委托有资质的见证试验室进行 100% 见证检测。

4. 大型预制构件加工企业或施工单位应按照《危险性较大的分部分项工程安全管理办法》要求,就预应力工程编制安全专项施工方案,并按要求组织专家论证。

5. 按照《北京市施工现场材料工作导则(试行)》(京建发〔2013〕536 号)"涉及结构安全及重要的功能性材料、施工现场通过进场复验、见证取样送检等技术措施仍不能完全掌控质量的特殊材料,包括钢结构构件和预拌混凝土等,施工、监理单位宜延伸到生产领域进行过程监督"的要求,加之企业资质管理刚刚取消,建议将大型预制构件加工企业参照预拌混凝土企业管理纳入施工、监理单位延伸到生产领域进行过程监督。

附件1：大型预制钢筋混凝土构件出厂合格证

工程名称			
使用部位		合格证编号	
供货单位		构件名称	
规格型号		供应数量	
标准图号或设计图纸号		混凝土设计强度等级	
混凝土浇筑起止日期	至	构件出厂日期	

性能检验评定结果	混凝土抗压强度		主筋	
	达到设计强度％	试验编号	力学性能	工艺性能
	外观		钢筋连接套筒	
	质量状况	规格尺寸	试验编号	试验结论
	结构性能		结论	
	试验编号	试验结论		

备注	

签字栏			
供货单位技术负责人	供货单位质量员	填表人	供货单位名称（盖章）
			年 月 日

附件2：大型预制构件钢筋工程隐蔽检查记录

工程名称		工程部位	
生产单位		构件编号	
生产执行标准 名称及编号			
隐检依据	施工图图号：_____，设计变更（洽商）编号：_____及有关国家及地方现行标准规范等。		
主要材料名称 及规格/型号			
隐检内容	1. 纵向受力钢筋的品种、规格、数量、位置和保护层厚度等； 2. 钢筋的连接方式、接头位置、接头数量和接头面积百分率等； 3. 箍筋、横向钢筋的品种、规格、数量和间距等； 4. 预埋件、预留孔的规格、数量和位置等		
检查意见	检查结论：1. 同意隐蔽。〔 〕 2. 不同意，修改后复查。〔 〕		
复查意见 及结论	复查人： 年 月 日		
生产单位 检查结论		专业工长 （施工员）	年 月 日
		生产班组长	年 月 日
		项目专业 质量员	年 月 日
监理单位 检查结论		专业监理 工程师	年 月 日

附件3：大型预制构件混凝土浇筑记录

工程名称					
生产单位					
构件编号			混凝土设计 强度等级		
混凝土浇筑 起止时间		至			
天气气温			混凝土浇筑 完成数量		
预拌 混凝土	运输单编号		供料强度等级		
	生产厂家				
实测坍落度 （mm）		出盘温度 （℃）		入模温度 （℃）	
试件留置种类、 数量、编号和 养护情况					
混凝土浇筑前 的隐蔽工程检 查情况					
混凝土浇筑 的连续性					
备注					

签字栏			
生产负责人	生产班组长	质量员	填表人
年 月 日	年 月 日	年 月 日	年 月 日

百问 43：如何做好市政工程箱涵顶进施工及质量控制

目前，市政工程随着城市的外延式扩张，箱涵顶进工程也越来越多，且主要应用于铁路穿越。因行业垄断，一般穿越铁路的箱涵顶进工程大多数由与铁路相关的施工企业组织实施，由于设计及施工标准差别、施工企业性质差别等深层次原因很容易造成工程质量缺陷，结合以往施工和监督实践，就如何做好市政工程箱涵顶进施工及质量控制，浅述如下：

一、箱涵顶进的概念

箱涵顶进是指在箱涵位置的一侧大致相同的高程上，用若干组千斤顶组成的顶进设施把预制成箱涵的达到一定强度后的结构物用边挖土边顶进的办法整体逐渐位移到位的施工过程。箱涵上的铁路交通在顶进过程中不中断，正常运营。

二、箱涵顶进施工前相关要求

1. 工程施工图纸应经过施工图强制性审查，并办理相关手续出具施工图强制性审查报告，施工图纸上应加盖有资质单位图纸强制性审查印章。

2. 施工前，参建各方应就工程施工中采用的相应标准规范协商一致，形成《项目标准规范目录清单》，也可形成相应文件或会议纪要，并在工程项目施工全过程认真落实。

3. 基坑开挖前，建设单位应按照《建筑基坑支护技术规程》DB 11/489－2007、《关于对地方标准〈建筑基坑支护技术规程〉DB 11/489－2007 中建筑深基坑支护工程监测项目和监测频率有关问题解释的通知》（京建发〔2013〕435号）和《关于规范北京市房屋建筑深基坑支护工程设计、监测工作的通知》（京建法〔2014〕3 号）文件要求选择具备工程勘察综合资质或同时具备岩土工程物探测试检测监测和工程测量两方面资质的单位，对基坑工程开展第三方监测工作，重点是监测铁路路基变形状况。第三方监测项目和监测频率应符合相关要求。

4. 箱涵预制应严格执行《混凝土结构工程施工规范》GB 50666－2011 及《混凝土结构工程施工质量验收规范》GB 50204－2015。顶进前，应组织建设、监理及设计单位进行预制钢筋混凝土箱涵结构专项验收并填写专项验收记录存档备查，箱涵结构专项验收合格后方可顶进。

5. 箱涵预制前应按要求编制大体积混凝土浇筑专项施工方案，经程序审批后在预制过程中严格执行，必要时，应按要求组织专家论证，以确保结构混凝土箱涵质量。

6. 箱涵防水施工应严格按施工图纸施工并符合设计要求，同时应符合《地下防水工程质量验收规范》GB 50208-2011中防水相关要求。

三、箱涵顶进施工相关要求

1. 应保护好箱涵下的滑板，防止滑板过早破裂及与箱涵底板粘连。

2. 顶进箱涵用的后背应牢靠，具有足够的强度、刚度和稳定性，顶进设备、油路布置可靠合理，运转正常。

3. 顶进方向控制应有效而完善，纠正箱涵顶进中的偏、斜、高、低的措施、办法应齐全有效。

4. 顶进时，应对观测点变化进行仔细观测，发现异状，立即停止顶进，待问题处置完后再行作业，顶进过程中应派专人对路基边坡进行监护，发生异常情况时，通知所有作业人员撤离危险区，并向开来的列车发出紧急停车信号。

5. 顶进中应做到随挖随顶。挖好的作业面不应长时间暴露，严禁超前挖土，顶进施工应连续24h进行，以减少对铁路线路的安全影响。

6. 顶进过程中，每当油泵油压升高5~10MPa时，应停泵观察，若有异状，应及时处理。

7. 顶进过程中，应进行跟踪测量，每顶进一次测量一次，方向测量随时进行，根据方向调整好顶镐顶力，随时纠偏，纠偏方法应以调节两侧顶力为主。

8. 顶进过程中，为防止顶杆过长失稳，应将顶铁用高强螺栓连接，顶铁每隔4m应设一道横向联结系，以提高顶铁横向稳定性。

9. 箱涵顶进到位后，箱涵两侧的三角区应及时回填。

四、箱涵顶进质量控制要点

1. 钢筋、混凝土、防水材料应有出厂合格质量证明，并应按要求进行有见证取样和送检的同时做好进场检验和复试，符合相关标准规范和设计要求后方可进行箱涵预制施工。

2. 滑板轴线位置、结构尺寸、顶面坡度、锚梁、方向墩等应符合设计要求，滑板应采用C30以上混凝土浇筑，沿顶进方向顶面应做2‰的斜坡，平整度允许偏差为±2mm。

3. 箱涵预制允许偏差应符合标准规范和设计要求，混凝土结构表面应无孔洞、露筋、蜂窝、麻面和缺棱掉角等缺憾。

4. 箱涵顶进后其轴线偏位、高程、相邻两端高差的允许偏差应符合标准规范和设计要求。

5. 分节顶进的箱涵就位后，接缝处应直顺，无渗漏。

6. 箱涵两侧的三角区回填密实度应符合设计要求。

7. 箱涵防水施工质量应符合相关标准规范及设计要求。

五、箱涵顶进技术资料管理

《城市桥梁工程施工与质量验收规范》CJJ 2 - 2008、《城市桥梁工程施工质量检验标准》DB 11/T 1072 - 2014 桥梁工程分部（子分部）工程、分项工程及检验批的划分中明确：顶进箱涵为分部工程，分项工程划分为工作坑、滑板、箱涵预制（模板与支架、钢筋、混凝土）、箱涵顶进，检验批划分为每坑、每制作节、顶进节。

在实际操作过程中，应结合以上两个标准，将箱涵顶进工程设为单位工程，分部工程划分为：土方、箱涵预制、防水、顶进箱涵，分项工程划分为：箱涵土方开挖、箱涵两侧土方回填、工作坑、滑板、后背、箱涵预制（模板与支架、钢筋、混凝土）、防水、箱涵顶进，检验批划分为每坑、每制作节、顶进节。

若将箱涵顶进工程作为一个项目单位工程，则其施工技术资料分为：施工管理资料；施工技术资料；工程物资资料；施工测量资料；施工记录；施工试验记录及检测报告；施工质量验收资料；工程竣工验收资料。施工管理资料：施工日志；施工现场质量管理检查记录。施工技术资料：施工组织设计及审批表；安全专项施工方案及专家论证记录；图纸审查记录；图纸会审记录；技术交底记录；工程洽商记录及一览表。工程物资资料：钢筋产品合格证；预拌混凝土出厂合格证；防水材料出厂合格证；防水材料进场抽检记录。施工测量资料：工程定位测量记录；测量复核记录；沉降观测记录。施工记录：箱涵顶进施工记录；注浆检查记录；防水施工记录；地基验槽检查记录；地基钎探记录；钢筋隐蔽工程检查记录；模板预检记录；混凝土浇筑记录；混凝土养护测温记录；数字图文记录。施工试验记录及检测报告：雷达检测报告；最大干密度与最佳含水量试验报告；压实度试验记录；钢材试验报告；钢筋连接试验报告；混凝土抗压强度试验报告；防水材料试验报告；混凝土试块强度统计、评定记录。施工质量验收资料：检验批质量验收记录；分项工程质量验收记录；分部工程质量验收记录；单位工程质量评定记录。工程竣工验收资料：单位工程质量竣工验收记录；工程竣工报告；单位工程质量控制资料核查记录；单位工程安全和功能检查资料及主要功能抽查记录；单位工程观感质量检查记录。

六、预制钢筋混凝土箱涵结构专项验收记录表式可参照附件《预制钢筋混凝土箱涵结构专项验收记录》

附件：预制钢筋混凝土箱涵结构专项验收记录

工程名称				
箱涵名称或编号			混凝土浇筑 起止日期	至
标准图号或 设计图纸号			混凝土设计 强度等级	
性能 检验 评定 结果		混凝土抗压强度		主筋质量	

性能检验评定结果	混凝土抗压强度		主筋质量	
	达到设计强度（%）	试验编号	力学性能	工艺性能
	防水工程质量		结构性能	
	试验编号	试验结论	试验编号	试验结论
	外观质量			
	外部尺寸		曲面与平面连接	
	轮廓线顺直度		混凝土表面	
	表面平整度		表面钢筋割除及处理	
	立面垂直度		变形缝	

相关 资料 情况	
结论	
备注	

建设单位项目 技术负责人	监理单位项目 技术负责人	设计单位项目 技术负责人	施工单位项目 技术负责人	填表人
年 月 日	年 月 日	年 月 日	年 月 日	年 月 日

百问 44：如何做好市政工程桥梁湿接缝施工及质量控制

目前，因为现行有效的桥梁工程国标、行标和地标，均未对桥梁湿接缝的施工及验收作任何文字说明。在市政工程桥梁施工现场，施工单位对湿接缝施工及质量控制较为随意，湿接缝施工技术资料收集、整理较为混乱，监理单位也一知半解，疏于对湿接缝质量控制管理。而湿接缝施工质量会直接影响桥梁的受力状态及使用功能，甚至引起桥梁早期破坏。结合以往施工和监督实践，就如何做好市政工程桥梁湿接缝施工及质量控制，浅述如下：

一、湿接缝概念

湿接缝是指预制 T 梁或箱梁安装完成后，梁与梁之间纵向相接的，需在桥面铺装前进行钢筋连接、混凝土浇筑以联结成整体的接缝部分。

二、湿接缝的施工工艺及质量控制要点

1. 预制箱梁安装完成后湿接缝钢筋焊接前，应首先对梁板下的支座进行逐一检查，检查其位置是否正确，是否有悬空、偏压现象，同时还要检查梁板的顶面高程，如有问题必须及时调整和处理。

2. 湿接缝纵向连接钢筋必须按设计的规格、数量及位置准确安装，横向连接钢筋必须按设计要求对应连接，如有缺筋部位，必须采取措施补齐。钢筋连接时，必须焊接，焊接长度必须满足设计及规范要求。

3. 在预制箱梁时，对未在箱梁顶面预埋桥面铺装层钢筋网定位钢筋的箱梁，其湿接缝施工时，要求必须在湿接缝的中心线位置，采用点焊的方式，预埋桥面铺装层钢筋网定位钢筋。已按要求在箱梁预制时预埋了桥面铺装层钢筋网定位钢筋的湿接缝，湿接缝不再预埋该定位钢筋。

4. 对未预埋桥面铺装层钢筋网定位钢筋的箱梁，在桥面铺装层施工前，要求必须按两相邻湿接缝中心线之间的距离，等分三等分，在中间两条纵向等分线位置植入符合设计要求的定位钢筋。边梁同样在湿接缝中心线外侧按相同间距纵向植入相同的定位钢筋。

5. 在湿接缝模板安装前，必须对已凿毛的翼缘板外侧进行清理，清除松散的混凝土颗粒，并用水进行冲洗。同时，对钢筋上的焊渣及锈蚀、污染物彻底清除。

6. 湿接缝的模板必须采用钢模板，模板表面必须平整光洁，并具有足够的刚度，同时要求模板棱角顺直无破损，接缝严密、平整、无错台。模板安装时，必须采用钢筋拉杆吊模，严禁采用铁丝吊模。模板与箱梁翼缘板缝采用单面胶密封。要求模板安装必须牢固、稳定，使在浇筑混凝土时湿接缝模板无下沉，接头模板无胀模。

7. 湿接缝混凝土浇筑完成后，立即用土工布进行覆盖养生，在养生期 7d 内，要及时洒水，确保混凝土表面始终处于湿润状态。在养生期内，严禁任何车辆在新浇筑的湿接缝混凝土上行驶。

8. 湿接缝底模的脱模时间必须在混凝土强度达到设计强度的 70% 时，方可脱模。

三、湿接缝施工应注意的几个问题

1. 湿接缝施工前，应复测桥梁顶面高程及湿接缝宽度并适当调整，湿接缝宽度一般由设计提供，如果图中未注明时，应向设计单位提出。

2. 应认真检查翼缘板的凿毛情况及钢筋焊接质量，并留有照片或数字图文记录。

3. 湿接缝底模宜采用螺栓悬吊的方式固定，禁止使用铁丝。

4. 湿接缝一般采用与预制 T 梁或箱梁同一规格、型号的混凝土浇筑，一般采用微膨混凝土。

5. 浇筑时应保持模板内干净，旧混凝土表面应湿润，接缝处应充分振捣，并及时覆盖洒水养生。

四、湿接缝的几种常见病害

1. 湿接缝与预制梁混凝土结合性差。在湿接缝施工前，对梁端的清理不彻底，混凝土松散、污染物清理不净，没有充分润湿，都严重影响湿接缝与梁端混凝土之间的结合力，在车辆荷载的反复作用下，湿接缝与两端接头处就容易出现裂纹。这些裂纹反射到面层，引起早期渗水破坏桥梁结构。

2. 钢筋网变形、定位不准确。由于湿接缝结构断面小，预制梁端部预留钢筋错位、变形，钢筋定位难以准确，严重削弱了钢筋网承受荷载的能力，尤其湿接缝是在负弯矩区，因而更易出现拉伸裂缝。

3. 湿接缝混凝土强度不足。施工单位对湿接缝重视不够，混凝土坍落度控制不严，和易性差，致使混凝土强度不够。同时，由于湿接缝结构断面小，混凝土不易振捣，造成混凝土出现蜂窝、气孔过多等缺陷，造成其强度降低、耐久性不足。

4. 混凝土干缩影响。湿接缝施工完成后不能及时进行全覆盖，容易出现早期裂缝，施工质量将大受影响。如果施工单位不重视混凝土养生，养护措施不到位，会更加促使温度收缩和干缩裂缝的发育，造成桥面的过早损坏。

五、湿接缝施工技术资料

按《城市桥梁工程施工质量检验标准》DB 11/1072 - 2004 附录 A 中"分项

工程表中的各检验项,当设计文件中发生时,按规定验收,当设计文件中未发生,在施工中以技术措施形式出现时,由施工单位和相关部门协商处理;当以施工实体形式永久性存在时,应按规定检查验收。"按此要求,桥梁湿接缝以施工实体形式永久存在,故应对其施工全过程按规定检查进行验收。

湿接缝施工资料分为:施工技术资料;工程物资资料;施工测量资料;施工记录;施工试验记录及检测报告;施工质量验收资料。施工技术资料:技术交底记录。工程物资资料:钢筋产品质量合格证;预拌混凝土出厂合格证。施工测量资料:测量复核记录。施工记录:钢筋隐蔽工程检查记录;模板预检记录;混凝土浇筑记录;混凝土养护测温记录;桥梁湿接缝质量检查记录;数字图文记录。施工试验记录及检测报告:钢材试验报告;钢筋连接试验报告;混凝土抗压强度试验报告。施工质量验收资料:检验批质量验收记录;子分项工程质量验收记录;分项工程质量验收记录。桥梁湿接缝质量检查记录表式可参照附件《桥梁湿接缝质量检查记录》。《城市桥梁工程施工与质量验收规范》CJJ 2-2008、《城市桥梁工程施工质量检验标准》DB 11/T 1072-2014 桥梁工程分部(子分部)工程、分项工程及检验批的划分和《市政基础设施工程资料管理规程》DB 11/T 808-2011,均未提及湿接缝。

结合工程实际和施工资料管理,建议宜将湿接缝划分为分项工程上部结构预制混凝土梁桥安装的子分项工程,其子分项工程可划分为:钢筋、模板、混凝土,其检验批可划分为:每个施工段或每一个梁段区间。

六、桥梁湿接头(预制 T 梁或箱梁梁与梁端头相联结部分)的施工及质量控制与桥梁湿接缝相同

附件：桥梁湿接缝质量检查记录

工程名称				日 期	
分部工程			分项工程		
序号	浇筑前检查项目	质量检查情况	序号	浇筑前检查项目	质量检查情况
1	纵向受力钢筋		6	受力钢筋机械连接或焊接接头设置	
2	接头试件		7	绑扎搭接接头	
3	接头位置		8	钢筋保护层厚度	
4	接 头		9	模 板	
5	箍筋配置		10	预埋件	
序号	浇筑后检查项目	质量检查情况	序号	浇筑后检查项目	质量检查情况
1	混凝土强度		3	断面尺寸（高、顶、底）	
2	长 度		4	平整度	
浇筑前检查日期		年 月 日	浇筑后检查日期		年 月 日
施工技术资料检查情况					
自检情况				自检结论	
签字栏					
项目技术负责人		质量员	施工员		填表人

百问45：如何做好市政工程桥梁伸缩缝的施工及质量控制

市政工程桥梁伸缩缝对于桥梁的结构质量安全有着直接的影响，同时，伸缩缝又是桥面最先容易产生破损的部位之一，因此，在市政工程施工中必须对桥梁伸缩缝的施工及其质量控制切实加以关注并高度重视。根据《城市桥梁工程施工与质量验收规范》CJJ 2-2008、《城市桥梁工程施工质量检验标准》DB11/T 1072-2014、《北京市城市桥梁工程施工技术规程》DBJ 01-46-2001 等标准规范中桥梁伸缩缝的相关要求，结合以往施工和监督实践，就如何做好市政工程桥梁伸缩缝的施工及质量控制，浅述如下：

一、桥梁伸缩缝的概念、构造要求及分类

桥梁伸缩缝的概念。桥梁伸缩缝是指为适应材料胀缩变形需要，在两梁端之间、梁端与桥台之间或桥梁的铰接位置上的间隙处安装的由橡胶和钢材等构件组成的各种装置的总称。

桥梁伸缩缝的构造要求：①在平行、垂直于桥梁轴线的两个方向均能自由伸缩，牢固可靠；②车辆行驶过时应平顺、无突跳与噪声；③能防止雨水和垃圾泥土渗入阻塞；④安装、检查、养护、消除污物简易方便。

桥梁伸缩缝的分类。桥梁伸缩缝一般分为：①镀锌薄钢板伸缩缝，在中小跨径的装配式简支梁桥上，当梁的变形量在 20～40mm 以内时常选用；②钢伸缩缝，构造比较复杂，只有在温差较大的地区或跨径较大的桥梁上才采用；③橡胶伸缩缝，以橡胶带作为跨缝材料，构造简单，使用方便，效果好。在变形量较大的大跨度桥上，可以采用橡胶和钢板组合的伸缩缝。

以下桥梁伸缩缝的安装要求及施工要点、质量控制要点、施工资料管理等均以施工中常见的橡胶钢板组合伸缩缝为例加以说明。

二、桥梁伸缩缝的安装要求及施工要点

1. 伸缩缝应与设计伸缩量相匹配，并有足够强度，能承受与设计标准相一致的荷载；

2. 伸缩缝安装前应检查修整梁端预留缝的间隙，缝宽应符合设计要求，上下必须贯通，不得堵塞；

3. 伸缩缝应锚固可靠，浇筑锚固段混凝土时应采取有效措施防止堵塞梁端伸缩缝隙；

4. 伸缩缝安装时，应用3m直尺检查其自身平整度和与桥面衔接的平整度，确保行车的舒适性；

5. 伸缩缝宜采用后嵌法安装，即先铺桥面层，再切割出预留槽安装伸缩缝；

6. 伸缩缝与桥面铺装层相接的混凝土宽度不宜小于 0.5m，混凝土强度应高于桥面铺装层的强度，可浇筑钢纤维混凝土；

7. 埋设伸缩缝的预埋螺栓必须牢固，螺栓要与主梁锚固筋焊接，以加强螺栓埋设的强度；

8. 橡胶伸缩缝不宜在 5℃以下气温时安装，伸缩缝安装时，应按施工现场温度确定安装定位值，以确保设计伸缩量，设置橡胶伸缩缝时，必须预先压缩其伸长量，使其在最大间隙时不出现拉力作用，最小间隙时不出现挤压鼓出现象；

9. 伸缩缝应在工厂组装，固定出厂。在工地调整间隙量应在厂家专业人员指导下进行，调整定位并固定后应及时安装。拼缝焊接宜由厂家专业人员施焊，以保证质量。

10. 伸缩缝安装、养护结束后，应认真检查验收，合格后方可开放交通。

三、桥梁伸缩缝安装质量控制要点

1. 伸缩缝应进行进场检验，无损坏，钢结构外观应光洁、平整、不允许变形扭曲，表面不得有凹坑、麻点、裂缝、结疤、气泡和夹杂、不得有机械损伤。上下表面应平行，端面应平整；

2. 伸缩缝的形式和规格必须符合设计要求，伸缩缝应有产品合格证明，经验收合格方可使用；

3. 伸缩缝安装时，焊接质量和焊接长度应符合设计要求和标准规范规定，焊接必须牢固，严禁用点焊连接。大型伸缩缝（是指斜拉桥、悬索桥使用的伸缩缝）与钢梁连接处的焊缝应按要求做超声波检测；

4. 伸缩缝锚固部位的混凝土强度应符合设计要求，表面应平整，与路面衔接应平顺；

5. 伸缩缝牢固可靠，伸缩自由，行车无振动，平稳舒适。外观表面平整，无渗漏，无阻塞；

6. 伸缩缝安装：顺桥平整度允许偏差为≤2mm；相邻板差允许偏差为≤3mm；缝宽允许偏差为-2mm～+5mm。

四、桥梁伸缩缝施工实际操作中应注意的几个问题

1. 桥梁伸缩缝施工前，建设单位应组织设计、监理、施工单位召开伸缩缝施工及质量控制专题会，相互沟通协调，明确伸缩缝施工的设计要求、工艺要点及质量标准；

2. 对伸缩缝厂家及其型号的选用，设计、监理单位应进行厂家考察并比选，应尽可能采用广泛使用的大厂品牌产品及其常用型号；

3. 伸缩缝进场检验，应按经审批的《桥梁伸缩缝专项施工方案》要求进行，

合格后方可使用；

4. 在桥梁伸缩缝处，防撞栏杆、桥台侧翼墙、地袱与桥面铺装均应全部断开，以贯通形成通缝；

5. 伸缩缝与桥面铺装层相接的混凝土宜采用 C50 微膨混凝土；

6. 伸缩缝施工安装全过程，监理单位应进行现场旁站并填写旁站监理记录，必要时，应留存相应影像资料。

五、桥梁伸缩缝的施工资料管理

桥梁伸缩缝施工资料分为：施工技术资料；工程物资资料；施工测量资料；施工记录；施工试验记录及检测报告；施工质量验收资料。

施工技术资料：桥梁伸缩缝专项施工方案；技术交底记录等。工程物资资料：伸缩缝产品质量合格证；伸缩缝进场检验记录；伸缩缝密封填料产品质量合格证；伸缩缝密封填料进场检验记录；钢筋产品合格证；预拌混凝土出厂合格证等。施工测量资料：测量复核记录等。施工记录：伸缩缝安装前检查记录；伸缩缝安装检查记录；混凝土浇筑记录；混凝土养护测温记录；隐蔽工程检查记录；数字图文记录等。施工试验记录及检测报告：进场复试报告；伸缩缝密封填料试验报告；钢材试验报告；钢筋连接试验报告；超声波检测报告（大型伸缩缝）；混凝土抗压强度试验报告等。施工质量验收资料：检验批质量验收记录；分项工程质量验收记录；子分部工程质量验收记录等。伸缩缝安装检查记录表式可参照附件《桥梁伸缩缝安装施工检查记录》。

按照《城市桥梁工程施工与质量验收规范》CJJ 2-2008 表 23.0.1 中城市桥梁工程分部（子分部）工程与相应的分项工程及检验批对照表，将桥梁伸缩缝划分为分项工程，其检验批划分为：每个施工段。《城市桥梁工程施工质量检验标准》DB11/T 1072-2014 与《城市桥梁工程施工与质量验收规范》CJJ 2-2008 划分相同。而按照《桥梁工程施工质量检验标准》DBJ 01-12-2004 表 A.0.6 桥梁工程分部（子分部）工程、分项工程及检验批的划分，将桥梁伸缩缝划分为分项工程，其检验批划分为：每个施工段，两伸缩缝之间。

参照上述标准规范的划分，结合现场实际及施工资料管理，建议宜将桥梁伸缩缝划分为分部工程桥面系的子分部工程，分项工程宜划分为：钢筋连接；伸缩缝安装；混凝土浇筑，检验批宜划分为：每条伸缩缝。

附件：桥梁伸缩缝安装施工检查记录

工程名称			日 期	
分部工程			子分部工程	
施工起止日期	至		伸缩性型号	

序号	检查项目	设计或允许偏差	实测或实测偏差	备 注
1	长度（mm）			
2	缝宽（mm）			
3	与桥面高（mm）			
4	纵坡（%）			
5	横向平整（mm）			
6	安装温度（℃）			
7	锚固螺栓间距、数量			

序号	检查项目	质量检查情况
1	伸缩性材料是否符合设计要求	
2	伸缩性填料是否严密、无漏填	
3	伸缩性内有无杂质硬块	
4	加强钢筋与螺栓焊接是否符合要求	

施工技术资料 检查情况	
自检情况	自检结论

签字栏

项目技术负责人	质量员	施工员	填表人

百问 46：如何做好市政工程桥梁支座施工及质量控制

市政工程桥梁支座的施工及质量控制对于桥梁的结构质量安全及使用寿命有着极为重要的影响，因此，在市政工程施工中必须对桥梁支座的施工及其质量控制切实加以关注并高度重视。根据《城市桥梁工程施工与质量验收规范》CJJ 2-2008、《城市桥梁工程施工质量检验标准》DB11/T 1072-2014、《北京市城市桥梁工程施工技术规程》DBJ 01-46-2001，结合以往施工和监督实践，就如何做好市政工程桥梁支座施工及质量控制，浅述如下：

一、桥梁支座的概念、安装目的及其功能

桥梁支座的概念：桥梁支座是指桥梁上、下部结构的连接点，是把上部结构的荷载安全有效地传递给下部结构，以保持桥梁结构体系的稳定。

桥梁支座的安装目的：支座安装的目的是在接缝处，借助支座的移动功能，降低由于车辆制动，上部结构形变等原因引起的内力。而又不增加上、下部结构受到的多余约束，或者增加结构不稳定的风险。

桥梁支座的功能：支座的功能是把特定方向的荷载力，从结构的一个部位传递至另一个部位。在传递中，要对特定方向的位移或转动加以约束，而对其他方向的位移则容许发生。

二、桥梁支座安装要求及施工要点

不同类型的支座，有不同的安装要求及施工要点，安装时必须认真区别遵守。其一般基本要求为：

1. 支座在安装前必须进行全面检验，不合格者，不得使用。

2. 支座安装平面位置和顶面高程必须正确，不得偏斜、脱空、不均匀受力。

3. 支座顶面、底面应与梁底或墩台顶面密贴，使支座全面积承受上部结构传递的垂直荷载，以保证支座的承载能力。

4. 墩台帽、盖梁上的支承垫石和挡块应二次浇筑，确保其高程和位置的准确。

1）对于现浇梁，施工现场支座上垫石一般与梁体混凝土一同浇筑，在浇筑梁混凝土前，板座若采用预埋钢垫板焊接，应检查支座上预埋钢垫板上 U 形锚固钢筋的焊接质量，应焊接牢固；支承垫石内应布设钢筋网片，竖向钢筋应与墩台内钢筋相连接。注意模板支设应与预埋钢板和梁底接缝拼接严密，防止漏浆影响垫石混凝土强度。若采用螺栓连接，检查预留孔位置，用环氧砂浆灌注时，环氧砂浆强度不低于 35MPa；垫石混凝土的强度必须符合设计要求。

2）对于板式橡胶支座，安装前应仔细核对设计图纸，矩形支座安装应注意长短边方向，一般情况下，短边应与顺桥向平行。安装中对水平面应仔细校核，支座不得产生偏、歪，支座顶面或底面不能有脱空现象，不允许承受横向拉力。在梁安放前，必须仔细使板式橡胶支座准确安放在支承垫石上，且支座中心线应与垫石中心线相重合。

3）对盆式橡胶支座，支座安装位置应准确，埋置于桥梁墩、台顶和梁底面的钢垫板，必须安装平整，埋置密实。锚碇螺栓外露螺杆的高度不得大于螺母的厚度。支座滑动面上的聚四氟乙烯滑板和不锈钢板位置应正确，不得有划痕、碰伤。特别应注意盆式橡胶支座滑动方向应符合设计要求。

4）对球形橡胶支座，出厂时，应由生产厂家将支座调平，并拧紧连接螺栓，以防止支座在安装过程中发生转动和倾覆。支座安装前应开箱检验配件清单、检验报告、支座产品合格证及支座安装养护细则。支座安装高度应符合设计要求，要保证支座的水平及平整，支座支承面四角高差不得大于2mm。

三、桥梁支座安装质量控制要点

1. 支座应进行进场检验，其规格、质量、技术指标性能，必须符合设计要求，外观不得有影响使用的硬伤；

2. 支座安装前，应检查跨距、支座栓孔位置和支承垫石顶面高程、平整度、坡度、坡向，确认符合设计要求；

3. 支座与梁底及垫石之间必须密贴，间隙不得大于0.3mm。垫层材料和强度应符合设计要求；

4. 支座的黏结灌浆和润滑材料应符合设计要求；

5. 板式支座的支承垫石的混凝土强度应符合设计要求；

6. 球形支座与墩台连接螺栓周围灌注无收缩砂浆，且应饱满，其强度应符合设计要求；

7. 支座安装：支座高程允许偏差为±2mm；支座偏位允许偏差为≤3mm；

8. 其余指标值可参考附件1《支座安装规定值或允许偏差》。

四、桥梁支座施工中应注意的几个问题

1. 桥梁支座施工前，建设单位应组织设计、监理、施工单位召开支座施工及质量控制专题会，相互沟通协调，明确桥梁支座施工的设计要求、工艺要点及质量标准；

2. 对桥梁支座厂家的选用，监理单位应进行厂家考察并比选，应尽量采用大厂、品牌产品。球形橡胶支座易偏心受压，桥梁不太适用，比较而言，矩形板式橡胶支座较好；

3. 桥梁支座进场复试检验，当桥梁支座吨位超过试验设备能力范围无法试验检测时，经建设、设计、监理单位同意，可送检同厂家满足试验能力条件的最大吨位桥梁支座做比对试验，合格后方可使用；

4. 现浇梁支座垫石灌浆应优先采用坐浆法，预制梁支座垫石灌浆应优先采用压力法注浆；

5. 桥梁支座安装全过程，监理单位应进行现场旁站并填写旁站监理记录，必要时，应留存相应影像资料。

五、桥梁支座施工技术资料的管理

桥梁支座施工资料分为：施工技术资料；工程物资资料；施工测量资料；施工记录；施工试验记录及检测报告；施工质量验收资料。

施工技术资料：桥梁支座专项施工方案；技术交底记录等。工程物资资料：桥梁支座产品质量合格证；桥梁支座进场检验记录；聚四氟乙烯滑板产品质量合格证；聚四氟乙烯滑板进场检验记录；预拌混凝土出厂合格证；砂浆配合比申请单；预拌砂浆出厂合格证；支座开箱检查记录等。施工测量资料：测量复核记录等。施工记录：支座安装预检记录；支座安装检查记录；模板预检记录；混凝土浇筑记录；混凝土养护测温记录；隐蔽工程检查记录；数字图文记录等。施工试验记录及检测报告：支座进场复试报告；密封填充料试验报告；混凝土抗压强度试验报告；砂浆抗压强度试验报告等。施工质量验收资料：检验批质量验收记录；分项工程质量验收记录；子分部工程质量验收记录等。支座安装预检记录表式可参照附件2《支座安装预检记录》，支座安装检查记录表式可参照附件3《桥梁支座安装施工检查记录》。

按照《城市桥梁工程施工与质量验收规范》CJJ 2-2008 表 23.0.1 城市桥梁工程分部（子分部）工程与相应的分项工程及检验批对照表，将桥梁支座划分为分部工程，其分项工程划分为：垫石混凝土、支座安装、挡块混凝土，其检验批划分为：每个支座。《城市桥梁工程施工质量检验标准》DB11/T 1072-2014 表 A 中城市桥梁工程分部（子分部）工程与相应的分项工程及检验批对照表，将桥梁支座划分为分部工程下部结构的子分部工程，其分项工程划分为：垫石混凝土、支座安装、挡块混凝土，其检验批划分为：每个支座。而按照《桥梁工程施工质量检验标准》DBJ 01-12-2004 表 A.0.6 中桥梁工程分部（子分部）工程、分项工程及检验批的划分，将桥梁支座划分为分项工程，其检验批划分为：每个施工段，两伸缩缝之间。

参照上述标准规范的划分，结合现场实际及施工技术资料管理，建议以采用《城市桥梁工程施工质量检验标准》DB11/T 1072-2014 划分方法为宜。即：将桥梁支座划分为分部工程下部结构的子分部工程，其分项工程划分为：垫石混凝土、支座安装、挡块混凝土，其检验批划分为：每个支座。

附件1：支座安装规定值或允许偏差

序号	检查项目		规定值或允许偏差
1	支座中心与主梁中线（mm）		应重合，最大偏差<2
2	支座顺桥向偏位（mm）		<3
3	高程（mm）		±2
4	支座四角高差（mm）	承压力≤5000kN	<1
		承压力>5000kN	<2
5	支座上下各部件纵轴线		必须对正
6	活动支座	顺桥向最大位移（mm）	±250
		双向活动支座横桥向 最大位移（mm）	±25
		横轴线错位距离（mm）	根据安装时的温度与年平均最高、 最低温差计算确定
		支座上下挡块最大偏差的 交叉角	必须平行<5′

附件 2：支座安装预检记录

工程名称			日 期	
施工单位			预检部位	
主要材料/设备			规格型号	
预检依据	施工图纸（施工图纸号：_____ ）；设计变更/洽商 （编号：_____ ）及有关国家和地方标准、规范、规程。			
预检内容	1. 支座规格型号是否符合设计要求； 2. 跨距、支座栓孔位置和支承垫石顶面高程、平整度、坡度、坡向是否符合设计要求； 3. 支承垫石的混凝土强度是否符合设计要求。			
检查情况				
复查意见	复查人：　　　　　　　复查时间：			
备注				
参加检查人员签字				
施工项目 技术负责人	质量员	施工员	测量员	班组长	填表人

附件3：桥梁支座安装施工检查记录

工程名称			日　期	
墩台号			支座编号	

序号	检查项目	设计或允许偏差	实测或实测偏差	备　注
1	支座类型			
2	支座型号			
3	支座上下表面夹角			
4	支座厚度			
5	平整度			
6	安装方向			
7	平面位置			
8	高　程			
9	支座四角间隙及处理情况			
10	施工技术资料检查情况			
自检情况			自检结论	
签字栏				
项目技术负责人	质量员		施工员	填表人

百问 47：如何确定市政工程桥面防水层施工及质量控制

目前，市政工程桥面防水层十分混乱，施工标准规范较多且相互不一致，致使施工时无所适从，直接影响到桥面防水层施工质量。根据《城市桥梁工程施工与质量验收规范》CJJ 2-2008、《城市桥梁工程施工质量检验标准》DB11/T 1072-2014、《桥面防水工程技术规程》DB11/T 380-2006、《北京市城市桥梁工程施工技术规程》DBJ 01-46-2001，结合以往施工和监督实践，就如何确定市政工程桥面防水层施工及质量控制，浅述如下：

一、桥面防水层的概念

桥面防水层是指设置在桥面混凝土结构层与桥面沥青铺装层之间的一层起防水作用和使沥青铺装层与混凝土结构层粘结成一个整体的功能层。桥面防水层主要分为卷材防水层、涂膜防水层和防水粘结层三种类型。

下面主要以市政工程中常见的桥面卷材防水层为例加以说明。

二、桥面防水层的施工要点

1. 桥面防水层应采用柔性防水材料，且必须符合环保要求，并应符合《道桥用改性沥青防水卷材》JC/T 974-2005 相关指标性能要求，具有高延伸率、高抗拉强度、良好的弹塑性、耐高温和低温与抗老化性能；

2. 桥面防水层施工应符合要求《桥面防水工程技术规程》DB11/T 380-2006；

3. 桥面防水层应在现浇桥面结构混凝土或垫层混凝土达到设计强度要求，经验收合格后方可施工，且验收应人员齐全并留存相关记录以存档备查；

4. 桥面防水层应直接铺设在混凝土表面上，不得在二者间再加铺砂浆找平层；

5. 防水基层应坚实、平整、光滑、干燥、阴阳角处应按规定半径做成圆弧。施工防水层前应将浮尘及松散物质清除干净，并应涂刷基层处理剂，涂刷应均匀，不漏底，不堆积。基层处理剂应使用与卷材性质配套的材料；

6. 桥面防水铺贴应采用满贴法，防水层总厚度和卷材层数应符合设计要求，缘石、地袱、变形缝、汇水槽和泄水口等部位应严格按设计和现行防水规范细部要求作局部加强处理；

7. 卷材应与基层粘结牢固，各卷层之间也应相互粘结牢固；

8. 防水层完成后应切实加强成品保护，防止压破、刺穿、划痕损坏防水层，并及时组织桥面防水层验收，合格后铺设桥面铺装层；

9. 桥面防水层严禁在雨雪天和 5 级以上大风天气施工，气温低于 -5℃ 时不宜施工。

三、桥面防水层的质量控制要点

1. 防水材料的品种、规格、性能、质量应符合设计要求和相关标准规定；

2. 防水层、粘结层和基层之间应密贴，结合牢固；

3. 卷材防水层表面平整，不得有空鼓、脱层、裂缝、翘边、油包、气泡和皱褶现象；

4. 防水层与汇水槽和泄水口之间必须粘结牢固、封闭严密，不得有漏封处；

5. 卷材接茬搭接宽度应不小于规定，具体详见本文"关于桥面防水层施工搭接宽度应注意的几个问题"相关说明；

6. 桥面防水层粘结强度、抗剪强度和剥离强度应符合设计及标准规范要求。

四、桥面防水层施工实际操作中应注意的几个问题

1. 桥面防水层专业分包时，防水专业施工单位应具备相应专业承包资质等级、组织机构完善、管理到位、人员齐备、试验及生产能力满足相关要求。

2. 桥面防水层专业分包时，桥面防水开工前，防水专业施工单位应组织图纸审查及图纸会审，及时编制《桥面防水工程专项施工方案》，经单位技术负责人审核后，报总承包施工单位审批，并由总监理工程师批准后方可组织实施。

3. 桥面防水层施工前，建设单位应组织设计、监理、专业施工单位、总承包施工单位召开桥面防水施工及质量控制专题会，相互沟通协调，明确桥面防水施工的工程主体及细部构造的设计要求、工艺要点及质量标准。

4. 防水卷材进场检验，应按经审批的《桥面防水层专项施工方案》要求进行，合格后方可使用。

5. 桥面防水卷材铺贴应按"先低后高"的顺序进行（顺水搭接方向）。

6. 桥面防水铺贴为双层防水卷材时，上下层搭接缝应错开 1/3～1/2 幅宽，纵向搭接缝应尽量避开车行轮迹。

7. 防水卷材层的施工质量检验数量应按铺贴面积每 100m² 抽查 1 处，每处 10m²，且不得少于 3 处。

8. 桥面卷材防水层常见的质量通病为：防水层空鼓、卷材搭接不够不严、卷材铺贴细部后期渗漏。

9. 桥面防水层施工全过程，监理单位应进行现场旁站并填写旁站监理记录，必要时，应留存相应影像资料。

五、关于桥面防水层施工搭接宽度应注意的几个问题

1. 桥面防水层施工搭接宽度的概念。桥面防水层施工搭接宽度是指市政工程桥面防水施工时，防止防水材料长短边粘结不牢而渗水造成质量缺陷进行的搭接处理的宽度，简称桥面防水层施工搭接宽度。

2. 标准规程规范对桥面防水层施工搭接宽度的相关要求。

1)《城市桥梁桥面防水工程技术规程》CJJ 139-2010 中"铺设防水卷材时，…，接头处卷材的搭接宽度沿卷材的长度方向应为 150mm、沿卷材的宽度方向应为 100mm。"

2)《桥面防水工程技术规程》DB11/T 380-2006 中"防水卷材纵向搭接宽度为 100mm、横向为 150mm。"

3)《北京市城市桥梁工程施工技术规程》DBJ 01-46-2001 中"长边搭接宽度 70~80mm、短边搭接宽度 100mm。"

4)《城市桥梁工程施工与质量验收规范》CJJ 2-2008 中"卷材防水层施工应符合下列规定：长边搭接宽度宜为 70~80mm、短边搭接宽度宜为 100mm。"

5)《城市桥梁工程施工质量检验标准》DB11/T 1072-2014 中"桥面防水层表 19.3.3 混凝土桥面防水层粘结质量和施工允许偏差中明确卷材接茬搭接宽度不小于规定"，无任何具体指标值。

3. 桥面防水层施工搭接宽度的确定。施工时应如何具体控制桥面防水层施工搭接宽度？首先，应查看投标文件、施工总承包合同对桥面防水层施工搭接宽度有无标准规范要求，其次，再查看施工图纸、设计文件对桥面防水层施工搭接宽度有无具体要求，若有要求时应按要求严格落实。当没有时，施工单位应在桥面防水层施工前提请建设、监理及设计单位会商，形成工程洽商记录，并据此施工。就防水层对桥面的重要性和行业标准与地方标准的特点以及从各标准的发布时间来看，稳妥和有效的桥梁面层防水层施工搭接宽度宜采用：铺设防水卷材时，接头处卷材的搭接宽度沿卷材的长度方向应为 150mm、沿卷材的宽度方向应为 100mm。目前，有些市政工程施工单位桥面防水层施工时采用机械摊铺，其搭接宽度同样也应符合以上述标准为宜，不应自行拟定。

六、桥面防水层的施工资料管理

桥面防水层施工资料分为：施工技术资料；工程物资资料；施工测量资料；施工记录；施工试验记录及检测报告；施工质量验收资料。

施工技术资料：桥面防水层专项施工方案；技术交底记录等。工程物资资料：防水材料产品质量合格证；防水材料进场检验记录；基层处理剂产品质量合格证；基层处理剂进场检验记录等。施工测量资料：测量复核记录等。施工记录：桥面防水层施工前检查记录；防水卷材铺贴施工检查记录；隐蔽工程检查记录；数字图文记录等。施工试验记录及检测报告：进场复试报告；防水卷材试验报告；基层处理剂试验报告等。施工质量验收资料：桥面防水基层质量验收记录；检验批质量验收记录；分项工程质量验收记录；子分部工程质量验收记录等。桥面防水基层质量验收记录表式可参照附件《桥面防水基层质量验收记录》。

　　按照《城市桥梁工程施工与质量验收规范》CJJ 2-2008 表 23.0.1 城市桥梁工程分部（子分部）工程与相应的分项工程及检验批对照表，将桥面防水层划分为分部工程桥面系的分项工程，其检验批划分为：每个施工段、每孔。《城市桥梁工程施工质量检验标准》DB11/T 1072-2014 与《城市桥梁工程施工与质量验收规范》CJJ 2-2008 划分相同。而按照《桥梁工程施工质量检验标准》DBJ 01-12-2004 表 A.0.6 桥梁工程分部（子分部）工程、分项工程及检验批的划分，将桥面防水层划分为分部工程桥面系与附属工程的分项工程，其检验批划分为：每个施工段，两伸缩缝之间。

　　参照上述标准规范的划分，结合现场实际及施工资料管理，建议宜将桥面防水层划分为分部工程桥面系的子分部工程，分项工程宜划分为：基层处理；细部处理；卷材铺贴，检验批宜划分为：每两条伸缩缝之间。

附件：桥面防水基层质量验收记录

工程名称			验收日期	
分部工程名称			分项工程名称	
序号	验收项目	质量验收情况		备 注
1	基层混凝土是否 达到设计要求强度			
2	基层是否坚实、 平整、光滑、干燥			
3	基层阴阳角处是否 按规定半径做成圆弧			
4	基层细部处理 是否已到位			
5	基层浮尘及松散物质 是否清除干净			
6	基层是否已均匀涂刷 基层处理剂			
7	施工技术资料检查情况			
验收总体情况			验收结论	
参加验收人员签字栏				
建设单位 项目负责人	监理单位 项目负责人	总承包单位 项目负责人	防水单位 项目负责人	填表人

百问 48：如何做好市政工程桥台台背回填施工及质量控制

"桥头跳车"是市政工程施工常见质量通病之一，不但影响行车的舒适性，还具有一定的安全隐患，而造成"桥头跳车"现象的主要原因在于桥台台背回填的施工及质量控制不到位。而现行有效的《城市桥梁工程施工与质量验收规范》CJJ 2‑2008、《城市桥梁工程施工质量检验标准》DB11/T 1072‑2014、《北京市城市桥梁工程施工技术规程》DBJ 01‑46‑2001 等标准规范对桥台台背回填的相关要求只是只言片语，无法指导桥台台背回填。结合以往施工和监督实践，就如何做好市政工程桥台台背回填施工及质量控制，浅述如下：

一、桥台台背回填的概念

桥台是桥梁两端桥头的支承结构，是道路与桥梁的连接点。

桥台台背回填是指桥台与挡土墙形成的从桥梁伸缩缝到道路相接段凹槽的回填。

二、桥台台背回填的施工要点

1. 后背填土首先应满足设计要求，不得含杂质、腐殖物和冻土块，宜采用透水性土。当设计无要求时，宜采用 6‰白灰土或天然级配砂砾、砂类土及透水性材料回填。

2. 台背回填应采用机械分层碾压，台背回填土的虚铺厚度不得大于 15cm，并严格控制含水量及碾压遍数，对于机械碾压不到的台背、挡土墙附近等部位，应采用小型夯实机具夯实。压实机具必须配备 18t 以上大型压实机及打夯机时，方可进行桥台台背回填。

3. 台背回填的次序应符合设计要求，拱桥台背回填土宜在主拱圈混凝土浇筑后或砌筑以前完成；梁式桥 U 形桥台或肋式桥台台背回填土，应在梁体安置完成以后，在两侧平衡进行；柱式或肋式桥台台背回填土，应在柱侧对称、平衡地进行，在盖梁、台帽浇筑之前一定要回填至台帽底面，台帽底模直接在回填土层上用砂浆硬化。

4. 台背回填时应注意前后台均衡回填，以防止由于土压力不均导致结构破坏。

5. 机械碾压应由台背边缘向中心辗压，先轻后重，先慢后快，先静压后振动。碾压速度最快不超过 4km/h。每次碾压纵向应重叠 40～50cm，横向应重叠 1.0～1.5m。

6. 台背回填透水层应保证设计宽度和厚度，随台背填土进度同步进行，滤料应冲洗干净，级配符合规范、设计规定。填土时不得污染滤层。桥台泄水孔应按设计位置施工，泄水孔应贯通不得堵塞。

7. 现浇桥头搭板，应保证伸缩缝贯通，不堵塞，与地梁、桥台锚固牢固不松弛。现浇桥头搭板基底应平整密实，高程符合设计要求。如在砂土上浇筑则应铺 3～5cm 厚水泥砂浆垫层。

三、桥台台背回填的质量控制要点

1. 台背回填土最大干容重、最佳含水量、CBR 值、液塑限等控制性指标应符合设计及规范要求。

2. 严格控制回填分层及压实度，台背回填每层虚铺厚度不能大于 15cm，压实度从基底到结构物顶部或路床顶面均应≥96％（重型击实，每 1000m² 、每压实层抽检 3 点）。

3. 台背回填完成后，20t 碾碾压后表面应无显著轮迹、翻浆、起皮、波浪等现象。

4. 台背回填完成后，其弯沉值不应大于设计规定（每车道、每 20m 测 1 点），建议由建设单位委托第三方有资质单位进行桥台台背回填质量弯沉检测。

5. 台身、挡土墙混凝土强度达到设计强度的 75％以上时，方可回填土。

6. 桥头搭板基础顶面应平整、密实，支承牢固平稳，其混凝土强度等级、质量符合设计要求，其外观无蜂窝、露筋现象，上板面平整、缝隙均匀、嵌填密实。

7. 泄水孔的设置、位置和数量及泄水断面、坡度均符合设计要求，反滤层的各种材料规格必须符合设计要求。

8. 桥头搭板、泄水孔其外观及安装允许偏差应符合标准规范要求。

四、桥台台背回填施工应注意的几个问题

1. 桥台台背回填前，建设单位应组织设计、监理、施工单位召开台背回填施工及质量控制专题会，相互沟通协调，明确台背回填施工的设计要求、工艺要点及质量标准；

2. 桥台台背回填施工前，施工单位应结合台背回填施工及质量控制专题会要求，编制有针对性和可操作性的《桥台台背回填专项施工方案》，按程序审批后在桥台台背回填施工中严格落实；

3. 桥台台背回填应实行"五专"施工，采用专门的材料；专门的压实机具；专业的施工队伍；专门的监理人员和进行专门的检测。检测资料要求记录完整，检测结果正确并及时整理归档；

4. 对桥台台背回填材料进场检验应按要求严格进行，确保回填材料满足设计及施工要求，对滤料厂家及其规格型号的选用，应尽可能采用广泛使用的品牌

产品及其常用规格型号；滤料进场检验，应按《桥台台背回填专项施工方案》要求进行，合格后方可使用；

5. 应切实采取有效措施控制回填土每层虚铺厚度，加大试验力度和频次，严格控制最佳含水量，确保压实度符合设计要求，这是桥台台背回填质量控制的关键环节；

6. 桥台台背回填施工全过程，监理单位应进行现场旁站和平行检验并填写旁站监理记录和平行检验记录，必要时，应留存数字图文记录或相应影像资料。

五、桥台台背回填的施工资料管理

桥台台背回填的施工资料分为：施工技术资料；工程物资资料；施工记录；施工试验记录及检测报告；施工质量验收资料。施工技术资料：桥台台背回填专项施工方案；技术交底记录等。工程物资资料：滤料产品质量合格证；滤料进场检验记录；泄水孔产品质量合格证；泄水孔进场检验记录；钢筋产品合格证；预拌混凝土出厂合格证等。施工记录：基底施工检查记录；台背回填施工记录；滤料安装检查记录；泄水孔安装检查记录；混凝土浇筑记录；混凝土养护测温记录；隐蔽工程检查记录；数字图文记录等。施工试验记录及检测报告：回填材料试验报告；最大干密度与最佳含水量试验报告；回填压实度试验记录；滤料进场复试报告；弯沉检测报告；钢材试验报告；钢筋连接试验报告；混凝土抗压强度试验报告等。施工质量验收资料：检验批质量验收记录；分项工程质量验收记录；子分部工程质量验收记录。桥台台背回填施工检查记录表式可参照附件《桥台台背回填施工检查记录》。

按照《城市桥梁工程施工与质量验收规范》CJJ 2－2008 表 23.0.1 城市桥梁工程分部（子分部）工程与相应的分项工程及检验批对照表，将桥台台背回填划分为子分部工程，分项工程为填土，其检验批划分为：每个施工段或每个墩台。《城市桥梁工程施工质量检验标准》DB 11/1072－2014 与《城市桥梁工程施工与质量验收规范》CJJ 2－2008 完全相同。而按照《桥梁工程施工质量检验标准》DBJ 01－12－2004 表 A.0.6 桥梁工程分部（子分部）工程、分项工程及检验批的划分，将桥台台背回填划分为分项工程，其检验批划分为：每个施工段，两伸缩缝之间。

参照上述标准规范的划分，结合现场实际及施工资料管理，建议宜将桥台台背回填划分为分部工程桥面系的子分部工程，分项工程可划分为：土方回填；泄水孔；桥头搭板，检验批可划分为：每侧台背。

附件：桥台台背回填施工检查记录

工程名称		检查日期	
分部工程名称		分项工程名称	

序号	检查项目	质量检查情况	备 注
1	桥台搭板混凝土强度		
2	桥台搭板结构尺寸 及外观质量		
3	泄水孔位置是否准确		
4	弯沉值是否符合 设计要求		
5	台背回背是否 全范围覆盖		
6	台背回填压实度检测 是否符合要求		
7	施工技术资料检查情况		

检查总体情况		检查结论	

参加检查人员签字栏

施工单位 项目负责人	质量员	施工员	班组长	填表人

百问 49：如何做好市政工程中钢结构工程施工及质量控制

目前，市政工程随着城市建设的飞速发展，跨现有道路、桥梁、河道工程和人行天桥工程越来越多，同时，钢结构造价低、跨度大、结构性能好、施工速度快，钢结构工程应用也随之越来越广泛。但其施工及质量问题也日益突显，因此加强钢结构工程的施工及质量控制日趋必要。结合以往施工和监督实践，就如何做好市政工程中钢结构工程施工及质量控制，浅述如下：

一、钢结构工程现状

目前，市政钢结构工程一般由施工总承包单位专业发包，常见市政钢结构工程一般为跨线桥与人行天桥。北京市场钢结构工程施工专业分包单位一般就固定那么六至七家钢结构厂家，且常用的几家钢结构厂家一般施工能力都较弱，大型钢结构工程无能力承担。施工总承包单位、监理单位、建设单位对钢结构工程质量安全管理存在重视程度不够、以包代管、总包管理不到位、未进行驻厂旁站等这样那样的不足，市政钢结构工程施工及质量控制管理堪忧。

二、市政钢结构工程现行有效标准规范

市政钢结构工程现行有效标准规范主要有：①《钢结构工程施工规范》GB 50755-2012；②《钢结构工程施工质量验收规范》GB 50205-2001；③《城市桥梁工程施工与质量验收规范》CJJ 2-2008；④《北京市城市桥梁工程施工技术规程》DBJ 01-46-2001；⑤《桥梁工程施工质量检验标准》DBJ 01-12-2004；⑥《市政基础设施工程资料管理规程》DBJ 11/T808-2011。

三、市政钢结构工程施工及质量控制相关要求

1. 市政钢结构厂家应具备相应专业承包资质等级，组织机构完善、管理到位、人员齐备、试验及生产能力满足相关要求。

2. 钢结构工程开工前，钢结构厂家应编制《钢结构工程专项施工方案》，经单位技术负责人审核后，报施工总承包单位审批，并由总监理工程师批准后方可组织实施。

3. 钢材、焊接材料及高强度螺栓的品种、规格、性能等应符合现行国家产品标准和设计要求，对钢结构工程用钢材及焊接材料、高强度螺栓预拉力、扭矩系数和摩擦面抗滑移系数应由施工总承包单位或钢结构厂家委托有资质的见证试验室进行 100％见证试验。

4. 对钢结构工程焊接应加强检查，焊接前要对焊缝进行除锈，焊缝不得有气孔、咬肉、甩焊等现象。焊接完成后，应及时清理药皮、焊渣、溢流和其他缺

陷，同时，必须对所有焊缝进行外观检验，不得有裂纹、未熔合、夹渣、弧坑等缺陷。检验合格并在焊接 24 小时后及时约请有资质的检测单位进行无损检验，焊缝超声波探伤检验 100%，射线探伤检验不小于 10%，经射线和超声波两种探伤方法检验达到各自标准，方可认为焊缝质量合格。

5. 在钢梁涂装前要对钢材表面进行除锈处理且钢材表面应无焊渣、灰尘、油污、水和毛刺等，表面除锈等级和粗糙度应符合设计要求。在涂装时要严格控制周围的温湿度，涂料、涂装遍数、涂层厚度应符合设计要求，当设计对涂层厚度无要求时，涂层干漆膜总厚度应≥150um，允许偏差为－25um。

6. 钢构件出厂前必须按要求进行实体预拼装，并按设计及规范规定进行验收，当有特殊情况时，征得参建各方同意，可采用计算机辅助模拟预拼装，模拟构件的外形尺寸应与实体几何尺寸相同。

7. 钢构件出厂时，应附有钢构件出厂合格证（表式 C3-3-4），并加盖单位公章。同时，应附有焊工资格报审表、焊缝质量综合评级报告、防腐施工质量检查记录、钢材复试报告等。

8. 钢结构工程应严格按现行有效标准规范进行全过程质量控制并按要求进行检验批、分项、子分部、分部工程检查验收。

9. 监理单位应依照专业承包单位编制的《钢结构工程专项施工方案》，编制有针对性、可操作性的《钢结构工程监理实施细则》和《钢结构工程监理旁站方案》，经程序审批后严格落实。在钢结构加工期间监理单位应安排专业技术人员进行驻厂监理，并及时填写驻厂监理旁站记录、监理日志和各项隐蔽工程检查记录，监理项目部应对驻厂监理情况进行不定期抽查。

四、市政钢结构工程施工及质量控制中应注意的几个问题

1. 市政钢结构工程当采用专业发包时，其厂家专业承包企业资质等级应与钢结构工程规模相适应。

2. 焊工必须经考试合格并取得执业资格证书。持证焊工必须在其考试合格项目及其认可范围内焊接作业，严禁无证上岗。

3. 钢结构工程有关安全及功能性的检验和见证检测项目为：见证取样送检试验项目：钢材及焊接材料复验；高强度螺栓预应力、扭矩系数复验；摩擦面抗滑移系数复验。焊接质量：内部缺陷；外部缺陷；焊接尺寸。高强度螺栓施工质量：终拧扭矩；梅花头检查。

4. 无损探伤前，有资质检测单位应根据专业承包单位提供的《钢构件焊缝平面布置图》编制《无损探伤专项抽样检测方案》，经程序审批后在检测过程中严格实施。

5. 对于市政钢结构工程焊接焊缝，建设单位应明确要求设计单位认定Ⅰ级焊缝的部位和总长度，施工单位应针对Ⅰ级焊缝进行100％检测，Ⅱ级焊缝按比例进行检测。监理单位应按规定进行钢结构焊缝的独立平行检测。政府监督机构也应按要求对钢结构焊缝进行相应的第三方监督检测。

6. 焊缝施焊后应在工艺规定的焊缝及部位打上焊工钢印，以便追溯和检查。

7. 钢结构工程施工中的临时支承结构应进行强度、稳定性验算，其拆除顺序和步骤应通过分析和计算确定，并应编制专项施工方案，必要时应经专家论证。

8. 施工总承包、监理单位应加强对专业承包单位的钢结构厂家加工及现场吊装的施工及质量控制管理，施工总承包单位要切实履行总包职责，监理单位应严格落实监理责任。

五、市政钢结构工程施工资料管理

市政钢结构工程施工资料分为：施工技术资料；工程物资资料；施工测量资料；施工记录；施工试验记录及检测报告；施工质量验收资料。施工技术资料：钢结构工程专项施工方案；技术交底记录；图纸审查记录；图纸会审记录等。工程物资资料：钢材、焊接材料、涂料材料、高强度螺栓产品质量合格证；钢材、焊接材料、涂料材料、高强度螺栓进场检验记录；钢构件产品合格证；钢构件进场检验记录等。施工测量资料：工程定位测量记录；测量复核记录等。施工记录：施工现场质量管理检查记录（表式 C1-5）；钢结构、钢梁焊接工艺评定；焊接材料烘焙记录；焊工资格备案表；焊缝综合质量检查汇总记录（表式 C5-4-2）；焊缝排位记录及示意图（表式 C5-4-3）；防腐施工质量检查记录；构件吊装施工记录（表式 C5-2-25）；钢箱梁安装检查记录；高强螺栓连接检查记录；钢构件试拼装检查记录；隐蔽工程检查记录；数字图文记录等。施工试验记录及检测报告：钢材、焊接材料、涂料材料、高强度螺栓进场复试报告；高强度螺栓预应力试验报告；扭矩系数试验报告；摩擦面抗滑移系数检测报告；无损检测委托单（表式 C6-2-21）；射线检测报告（表式 C6-2-15）；射线检测报告底片评定记录（表式 C6-2-16）；超声波检测报告（表式 C6-2-17）；超声波检测报告评定记录（表式 C6-2-18）；磁粉检测报告（表式 C6-2-19）；渗透检测报告（表式 C6-2-20）等。施工质量验收资料：检验批质量验收记录；分项工程质量验收记录；子分部工程质量验收记录等。钢构件试拼装检查记录表式可参照附件《钢构件试拼装检查记录》。

按照《城市桥梁工程施工与质量验收规范》CJJ 2－2008 表 23.0.1 城市桥梁工程分部（子分部）工程与相应的分项工程及检验批对照表，将钢结构工程对应为钢梁，将钢梁划分为分部工程桥跨承重结构的子分部工程，分项工程为现场安装，其检验批划分为：每个制作段、孔、联。《城市桥梁工程施工质量检验标准》

DB 11/1072-2014 与《城市桥梁工程施工与质量验收规范》CJJ 2-2008 完全相同。而按照《桥梁工程施工质量检验标准》DBJ 01-12-2004 表 A.0.6 桥梁工程分部（子分部）工程、分项工程及检验批的划分，将钢结构工程对应为钢桥，将钢桥划分为分部工程上部结构的子分部工程，分项工程划分为：构件制作、焊接、紧固件连接、构件组装、预拼装、构件安装、涂料、桥面处理，其检验批划分为：每个制作段、孔、联。

参照上述标准规范的划分，结合现场施工实际及资料管理，宜采用《桥梁工程施工质量检验标准》DBJ 01-12-2004 中的检验批、分项、子分部划分。但应去掉分项工程中的"桥面处理"，因目前所有现行有效标准规范均无钢桥桥面处理施工及验收规范，即：将钢结构工程对应为钢桥，将钢桥划分为分部工程上部结构的子分部工程，分项工程划分为：构件制作、焊接、紧固件连接、构件组装、预拼装、构件安装、涂料，其检验批划分为：每个制作段、孔、联。

附件：钢构件试拼装检查记录

工程名称		检查日期	
构件名称		构件编号	
执行标准		构件类型	

序号	检查项目	允许偏差（mm）	实测偏差（mm）	备　注

施工技术资料检查情况	

预拼装说明 与示意图 （可附后）	

施工单位 检查结论		监理单位 检查结论	

参加检查人员签字栏				
监理单位 专业监理工程师	施工单位 项目技术负责人	质量员	施工员	填表人

百问 50：如何做好市政工程人行天桥塑胶铺装施工及质量控制

目前，随着城市市政基础设施的逐步完善，城市人行天桥工程的建设越来越多，而现行有效的标准规范对人行天桥塑胶铺装很少有具体规定，致使人行天桥塑胶铺装施工及资料管理不到位，随意性较大，欠规范。参照北京市政建设集团有限责任公司企业标准《人行天桥弹性体桥面铺装技术规程》（Q/BMG110－2009）规定，结合以往施工和监督实践，就如何做好市政工程人行天桥塑胶铺装施工及质量控制，浅述如下：

一、现行标准规范规程人行天桥塑胶铺装要求

1.《北京市城市桥梁工程施工技术规程》DBJ 01－46－2001、《桥梁工程施工质量检验标准》DBJ 01－12－2004、《市政基础设施工程资料管理规程》DB11/T 808－2011、《城市人行天桥与人行地道技术标准》CJJ 69－95 均未提到人行天桥塑胶铺装施工及质量控制。

2. 只有《城市桥梁工程施工与质量验收规范》CJJ 1－2008 中第 20.3.5 条及第 20.8.3 条对人行天桥塑胶铺装的质量验收只作出了"材料的品种、规格、性能、质量应符合设计要求和相关标准规定。塑胶面层铺装的物理机械性能为硬度、拉伸强度、扯断伸长率、回弹值、压缩复原率和阻燃性"的规定。规范对人行天桥塑胶铺装施工未作任何说明。

3. 北京市政建设集团有限责任公司企业标准《人行天桥弹性体桥面铺装技术规程》Q/BMG110－2009 对人行天桥塑胶铺装的一般规定、性能指标、施工及检验方法作了详细、具体的规定。施工单位在人行天桥塑胶铺装施工及质量控制时可以参照使用。

二、人行天桥塑胶铺装施工及质量控制要点

1. 人行天桥塑胶的品种、规格、性能应严格检验并符合设计要求；

2. 塑胶铺装按程序应分为称量、混合、铺设、消气泡、撒摩擦层、固化、修边和清理等，施工过程中应严格按程序落实；

3. 塑胶必须采用机械搅拌，应同时严格控制材料的加热温度和洒布温度；

4. 人行天桥塑胶铺装宜在桥面全宽度内、两条伸缩缝之间，一次连续完成，铺装材料在伸缩缝处应断开，并进行封闭处理；

5. 人行天桥塑胶桥面铺装的最小厚度不应小于 3mm，一般应以 5～8mm 为宜，人行天桥橡胶板桥面铺装一般厚度不小于 15mm；

6. 风力超过 5 级、雨天和雨后桥面未干燥时，严禁塑胶铺装施工；

7. 塑胶养护时间夏季不应小于 8h，冬季不应小于 12h；

8. 人行天桥塑胶铺装完成后应无裂痕或分层现象；防滑层与底胶层粘合牢固、凹凸现象；表面色泽均匀、耐久；

9. 人行天桥桥面铺装平整度合格率不小于 80%；

10. 塑胶面层终凝之前严禁行人通行。

三、人行天桥塑胶铺装应注意的几个问题

1. 人行天桥塑胶铺装工程一般工程规模较小，施工单位一般都不太重视，因此，应切实加强项目部管理人员及劳动队伍的质量意识教育培训，认真做好施工技术交底、材料复试、工序过程检查和检验批验收。

2. 人行天桥塑胶铺装目前施工验收标准规范混乱或未涉及，因此，工程开工前参建各方应协商一致明确人行天桥塑胶铺装施工验收标准规范，或按照工程"四新"要求，编制相应施工验收标准规范，经专家论证、建设行政主管部门备案后在工程中施行。

3. 人行天桥塑胶铺装材料应采用最新材料并符合设计要求，尤为其环保性能必须符合国家标准规范要求。

4. 人行天桥塑胶铺装时，应重点做好与桥梁伸缩缝的衔接、桥头接顺及各种细部处理。

5. 当人行天桥塑胶铺装工程为桥梁修缮工程时，还应当符合相应的桥梁修缮工程的标准规范规程及相关要求。

四、人行天桥塑胶铺装施工技术资料管理

人行天桥塑胶铺装施工资料可分为：施工技术资料；工程物资资料；施工记录；施工试验记录及检测报告；施工质量验收资料。施工技术资料：塑胶铺装专项施工方案；技术交底记录。工程物资资料：塑胶材料产品合格证。施工记录：基面检查记录；基面处理记录；塑胶铺装记录；塑胶养护记录；塑胶铺装施工测温记录；数字图文记录等。施工试验记录及检测报告：塑胶材料进场检验记录；塑胶材料试验报告；塑胶铺装平整度检测报告；塑胶铺装厚度检测报告；塑胶铺装硬度检测报告；塑胶铺装拉伸强度检测报告；塑胶铺装回弹值检测报告；塑胶铺装压缩复原率检测报告；塑胶铺装基面粘结强度检测报告；塑胶铺装基面防水性检测报告等。施工质量验收资料：检验批质量验收记录；分项工程质量验收记录。人行天桥塑胶面层铺装检验批质量验收记录表式可参照附件《人行天桥塑胶面层铺装检验批质量验收记录》。

按照《城市桥梁工程施工与质量验收规范》CJJ 1-2008 要求，桥面铺装属分部工程桥面系的分项工程，检验批为每个施工段。《城市桥梁工程施工质量检

验标准》DB 11/1072－2014 与《城市桥梁工程施工与质量验收规范》CJJ 2－2008 完全相同。而按照《桥梁工程施工质量检验标准》DBJ 01－12－2004 要求，铺装属分部工程桥面系与附属工程的分项工程，检验批为每个施工段，两伸缩缝之间。

　　参照上述标准规范的划分，结合人行天桥施工实际和施工资料管理，建议将塑胶铺装可属分部工程桥面系的分项工程，检验批可划分为每 $100\sim200m^2$ 为宜。

附件：人行天桥塑胶面层铺装检验批质量验收记录

工程名称			验收日期			
分部(子分部)工程			分项工程			
检验批工程			部位名称			
施工单位		项目负责人		项目技术负责人		
分包单位		分包项目负责人		分包项目技术负责人		
执行标准名称及编号						

施工与质量验收规范的规定				施工单位检查记录		监理单位验收记录
主控项目	1	材料的品种、规格、性能、质量应符合设计要求和相关标准规定。				
	2	塑胶面层铺装的物理机械性能硬度、拉伸强度、扯断伸长率、回弹值、压缩复原率和阻燃性符合要求。				

施工与质量验收规范的规定			实测点偏差值或实测值	应测点数	实测点数	合格率％
一般项目	1	桥面铺装层与桥头路接茬应紧密、平顺。				
	1	允许偏差 厚度不小于设计要求				
	2	平整度±3mm				
	3	坡度符合设计要求				
平均合格率（％）						

施工单位检查结果		监理工程师验收结论	

参加验收人员签字栏				
专业监理工程师	项目技术负责人	质量员	施工员	填表人

百问 51：如何做好市政工程人行地下通道 工程施工及质量控制

目前，人行地下通道工程因其施工造价高、维修养护成本大且汛期安全性差，在市政工程中越来越少见，大部分以人行天桥形式取代。但因各种地理或环境原因，人行地下通道工程还是零星存在。对于人行地下通道工程，现行有效的标准规范《城镇桥梁工程施工与质量验收规范》CJJ 2‑2008、《城市桥梁工程施工质量检验标准》DB11/T 1072‑2014、《城镇道路工程施工质量检验标准》DB11/T 1073‑2014、《北京市城市桥梁工程施工技术规程》DBJ 01‑46‑2000、《北京市城市道路工程施工技术规程》DBJ 01‑45‑2000 均只字未提，只有《城镇道路工程施工与质量验收规范》CJJ 1‑2008 中将其作为"人行地道结构"进行了简单阐释。结合以往施工和监督实践，就如何做好市政工程人行地下通道工程施工及质量控制，浅述如下：

一、人行地下通道工程属性。 人行地下通道工程应属于市政桥梁工程，对应于人行天桥工程，应定名于"人行地下通道桥工程"为宜。在今后的市政标准规范修订时，应将"人行地下通道桥工程"纳入市政桥梁工程并明确相关要求为宜，以便于人行地下通道桥工程的施工、质量控制及验收管理。

二、人行地下通道工程施工及质量验收。 目前人行地下通道工程施工及质量验收，除应符合施工图纸及设计要求外，须符合《城镇道路工程施工与质量验收规范》CJJ 1‑2008 中第 14 章"人行地道结构"要求。人行地下通道工程中的台阶因《城镇道路工程施工与质量验收规范》CJJ 1‑2008 与《城市桥梁工程施工质量检验标准》DB11/T 1072‑2014 均未涉及，宜符合《桥梁工程施工质量检验标准》DBJ 01‑12‑2004 中"附属工程 台阶"的相关要求。具体详见附件台阶质量检验标准的相关内容。

三、人行地下通道工程防水。 人行地下通道工程防水施工除应符合施工图纸及设计要求外，还应严格落实《地下工程防水技术规范》GB 50108‑2008 和《地下防水工程质量验收规范》GB 50208‑2011 的相关要求。

四、人行地下通道工程施工图审查。 人行地下通道工程施工前，应严格施工图审查，重点为地下通道排水设施是否完善，是否符合相关防汛要求，混凝土结构性能是否符合相关要求，未经施工图审查合格，严禁组织施工。

五、人行地下通道工程专家论证。 按照《危险性较大的分部分项工程安全管理办法》（建质〔2009〕87 号）文件要求，人行地下通道工程或因深基坑或尚无相关技术标准均应划分为超过一定规模的危险性较大的分部分项工程。因此，应严格按照《危险性较大的分部分项工程安全管理办法》建质〔2009〕89 号、《北京市实施〈危险性较大的分部分项工程安全管理办法〉规定》（京建施〔2009〕841 号）和《北京市危险性较大的分部分项工程安全动态管理办法》（京建法〔2012〕1 号）文件要求进行专家论证等相关管理。

六、人行地下通道工程附属工程。人行地下通道工程若有装饰、照明等附属工程，其施工应符合国家现行有关标准规范的规定外，还应参照《城镇桥梁工程施工与质量验收规范》CJJ 2 - 2008 中的相关要求执行。

七、人行地下通道工程无障碍设施。人行地下通道工程无障碍设施应与其他市政工程一样，严格落实市政工程无障碍设施施工及质量控制要求。关于无障碍设施的概念、施工中应注意的几个问题、竣工验收中应注意的几个问题以及市政工程无障碍设施专项验收记录详见"百问 34：如何做好市政工程无障碍设施施工及质量控制"。

八、人行地下通道工程施工资料管理。人行地下通道工程施工资料管理时，应作为一个标段或项目的子单位工程，也可作一个独立的单位工程。其分部（子分部）工程、分项工程及检验批的划分建议可参照执行旧版《桥梁工程施工质量检验标准》DBJ 01 - 12 - 2004 表 A.0.6 桥梁工程分部（子分部）工程、分项工程及检验批的划分。

九、人行地下通道工程与"地下通道工程"区别。人行地下通道工程应区别于目前所谓的"地下通道工程"，人行地下通道工程是与人行天桥工程相对应的、小型的穿越城市道路或构筑物的位于地下用于人行的桥梁工程。而所谓的"地下通道工程"是指市政隧道工程或市政综合管廊工程，通常为投资规模较大，施工距离较长，使用功能较多的大型市政地下工程。随着城市的日益发展，国家中央财政的大力扶持，大型市政地下通道工程、市政综合管廊工程会越来越在未来的城市建设发展中广泛采用。而人行地下通道工程，除长安街之类特殊要求的地段之外，因其防汛抢险、维修养护等问题会在市政工程越来越少使用，逐步地被人行天桥工程所取代。

附件:《桥梁工程施工质量检验标准》DBJ 01-12-2004

附属工程 台阶质量检验标准

主 控 项 目

15.3.1 台阶施工质量应符合下列规定:

1 台阶的材料形式、规格应符合设计要求。安装施工应符合相关标准规定;

检查数量:全数检查

检验方法:对照设计文件,检查材料合格证书、进场验收记录和施工记录;观察。

2 台阶基础压实度应满足设计要求。

检查数量:全数检查

检验方法:按照道路工程填方标准和规定检查。

一 般 项 目

15.3.2 混凝土、料石、剁斧石、水磨石台阶的允许偏差见表15.3.2。

表15.3.2 混凝土、料石、剁斧石、水磨石台阶的允许偏差见表

| 序号 | 项目 | 允许偏差(≤mm) | | | | 检验频率 | | 检验方法 |
		混凝土	料石	剁斧石	水磨石	范围	点数	
1	踏面宽度	4	4	3	2	每跑台阶	2	用钢尺
2	踏步高度	4	4	3	2		2	用钢尺
3	踏面平整度	4	3	3	2		2	用2m直尺量取最大值
4	棱角直顺度	4	3	2	1		2	用2m直尺量取最大值

15.3.3 台阶外观质量应符合下列要求:

1 台阶表面整洁,不得积水,防滑条位置准确、牢固;

2 成品不应有裂缝、缺棱、掉角等损伤。

检查数量:全数检查

检验方法:观察。

百问 52：市政桥梁工程质量监督检查主要内容有哪些

目前，市政工程施工现场监督方法主要是抽查材料合格证及相关试验报告、见证试验报告，各种相关施工记录，按规定检查材料及实体外观质量、进行实测实量，抽查监理平行检验记录和旁站监理记录。具体桥梁工程质量监督检查主要内容按重点抽查、一般抽查划分，主要有如下几个部分，分别为：

一、桥梁基础工程

1. 混凝土灌注桩。重点抽查：孔位、孔径、孔深、倾斜度是否符合标准规范及设计要求；混凝土抗压强度是否符合标准规范及设计要求；灌注桩是否进行完整性检测；是否按设计要求进行桩承载力试验；钻孔灌注桩钢筋位置、规格、数量和保护层厚度是否符合标准规范及设计要求。一般抽查：需嵌入承台的混凝土桩头及锚固钢筋长度是否符合标准规范及设计要求。

2. 扩大基础、现浇混凝土承台。重点抽查：基础材料种类、材质、规格是否符合标准规范及设计要求；砌筑基础施工质量；混凝土基础施工质量。一般抽查：砖砌时是否提前浇水湿润；是否填写混凝土基础结构检验记录，观感质量、几何尺寸、轴线位置是否符合标准规范及设计要求。

二、桥梁主体结构工程

1. 预应力钢筋加工及安装。重点抽查：钢筋、焊条品种、牌号、规格和技术性能是否符合标准规范及设计要求，钢筋力学性能进场检验是否符合要求；钢筋加工和受力钢筋连接形式是否符合标准规范及设计要求；受力钢筋同一截面接头数量、搭接长度和焊接、弯头质量是否符合标准规范及设计要求；钢筋成型和安装时，其规格、数量、形状、间距和位置是否符合标准规范及设计要求；预埋件的规格、数量、位置等是否符合标准规范及设计要求。一般抽查：加工及安装偏差是否符合标准规范及设计要求；钢筋是否平直，钢筋和接头表面是否有焊渣、油污、颗粒状或片状老锈等；钢筋调直是否符合标准规范及设计要求；多层钢筋是否有足够钢筋支撑保证骨架施工刚度。

2. 预应力筋加工和张拉。重点抽查：预应力筋规格、数量、等级和各项技术性能是否符合标准规范及设计要求；预应力钢丝束是否梳理顺直，有无缠绕、扭麻花现象，单根钢绞线是否断丝；是否污染预应力筋；施工过程中是否存在电火花损伤预应力筋，受损伤预应力筋是否已更换；预应力钢丝采用镦头锚时，头型是否圆整，有无斜歪或破裂现象；同一截面预应力筋接头面积是否超过预应力筋总面积的 25％，接头质量是否符合标准规范及设计要求；预应力筋孔道位置是否准确，制孔管道是否安装牢固、接头密合、弯曲圆顺，锚垫板平面是否与孔道轴线垂直；千斤顶、油压表等是否配套校准，其他测量器具是否经校准；锚具、夹具和连接器是否经检验合格；预应力张拉和放张时，混凝土强度是否符合标准规范及设计要求；预应力钢筋张拉用钢丝、钢绞线，先张法、粗钢筋先张法、预应力后张法允许偏差是否符合标准规范及设计要求。一般抽查：预应力筋使用前是否进行了外观质量检查，有无裂纹、毛刺、机械损伤、氧化铁锈、油污等；预应力筋用锚具、夹具和连接器使用前应进行外观质量检查，表面不得有裂纹、机械损伤、锈蚀、油污等；预应力混凝土用波纹管尺寸和性能指标是否符合标准规范及设计要求，使用前是否进行外观质量检查，内外表面应清洁、无锈蚀、孔洞、油污等，接口应严密；水泥浆强度是否符合标准规范及设计要求，压浆时排气孔、排水孔是否有水泥浓浆溢出；预应力筋锚固多余部分是否采取机械方式切断；张拉力、张拉和放张顺序及张拉工艺等是否符合标准规范及设计要求。

3. 支架和拱架。重点抽查：是否满足强度、刚度、稳定性要求，可靠承受施工荷载；是否按施工组织设计、专项施工方案支搭和安装；拆除顺序及安全措施是否按施工方案执行；拆除时混凝土是否达到设计要求强度等级；浆砌石、混凝土砌块拱桥拱架的卸落是否符合标准规范及设计要求。一般抽查：模板允许偏差是否符合标准规范及设计要求。

4. 现浇混凝土桥梁墩、台、柱、墙。重点抽查：混凝土强度是否符合标准规范及设计要求，配合比是否符合相关标准，混凝土是否有合格证明文件；墩、台、柱、墙有无蜂窝、露筋和裂缝；沉降装置是否垂直、上下贯通；柱顶钢箍材质、厚度是否符合标准规范及设计要求，焊缝焊接质量是否符合标准规范及设计要求，钢板边缘与柱混凝土有无错台，钢筋混凝土是否进行了超声波检测；柱顶钢箍与柱混凝土是否接顺；钢管混凝土质量是否检测并符合标准规范及设计要求。一般抽查：桥墩、台墩、台身尺寸、顶面高程、轴线位移、墙面垂直度和平整度、麻面允许偏差符合标准规范及设计要求；梁柱的长、宽、柱高、顶面高程、轴线位移、垂直度、平整度、麻面允许偏差符合标准规范及设计要求；挡土墙墙身尺寸、顶面高程、轴线位移、垂直度、平整度、直顺度、麻面允许偏差符合标准规范及设计要求；混凝土表面是否平整，施工缝是否平顺，线条直顺、清晰。

5. 现浇钢筋混凝土盖梁。重点抽查：混凝土强度、质量、几何尺寸是否符合标准规范及设计要求，配合比是否符合相关标准规定，混凝土有无质量合格证明文件；混凝土盖梁有无蜂窝、露筋和裂缝。一般抽查：长、宽、高尺寸，盖梁轴线位移、盖梁顶面高程、平整度、预埋件位置、麻面允许偏差是否符合标准规范及设计要求；盖梁外观是否光滑、平整、颜色一致。

6. 支座安装。重点抽查：支座规格、质量、技术性能指标是否符合标准规范及设计要求，外观有无影响使用的硬伤；支座粘结灌浆、润滑材料是否符合标准规范及设计要求；支座安装时是否保持水平，上下面与结构界面是否全部密贴；板式支座下设置的支承垫石混凝土强度是否符合标准规范及设计要求；盆式支座锚筋长度是否符合标准规范及设计要求；球形支座与墩台连接螺栓周围灌注无收缩砂浆，强度是否符合标准规范及设计要求。一般抽查：支座安装时支座高程、支座位置、支座平整度允许偏差是否符合标准规范及设计要求；支座安装时有无个别支点受力或个别支点脱空现象；盆式支座安装地脚螺栓时，其外露螺母顶面的高度是否大于螺母的厚度；球形支座与墩台连接螺栓周围灌注压浆是否饱满。

7. 支架整体现浇施工梁、板。重点抽查：混凝土强度等级和其他性能指标是否符合标准规范及设计要求；钢筋混凝土结构在自重荷载作用下是否出现受力裂缝；是否有露筋和空洞现象；所有预埋件、孔洞、支座垫石等设施的规格、种类、尺寸、位置等是否符合标准规范及设计要求；现浇钢筋混凝土梁、板混凝土抗压强度、断面尺寸、长度、顶面高程、轴线偏位和横隔梁轴线、平整度允许偏差是否符合标准规范及设计要求。一般抽查：混凝土表面是否平整，施工缝是否平顺；混凝土表面有无大于 0.25mm 宽度的非受力裂缝；混凝土蜂窝麻面面积是否小于总面积的 0.5%，深度是否超过 10mm。

8. 悬臂现浇混凝土施工梁。重点抽查：悬臂浇筑或合拢段浇筑混凝土强度等级和其他性能指标是否符合标准规范及设计要求；悬拼或悬臂浇筑块件前，是否对桥墩根部高程、轴线详细复测；悬臂施工是否对称进行，轴线的挠度是否达到设计要求和在允许偏差范围内；在施工过程中梁体是否出现受力裂缝；悬臂浇筑梁断面尺寸、同跨对称点高程差的允许偏差是否符合标准规范及设计要求。一般抽查：混凝土表面是否平整，施工缝是否平顺；混凝土蜂窝麻面面积不应超过总面积的 0.5%，深度不超过 10mm；混凝土表面有无大于 0.15mm 宽度的非受力裂缝；线形是否平顺，梁顶面是否平整，有无明显折变；相邻块件的接缝是否平整密实、色泽一致、棱角分明、无明显错台。

9. 安装预制钢筋混凝土梁（板）。重点抽查：预制梁（板）混凝土强度等级和其他性能指标是否符合标准规范及设计要求；梁（板）安装前，墩台支座垫板是否稳固；梁（板）就位后，两端支座位置是否准确，与支座是否密合，有无虚空现象；梁（板）之间连接方式及接缝填充材料的规格、强度是否符合标准规范及设计要求；伸缩缝是否全部贯通，有无堵塞；预制悬臂拼装梁的顶面高程、轴线位移、同跨对称点高程差的允许偏差及合拢段混凝土强度是否符合标准规范及设计要求。一般抽查：预制钢筋混凝土梁（板）的断面尺寸、长度、侧向弯曲、两对角线长度差、麻面、平整度允许误差是否符合标准规范及设计要求；安装后的平面位置、湿接焊接横隔梁相对位置、伸缩缝宽度、支座板允许偏差是否符合标准规范及设计要求；拼缝是否平整密实。

10. 钢桥。重点抽查：钢桥材料品种、规格、性能等是否符合标准规范及设计要求；钢材、焊接材料、高强度螺栓是否进行过抽样检查，其结果是否符合标准规范及设计要求；焊条、焊丝、焊剂、电渣焊熔嘴等焊接材料与母材的匹配是否符合标准规范及设计要求，焊条、焊剂、药芯焊丝、熔嘴等在使用前是否按其产品说明及焊接工艺规定进行烘焙和存放；焊工是否持证上岗并在其认可范围内施焊；设计要求的一、二级焊缝是否进行无损探伤内部缺陷检查；焊缝检查时，焊缝及其热影响区有无肉眼可见裂纹；钢材除锈是否符合标准规范及设计要求，除锈后其表面有无焊渣、灰尘、油污、水和毛刺等；涂装遍数、涂层厚度是否符合标准规范及设计要求；摩擦面处理是否符合标准规范及设计要求，是否安装前在厂内、工地对抗滑系数分别进行过试验、复检。一般抽查：各梁段线形是否平顺，有无折弯；梁板、桁梁杆件、箱梁、梯道梁、钢墩柱基本尺寸允许偏差是否符合标准规范及设计要求；所有焊缝是否进行过外观检查，有无裂纹、未熔合、夹渣、弧坑或其他超标准缺陷；防护层是否完好，色泽一致，有无漏底、漏涂或涂层剥落、破损、起泡、划伤等缺陷。

三、桥梁附属工程

1. 桥头搭板。重点抽查：下填料压实度是否符合标准规范及设计要求；基础顶面是否平整、密实；混凝土强度等级、质量是否符合标准规范及设计要求；支承是否牢固平稳。一般抽查：搭板、枕梁长度、顶面高程、平整度、轴线位移、缝宽允许偏差是否符合标准规范及设计要求；混凝土搭板、枕梁有无蜂窝、露筋等现象；上板面是否平整，缝隙是否均匀，嵌填是否密实。

2. 桥台和挡土墙泄水孔。重点抽查：泄水孔的设置、位置和数量是否符合标准规范及设计要求；泄水断面及坡度是否符合标准规范及设计要求；反滤层各种材料规格是否符合标准规范及设计要求，各层材料是否混杂。一般抽查：泄水孔进口高程、间距允许偏差是否符合标准规范及设计要求。

3. 台阶。重点抽查：材料形式、规格是否符合标准规范及设计要求；安装施工是否符合标准规范及设计要求；基础压实度是否符合标准规范及设计要求。一般抽查：混凝土、料石、剁斧石、水磨石台阶安装后踏面宽度、踏步高度、踏面平整度、棱角直顺度允许偏差是否符合标准规范及设计要求。

4. 排水设施。重点抽查：桥面雨水篦子安装位置是否准确，与桥面是否接顺平整，周边混凝土是否密实；排水管安装是否牢固、直顺，接口是否严密，有无渗、漏水现象。一般抽查：排水管直顺度、雨水口平面位置允许偏差是否符合标准规范及设计要求。

第二篇　施工管理类

Ⅲ　排水工程

百问 53：如何做好市政工程管道胸腔级配砂石
回填施工及质量控制

目前，随着市政工程柔性接口管道应用越来越广泛，且北京地区中粗砂越来越稀缺，市政工程管道胸腔回填越来越多地采用级配砂石，但在施工中经常存在级配不合理、回填不实、碾压不到位和施工、监理人员不重视等问题，造成管道胸腔级配砂石回填施工较为混乱、质量难于控制。结合以往施工和监督实践，就如何做好市政工程管道胸腔级配砂石回填施工及质量控制，浅述如下：

一、级配砂石的概念

级配砂石是指一种由砂子和石子按一定比例组合而成的混合材料。一般分为天然级配砂石和人工级配砂石。级配砂石宜采用质地坚硬的中粗砂、砂砾、碎（卵）石或其他工业废粒料。在缺少中粗砂和砾石的地区，可采用细砂，但宜同时掺入一定数量的碎（卵）石，其掺和量应符合设计要求。颗粒级配应良好。

二、管道胸腔级配砂石回填前的相关要求

1. 管道胸腔级配砂石回填前，施工单位应编制回填专项施工方案，经项目技术负责人审核后加盖项目负责人建造师印章，报专业监理工程师审批后方可组织实施；

2. 管道胸腔级配砂石回填前，监理单位应依据施工单位回填专项施工方案，编制监理旁站方案，明确监理旁站人员、职责、旁站内容、旁站要点、检查频次、记录要求等，经总监理工程师审批后，在回填监理旁站过程中严格落实；

3. 若管道胸腔回填采用人工级配砂石，回填前，应对回填材料按标准规范要求进行进场检验和试验，检验的重点为砂石粒径，试验的重点为配比、含水量；

4. 管道胸腔级配砂石回填前，应检查按标准规范和设计要求须做闭水试验的管道，是否已完成闭水试验并合格；

5. 胸腔回填前，应对砂砾基础、腋角部分的回填压实度（腋角回填应采用木锤等特制工具夯实）、柔性管道的管身固定措施等进行隐蔽工程检查，发现问题及时整改，合格后方可回填。

三、管道胸腔级配砂石回填的相关要求

1. 管道胸腔回填的级配砂石不得含有草根、树叶、塑料袋等有机杂物及垃圾，碎（卵）石最大粒径不得大于虚铺厚度的 2/3，且不宜大于 40mm；

2. 管道胸腔级配砂石回填时，应设置控制虚铺厚度的标高桩，一般虚铺厚度宜为15～20cm，最大不应超过25cm，重大工程或重点工程应先做试验段，以确定虚铺厚度值；

3. 级配砂石运入沟槽内时不应损伤管道及其接口，胸腔回填时应由沟槽两侧对称运入槽内，不得直接回填在管道上，应均匀运入，不得集中推入；

4. 回填砂石应级配均匀。若发现砂窝或石子成堆时，应将砂子或石子挖出，分别填入级配良好的砂石；

5. 管道胸腔级配砂石回填时，管道两侧应同时回填，其压实面高差不应超过30cm，分段回填压实时，其搭接处应呈台阶形，台阶长度应大于高度的2倍，且不得漏夯；

6. 夯实碾压回填级配砂石时，应根据干湿程度和气候条件，适当洒水以保持最佳含水量，最佳含水量一般宜为8%～12%；

7. 管道胸腔级配砂石回填时，应采用木夯、铁夯或蛙式打夯机等轻型击实工具，并保持落距为40～50cm，一夯压半夯，行行相接，全面夯实，一般不应少于3遍，边缘和转角处应用人工或铁夯补夯密实；

8. 管道胸腔级配砂石回填时，管道及附属构筑物应无损伤、沉降和位移，回填后，应连续进行管顶回填施工，否则应适当经常洒水润湿。

四、管道胸腔级配砂石回填质量控制要点

1. 沟槽基底土质或砂砾基层必须符合设计要求；

2. 级配砂石材料质量必须符合标准规范和设计要求（同条件材料每回填 $1000m^2$ 应取样1次，每次取样至少应做2次测试，条件变化或来源变化时，应分别取样检测）；

3. 级配砂石的配比应准确，拌和应均匀，虚铺厚度符合规定；

4. 管道胸腔级配砂石的回填压实度应达到95%（轻型击实标准，两井之间或每 $1000m^2$，每层每侧1组，每组3点）；

5. 级配砂石应分层碾压密实，平整。

五、管道胸腔级配砂石回填的施工技术资料管理

管道胸腔级配砂石回填的施工资料分为：施工技术资料；工程物资资料；施工记录；施工试验记录及检测报告；施工质量验收资料。施工技术资料：管道胸腔级配砂石回填专项施工方案；技术交底记录等。工程物资资料：级配砂石产品质量合格证；级配砂石进场检验记录等。施工记录：胸腔级配砂石回填前检查记录；胸腔级配砂石回填施工检查记录；隐蔽工程检查记录；数字图文记录等。施工试验记录及检测报告：人工级配砂石试验报告；最大干密度与最佳含水量试验报告；回填压实度试验记录；人工级配砂石进场复试报告等。施工质量验收资料：检验批质量验收记录；分项工程质量验收记录等。

　　《给水排水管道工程施工及验收规范》GB 50268－2008、《排水管（渠）工程施工质量检验标准》DB11/T 1071－2014、《排水管（渠）工程施工质量检验标准》DBJ 01－13－2004 对胸腔级配砂石回填分部、分项工程及检验批的划分都未提及，只提及沟槽回填。且将沟槽回填列为子分部工程沟槽土方的分项工程，检验批未说明。

　　结合现场实际及施工资料管理，建议将胸腔级配砂石回填划分为子分部工程沟槽土方的分项工程，分项工程名称为：胸腔级配砂石回填或胸腔回填，建议检验批可划分为：每≤10 个检查井或每≤200m 为一检验批。

附件：胸腔级配砂石回填前检查记录

工程名称			检查日期	
分部工程名称			分项工程名称	
序号	检查项目		质量检查情况	备　注
1	回填材料按标准 规范要求进行 进场检验和试验	砂石粒径		
2		配　比		
3		含水量		
4	须做闭水试验的管道 是否按标准规范及设计要求 已完成闭水试验并合格			
5	沟槽内杂物是否已清除干净			
6	沟槽内是否有积水			
7	砂砾基础是否符合标准规范 及设计要求			
8	腋角部分的回填压实度是否 符合设计要求			
9	柔性管道的管身固定措施是否 符合标准规范及设计要求			
10	施工技术资料检查情况			
检查总体情况			检查结论	
参加检查人员签字栏				
施工单位 项目负责人	质量员	施工员	班组长	填表人

百问 54：如何做好市政工程沟槽回填施工及质量控制

目前，市政工程中沟槽回填质量问题较为突出，主要表现为：回填材料不符合要求，压实度不达标，回填虚铺超厚，管道两侧未同时碾压等，从而导致路面下沉或管道变形开裂，存在较大安全质量隐患，因此，应切实加强市政工程沟槽回填质量控制，提高市政工程管道施工质量水平，根据《给排水管道工程施工与质量验收规范》GB 50268-2008、《排水管（渠）工程施工质量检验标准》DB11/T 1071-2014、《北京市给水排水管道工程施工技术规程》DBJ 01-47-2000 等标准规范及《关于进一步加强建设工程土方开挖回填环节质量控制工作的通知》（京建发〔2015〕229 号）要求，结合以往施工和监督实践，就如何做好市政工程沟槽回填施工及质量控制，浅述如下：

一、市政工程沟槽回填无任何技术及施工难度，质量问题的关键在于施工管理人员（含监理旁站人员）的责任心。因此，应把提高操作工人、施工员、材料员、试验员、质量员和监理旁站人员的责任心作为提高市政工程沟槽回填质量的重中之重，不二法门

二、沟槽回填专项施工方案。 沟槽回填前，施工单位应制定沟槽回填专项施工方案，方案应明确回填材料、虚铺厚度及压实度，制定项目沟槽回填质量控制措施，落实质量、试验等相关人员及相应责任。监理单位应依据施工单位沟槽回填专项施工方案制定监理旁站方案，方案应明确沟槽回填旁站人员及其职责，制定回填旁站要点，规范回填旁站记录，并作好回填压实度的平行检验。

三、专家论证。 对于超过 5m 的深沟槽回填和条件环境复杂下的沟槽回填，其回填专项施工方案应按照《危险性较大的分部分项工程安全管理办法》（建质〔2009〕87 号）文件要求组织进行专家论证，经专家论证过的回填专项施工方案在沟槽回填施工过程中应严格落实，不得擅自修改、调整。

四、中粗砂换填。 当标准规范规程或设计图纸中明确采用中粗砂进行沟槽回填时，应充分考虑到北京及周边建材市场实际，建议由施工单位提请参建各方协商一致后，通过设计变更或工程洽商的方式换填其他符合标准规范规程或设计要求的易采购、易压实材料。

五、回填材料标准击实试验报告。 市政工程施工实际中，回填材料的标准击实试验报告一般应由施工单位委托有资质的第三方检测机构出具，在沟槽回填过程中应重点控制含水量，严格虚铺厚度，确保压实度。

六、沟槽回填施工及质量控制应注意的几个问题

1. 当管道按标准规范或设计要求必须闭水、闭气试验时，应待管道闭水、闭气试验合格后再进行及时回填；

2. 回填必须在管座混凝土强度达到 $5.0N/mm^2$ 以上时，方可进行；

3. 沟槽回填时，沟槽内杂物应已清除干净且不得有积水；

4. 管道两侧应同时对称同步回填，两侧回填高差不得超过一层回填土厚度；

5. 井周回填应与管线回填同时进行，压实时沿井室中心对称进行，不得漏夯；

6. 管道腋角部位回填是管道沟槽回填重中之重，其回填材料及压实度应严格控制，确保符合设计要求，管道两侧应同时对称回填，两侧高差不得超 30cm；

7. 为防止管道在回填夯实中破损，其胸腔部分必须按虚铺厚度不得超过 25cm，压实度达到轻型击实标准的 95％分层夯实；

8. 沟槽回填管顶以上 25cm 范围内，宜用小型机具夯实；管顶以上 50cm 范围内，不得使用压路机压实；

9. 回填土压实度应逐层检查并符合设计要求，设计无要求时，应符合《给排水管道工程施工与质量验收规范》GB 50268－2008 表 4.6.3-1、表 4.6.3-2 和图 4.6.3 的规定。《给排水管道工程施工与质量验收规范》GB 50268－2008 表 4.6.3-1、表 4.6.3-2 和图 4.6.3 详见附件 1。

七、关于市政工程土方开挖回填施工及质量控制的相关要求

依据市住房和城乡建设委联合市市政市容委等部门发布的《关于进一步加强建设工程土方开挖回填环节质量控制工作的通知》（京建发〔2015〕229 号）要求，市政工程土方开挖回填施工及质量控制还应符合如下相关要求：①强化管道施工质量控制。一是在回填土土基上开挖的各种管道，必须按照设计文件要求进行土基强度检测并符合要求；二是管道基础垫层几何尺寸、强度应满足设计及规范要求；三是管道施工完成后应按规范要求完成相应的功能性试验工作，试验结果必须满足设计要求；四是应严格按程序实施隐蔽工程的检查验收。②管线工程进行地下暗挖施工时，建设单位应在工程开工前，委托检测机构对暗挖施工路线影响范围内的地层进行空洞检测，并将检测结果提交给道路相关责任产权单位办理交接手续，并作为地层空洞处理的依据；施工单位应履行暗挖施工专项施工方案的编制、论证、审批手续，并严格按方案实施，并建立完善超前地质预判、暗挖工程动土、临时支护拆除、注浆加固等防坍塌预控机制及管理制度；监理单位应严格审核暗挖施工专项施工方案，按要求进行旁站监理，监督施工单位按方案实施。工程完工后，建设单位应当对暗挖施工路线影响范围内的地层进行空洞复测，确保无因暗挖施工新增加地层空洞，并将复测结果提交道路相关责任产权单位。如发现新增加地层空洞，须采取注浆加固等措施将空洞处理完毕。③施工单

238

位应严格按照工程设计要求选用回填材料，回填土必须具有足够的强度和稳定性。道路路基范围内回填土，应当满足道路路基相关技术规范。严格控制回填土分层厚度、含水率，回填压实度应满足各专业管线工程施工与质量验收规范的要求。④规范施工行为，加强施工过程管理。土方回填应严格按照规范及审批的回填专项方案进行。在回填土施工时，监理单位人员应根据回填方案进行旁站，有条件的还应逐层用贯入仪检验，核查质量。⑤回填土完成后，应加强注意上部施工时对地表水的及时排除。针对具有冻胀性质的回填土，为避免施工期间地基的地表水浸入，应设置规范的排水沟。道路路基范围内回填土的验收，应有道路建设单位或产权单位参与。

八、沟槽回填的施工技术资料管理

沟槽回填的施工资料分为：施工技术资料；工程物资资料；施工记录；施工试验记录及检测报告；施工质量验收资料。施工技术资料：沟槽回填专项施工方案；技术交底记录等。工程物资资料：回填材料产品质量合格证；回填材料进场检验记录等。施工记录：沟槽回填前检查记录；沟槽回填施工检查记录；隐蔽工程检查记录；数字图文记录等。施工试验记录及检测报告：回填材料试验报告；最大干密度与最佳含水量试验报告；回填压实度试验记录；回填材料进场复试报告等。施工质量验收资料：检验批质量验收记录；分项工程质量验收记录等。沟槽回填施工检查记录表式可参照附件2《沟槽回填施工检查记录》。

《给水排水管道工程施工及验收规范》GB 50268－2008、《排水管（渠）工程施工质量检验标准》DB11/T 1071－2014、《排水管（渠）工程施工质量检验标准》DBJ 01－13－2004 对沟槽回填分部、分项工程及检验批的划分为：将沟槽回填列为子分部工程沟槽土方的分项工程，检验批未说明。

结合现场实际及施工资料管理，建议执行《给水排水管道工程施工及验收规范》GB 50268－2008、《排水管（渠）工程施工质量检验标准》DB11/T 1071－2014 标准，将沟槽回填划分为子分部工程沟槽土方的分项工程，分项工程名称为：沟槽回填，建议检验批可划分为：每≤10 个检查井或每≤200m 为一检验批。

附件1：刚性管道沟槽回填土压实度

表 4.6.3-1

序号	项 目			最低压实度（%）		检查数量		检查方法
				重型击实标准	轻型击实标准	范围	点数	
1	石灰土类垫层			93	95	100m		
2	沟槽在路基范围外	胸腔部分	管侧	87	90			
			管顶以上500mm	87±2（轻型）				
		其余部分		≥90（轻型）或设计要求				
		农田或绿地范围表面500mm范围内		不宜压实，预留沉降量，表面整平				
3	沟槽在路基范围内	胸腔部分	管侧	87	90	两井之间或1000m²	每层每侧一组（每组3点）	用环刀法检查或采用现行国家标准《土工试验方法标准》GB/T 50123中其他方法
			管顶以上250mm	87±2（轻型）				
		由路槽底算起的范围内（mm）	≤800 快速路及主干路	95	98			
			≤800 次干路	93	95			
			≤800 支路	90	92			
			>800~1500 快速路及主干路	93	95			
			>800~1500 次干路	90	92			
			>800~1500 支路	87	90			
			>1500 快速路及主干路	87	90			
			>1500 次干路	87	90			
			>1500 支路	87	90			

注：表中重型击实标准的压实度和轻型击实标准的压实度，分别以相应的标准击实试验法求得的最大干密度为100%。

柔性管道沟槽回填土压实度

表 4.6.3-2

槽内部位		压实度（%）	回填材料	检查数量		检查方法
				范围	点数	
管道基础	管底基础	≥90	中粗砂	/	/	用环刀法检查或采用现行国家标准《土工试验方法标准》GB/T 50123中其他方法
	管道有效支撑角范围	≥95		每100m	每层每侧一组（每组3点）	
管顶以上500mm	管道两侧	≥95	中粗砂、碎石屑、最大粒径小于40mm的砂砾或符合要求的原土	两井之间或1000m²		
	管道两侧	≥90				
	管道上部	85±2				
管顶500~1000mm		≥90	原土			

注：回填土的压实度，除设计要求用重型击实标准外，其他皆以轻型击实标准试验法求得的最大干密度为100%。

柔性管道沟槽回填部位与压实度示意图

图 4.6.3

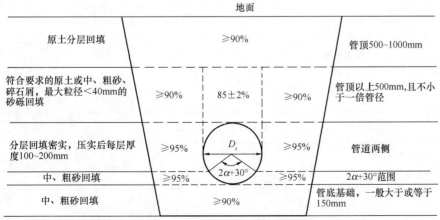

附件2：沟槽回填施工检查记录

工程名称			检查日期	
分项工程名称			部位桩号	

序号	检查项目		质量检查情况				备注
1	回填情况	回填材料					
		虚铺厚度					
		碾压厚度					
		碾压机具					
		碾压方法及遍数					
2	现场试验情况	试验点位示意图					
		试验点数		试验点编号			
		最大干密度	最佳含水量		实测含水量		
		设计压实度	试验结果		试验单编号		
3	施工技术资料检查情况						
检查总体情况					检查结论		
参加检查人员签字栏							
施工单位项目负责人		质量员	施工员		班组长	填表人	

百问 55：如何做好市政工程混凝土模块式
检查井施工及质量控制

目前，市政工程混凝土模块式检查井施工现场管理较为混乱，对专利产品"混凝土模块"了解不清楚，对其施工工艺及质量标准控制不一，加之监理管理上的畏难情绪，致使市政工程混凝土模块式检查井施工成为管道工程质量控制的薄弱环节，返工现象较为明显，因此，加强市政工程混凝土模块式检查井施工及其质量管理显得十分紧迫且非常必要。针对标准图集《混凝土模块式排水检查井》(12S522)，参照《混凝土模块砌体施工工法》YJGF200-2006，结合以往施工和监督实践，就如何做好市政工程混凝土模块式检查井的施工及其质量控制，浅述如下：

一、混凝土模块式检查井的概念

混凝土模块是指一种新型的由砂、石、水泥、粉煤灰等原材料按照一定配比经高频振捣，垂直挤压成型的用于墙体结构砌筑的"专利"产品。混凝土模块式检查井是指用混凝土模块砌筑的检查井。它改变了传统检查井施工工期长、工艺复杂、结构易沉降等缺点，具有工艺简单、整体稳固性好、强度高、闭水性能理想、耐腐蚀等优点。

二、混凝土模块式检查井的特点

1. 模块化。应用于圆形检查井的弧形模块的基本尺寸是将各类井型进行整体切割，利用周长与直径的关系形成单元块尺寸规格，用少数几种形式的模块，即可满足各类井型的应用需要，形成系列化尺寸模块；

2. 链锁。模块的上下左右四面设有凹凸槽结构，组成砌筑后形成链锁。使井壁墙体各个方向的抗剪力远远优于平摩擦砌体的结构形式；

3. 灌芯。模块为中空结构，组合砌筑后形式纵向孔孔相贯，横向孔孔相通的网状孔，灌芯后形成现浇混凝土网状结构，起到补强和闭水作用；

4. 植筋。模块纵横均设有插筋槽，横向卧筋、纵向插筋，相应提高了结构整体强度；

5. 强度等级。混凝土模块强度等级为 MU7.5、MU10、MU12.5，分别对应的混凝土强度等级为 C25、C30、C35。施工中可根据具体使用条件由设计灵活确定。

三、混凝土模块式检查井施工方法

混凝土模块式检查井施工方法为：①测量放线。圆形井以两节管预留间距中心为圆心画圆，矩形井以两节管预留间距中心按设计尺寸向四边放线。如开挖沟槽比较深，为防止塌方，放线时，应随时跟踪放坡大小，同时应根据施工图纸控制好检查井标高。②砌筑。首层混凝土模块应按设计图纸要求定位，根据检查井尺寸正确的摆放模块。圆形井每层模块数量为直径/100，即1100圆形检查井采用1100弧形块，每层为11块。矩形井根据标准块、转角块的尺寸来决定每层砌块排放数量。当连接接入管时，模块可用切割机切割，切割后的连接缝坐浆应密实，凹凸槽口衔接牢固，以便流入砂浆，防止渗漏。特别应注意砌筑时采用专用工具施工，确保砂浆饱满，灰浆均匀，严禁使用断裂、壁肋上有竖向裂缝的模块砌筑。当砌筑3～4层时，应备好模板，紧锢器将模块周边收紧，防止模块移位。同时随砌随复核井室尺寸。③灌芯。混凝土灌芯前应将杂物及落灰清理干净，墙体应作必要的支撑加固。分次灌注时，应灌至最上层砌块的2/3，剩下捣固，但两个灌注间隔时间不得超过下层混凝土的冷凝时间。灌芯应连续，确保混凝土连续性和整体粘结性。灌注混凝土强度等级为C25。④勾缝。井壁应随砌筑随勾缝，勾缝采用1∶2防水水泥砂浆，在砌筑检查井时应同时安装预留支管，预留支管的管径、方向、高程应符合设计要求，管道与井壁衔接处应严密。⑤流槽。流槽与井室应同时砌筑。流槽表面应用水泥砂浆抹面，压实抹光，与上下游管道平顺一致。⑥踏步安装。踏步可直接镶嵌于两层砌块之间，用切割机在设计安装位置切出槽孔，放入踏步，用混凝土包裹严实，同时调整好踏步夹角，平整度，外露长度。踏步安装，应随砌筑随安装，混凝土凝固前不得踩踏踏步。⑦安装盖板、井圈、井盖。检查井砌筑或安装至规定高程后，应及时浇筑或安装盖板、井圈，盖好井盖。检查井施工完毕后，应加强养护，混凝土及砂浆未达到设计强度前不得进行回填。

四、混凝土模块式检查井质量控制要点

1. 混凝土模块式检查井基础应坐落在土质良好的原状土层上，地基承载力应≥100kPa；

2. 混凝土模块、盖板、井盖、井圈、砂浆强度、混凝土强度、钢筋必须符合相关标准规范和设计要求；

3. 混凝土及砂浆未达到设计强度前，混凝土模块式检查井不得进行回填，有闭水要求的检查井经闭水试验合格验收后，方可回填；

4. 检查井井身尺寸：长宽度、直径允许偏差为0～40mm，踏步安装的水平及垂直间距、外露长度允许偏差为±10mm；

5. 灌芯混凝土量应达到计算需用量，灌注后应及时用小锤敲击砌体，应无异常无空洞，必要时应凿开有异常声响的模块进行检查；

6. 混凝土模块质量检测应采用现场随机抽样进行有见证取样检测，经参建

各方协商一致，也可用生产厂家提供的同批混凝土模块标准试块进行检测；检查井混凝土模块砌体质量检测，应采用取芯检测，经参建各方协商一致，也可用回弹仪现场回弹检测。

五、混凝土模块式检查井施工中应注意的几个问题

1. 混凝土模块式检查井施工前，建设单位应组织设计、监理、施工单位召开混凝土模块式检查井施工及质量控制专题会，相互沟通协调，明确混凝土模块式检查井施工的设计要求、工艺要点及质量标准；

2. 混凝土模块式检查井施工全过程，监理单位应进行现场旁站并填写旁站监理记录，必要时，应留存数字图文记录或相应影像资料；

3. 混凝土模块进入施工现场必须提供产品的合格证，标明生产厂家、模块强度等级、型号、批次和生产日期，钢筋、砌筑砂浆和灌芯混凝土应符合相关的规范规程及设计要求；

4. 井室肥槽中的支、干管基础应用级配砂石或素混凝土填实，支、干管管径、方位及高程应符合设计要求，管道与井壁衔接处应严密；

5. 钢筋设置、连接方式、锚固或搭接长度应符合设计要求，设计文件无规定时应要求设计单位予以明确；

6. 砌筑宜采用专用工具，确保砂浆饱满，灰浆均匀，砌筑时应上下对孔、错缝，井壁应采用1∶2防水水泥砂浆随砌随勾缝；

7. 灌芯混凝土应分层（300～500mm）捣固，捣固时应隔孔插振，不得漏振。灌芯应连续浇灌，不留施工缝，一次灌注高度应≤2m；

8. 首层模块应直接安放在底板钢筋龙骨上并进行固定，混凝土底板应与首层模块一次浇筑。无配筋的底板应在混凝土初凝之前将首层模块植入底板30～50mm；

9. 球墨铸铁踏步应随砌装随安装，并应与混凝土模块相配备，灌芯混凝土未达到设计强度前不得踩踏。

六、混凝土模块式检查井施工技术资料管理

混凝土模块式检查井的施工资料分为：施工技术资料；工程物资资料；施工记录；施工试验记录及检测报告；施工质量验收资料。施工技术资料：混凝土模块式检查井砌筑专项施工方案；技术交底记录等。工程物资资料：混凝土模块质量合格证；混凝土模块进场检验记录；盖板质量合格证；盖板进场检验记录；井盖质量合格证；井盖进场检验记录；井圈质量合格证；井圈进场检验记录；踏步质量合格证；踏步进场检验记录；砂浆质量合格证；预拌混凝土出厂合格证；钢筋质量合格证等。施工记录：检查井基础处理检查记录；地基验槽检查记录；地基钎探记录；钢筋安装检查记录；混凝土模块砌筑安装检查记录；混凝土浇筑记

录；混凝土养护测温记录；隐蔽工程检查记录；数字图文记录等。施工试验记录及检测报告：混凝土模块试验报告；钢材试验报告；污水管道（检查井）闭水试验记录；井盖进场复试报告；砂浆抗压强度试验报告；混凝土抗压强度试验报告；混凝土模块式检查井取芯检测报告；混凝土模块式检查井回弹强度检测报告等。施工质量验收资料：检验批质量验收记录；分项工程质量验收记录；子分部工程质量验收记录等。混凝土模块砌筑安装检查记录表式可参照附件《混凝土模块砌筑检查井施工检查记录》。

按照《给水排水管道工程施工及验收规范》GB 50268-2008 附录 A 给排水管道工程分项、分部、单位工程划分，将混凝土模块式检查井划分为子分部工程附属构筑物工程的分项工程井室（砌筑结构），其检验批划分为：同一结构类型的附属构筑物不大于 10 个。《排水管（渠）工程施工质量检验标准》DB11/T 1071-2014 附录 A 排水管（渠）工程分部工程、分项工程划分，将混凝土模块式检查井划分为分部工程附属构筑物的子分部工程检查井，其分项工程为砌筑井，其检验批划分未提及。

参照上述标准规范的划分，结合现场实际及施工资料管理，建议宜将混凝土模块式检查井划分为分部工程附属构筑物的子分部工程检查井，分项工程可划分为：混凝土底板、流槽、混凝土模块砌筑、钢筋安装、混凝土灌芯、踏步安装、盖板安装、检查井井盖（含井圈）安装，检验批可划分为：每≤10 个混凝土模块式检查井为一检验批。

附件：混凝土模块砌筑检查井施工检查记录

	工程名称		检查日期	
	分部工程名称		分项工程名称	
检查井桩位或编号				
序号	检查项目		质量检查情况	备注
1	检查井基础地基承载力是否符合设计要求			
2	混凝土模块、盖板、井盖、井圈是否符合标准和设计要求			
3	砂浆强度、混凝土强度、钢筋是否符合标准和设计要求			
4	检查井 井身尺寸：长宽度、直径允许偏差为0～40mm			
5	踏步 安装的水平及垂直间距、外露长度允许偏差为±10mm			
6	混凝土模块质量见证取样检测是否符合要求			
7	井室肥槽中的支、干管管径、方位及高程是否符合设计要求，管道与井壁衔接处是否严密			
8	钢筋设置、连接方式、锚固或搭接长度是否符合设计要求			
9	施工技术资料检查情况			
检查总体情况			检查结论	
参加检查人员签字栏				
施工单位项目负责人	质量员	施工员	班组长	填表人

百问 56：如何做好市政工程检查井井周回填施工及质量控制

"黑眼圈"是市政工程施工常见及顽固的质量通病之一，不但影响行车的舒适性，还给行车安全带来较大隐患，而造成道路"黑眼圈"现象的主要原因在于检查井井周回填的施工及质量控制不到位。因此，在市政工程施工中必须对检查井井周回填的施工及其质量控制切实加以关注并高度重视。因检查井属管线工程，而井周回填则属道路工程，且现行有效的《给水排水管道工程施工及验收规范》GB 50268-2008、《城镇道路工程施工与质量验收规范》CJJ 1-2008、《排水管（渠）工程施工质量检验标准》DB11/T 1071-2014、《城镇道路工程施工质量检验标准》DB11/T 1073-2014、《北京市给水排水管道工程施工技术规程》DBJ 01-47-2000、《北京市城市道路工程施工技术规程》DBJ 01-45-2000 等标准规范对检查井井周回填的相关要求或只言片语或只字未提，根本无法指导其施工和质量控制管理，参照《北京市 2008 年奥运市政道路工程检查井施工技术及操作方法的指导意见》（京建指办〔2007〕256 号），结合以往施工和监督实践，就如何做好市政工程检查井井周回填施工及质量控制，浅述如下：

一、检查井井周回填概念

检查井是指一般设在管道交汇处、转弯处、管径或坡度改变处、跌水处等，为了便于定期检查、清洁和疏通或下井操作检查用的井状构筑物。检查井井周回填是指对检查井周边一定范围内采用石灰土、天然级配砂石或石灰粉煤灰砂砾等易压实材料进行的回填处理。

二、检查井井周回填质量控制要点

1. 检查井井周采用的石灰土、天然级配砂石或石灰粉煤灰砂砾等易压实回填材料应符合设计及规范要求；

2. 严格控制回填分层及压实度，检查井井周回填每层虚铺厚度应≤15cm，其压实度应≥95%（建议重型击实标准，每检查井、每压实层抽检 1 点）；

3. 铸铁检查井盖高程纵横方向与路面高程偏差应≤±2mm；

4. 铸铁检查井盖应与预制混凝土井脖配套使用，宜为同一生产厂家；

5. 应特别注意的是：按照《检查井盖》GB/T 23858-2009 要求，检查井重型井盖试验荷载已由 360kN 调整增加为 400kN。

三、检查井井周回填施工应注意的几个问题

1. 检查井井周回填前，建设单位应组织监理、施工单位召开检查井井周回填施工及质量控制专题会，相互沟通协调，明确检查井井周回填施工的材料要求、工艺要点及质量标准；

2. 检查井井室和井筒周围从槽底开始，应采用石灰土、天然级配砂石或石灰粉煤灰砂砾等易压实的材料回填，其回填宽度应不小于50cm；

3. 应采取切实有效措施控制每层回填虚铺厚度，加大试验力度和频次，严格控制最佳含水量，确保压实度符合道路当年施工技术要求；

4. 检查井井周回填施工全过程，监理单位应进行现场旁站并填写旁站监理记录，必要时，应留存数字图文记录或相应影像资料；

5. 在进行第一次提升铸铁检查井盖时，先不要放置预制混凝土井脖，只需将铸铁检查井盖高程调整与沥青混合料底面层平齐。第二次提升铸铁检查井盖时，在铸铁检查井盖框下施放设有限制位移、调整高度、锁紧定位螺栓的预制混凝土井脖；

6. 采用双十字线法确定铸铁检查井盖高程后，在检查井筒周围沥青混合料底面层以下，浇筑厚度不小于50cm、宽度不小于50cm、C20等级的快硬性混凝土加固，待其硬化后，再紧固调节高度和防位移螺栓；

7. 建议取消各种形式的收口砌筑检查井，改为现浇或预制钢筋混凝土人孔盖板上砌筑直井筒或预制井筒，以确保检查井施工质量和结构安全；

8. 按照《地下设施检查井双层井盖》DB 11/147-2002要求，井盖支座与井筒之间应设有限制位移、调整高度、锁紧定位的装置；

9. 铸铁检查井盖、井框、子盖加工精度应符合《铸铁检查井盖》CJ/T 3012-93、《地下设施检查井双层井盖》DB 11/147-2002要求。铸铁检查井盖应进行产品进场检验和试验，确保铸铁检查井盖质量和行车安全。

四、检查井井周回填的施工技术资料管理

检查井井周回填的施工资料分为：施工技术资料；工程物资资料；施工记录；施工试验记录及检测报告；施工质量验收资料。施工技术资料：检查井井周回填专项施工方案；技术交底记录等。工程物资资料：易压实回填材料产品质量合格证；易压实回填材料进场检验记录；预拌混凝土出厂合格证等。施工记录：检查井井周回填处理施工检查记录；混凝土浇筑记录；混凝土养护测温记录；隐蔽工程检查记录；数字图文记录等。施工试验记录及检测报告：易压实回填材料试验报告；最大干密度与最佳含水量试验报告；回填压实度试验记录；易压实回填材料进场复试报告；混凝土抗压强度试验报告等。施工质量验收资料：检验批质量验收记录；分项工程质量验收记录等。检查井井周回填处理施工检查记录表式可参照附件1《检查井井周回填处理施工检查记录》。

《给水排水管道工程施工及验收规范》GB 50268-2008、《城镇道路工程施工与质量验收规范》CJJ 1 - 2008、《排水管（渠）工程施工质量检验标准》DB11/T 1071 - 2014、《排水管（渠）工程施工质量检验标准》DBJ 01 - 13 - 2004 对检查井井周回填分部、分项工程及检验批的划分都未提及。

结合现场实际及施工资料管理，建议将检查井井周回填划分为子分部检查井的分项工程，分项工程可划分为：易压实材料回填；混凝土浇筑，检验批可划分为：每≤10 个检查井为一检验批。

五、检查井井周处理回填示意图详见附件 2《检查井处理图》

附件1：检查井井周回填处理施工检查记录

工程名称			检查日期	
分部工程名称			分项工程名称	
检查井桩位或编号				

序号	检查项目	质量检查情况	备注
1	检查井井周易压实回填材料是否符合设计及规范要求		
2	检查井井周回填每层虚铺厚度是否≤15cm		
3	检查井井周回填每层压实度是否≥95%		
4	铸铁检查井盖高程纵横方向与路面高程偏差是否≤±2mm		
5	铸铁检查井盖应与预制混凝土井脖是否配套使用，是否为同一生产厂家		
6	检查井井周回填宽度是否大于50cm		
7	井盖支座与井筒之间是否设有限制位移、调整高度、锁紧定位的装置		
8	施工技术资料检查情况		

检查总体情况		检查结论	

参加检查人员签字栏				
施工单位项目负责人	质量员	施工员	班组长	填表人

附件 2：检查井处理图

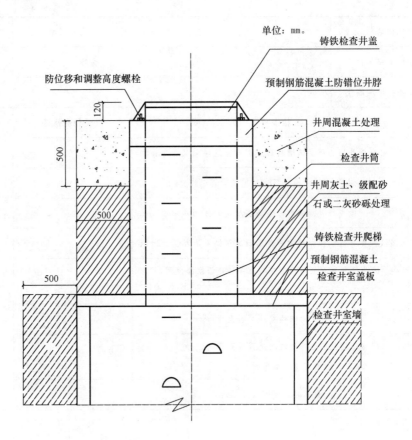

百问 57：如何做好市政地下防水工程施工及质量控制

目前，随着城市建设的快速发展和新城建设的全面提速，尤为市政综合管廊工程越来越多，但地下防水工程施工质量普遍较差，渗漏现象较为常见，给工程留下一定质量安全隐患，针对《地下防水工程质量验收规范》GB 50208－2011、《关于严格落实〈地下防水工程质量验收规范〉GB 50208－2011 的紧急通知》（京建发〔2013〕198 号）和《关于加强地下防水工程验收管理的提示通知》（市监督总站 2013 年 8 月）、《关于加强地下防水工程细部构造施工质量管理的通知》（市监督总站 2014 年 5 月）文件要求，结合以往施工和监督实践，就如何做好市政地下防水工程施工及质量控制，浅述如下：

一、市政地下防水工程的概念

市政地下防水工程是指对市政地下工程隧道及综合管廊等进行防水设计、防水施工和维护管理等各项技术工作的工程实体。

二、市政地下防水工程的质量控制要点

下面主要以市政地下防水工程经常采用的卷材防水施工为例加以说明。

1. 卷材防水层应采用高聚物改性沥青防水卷材和合成高分子防水卷材。所选用的基层处理剂、胶粘剂、密封材料等配套材料，均应与铺贴的卷材材性相容。铺贴防水卷材前，应将找平层清扫干净，在基面上涂刷基层处理剂；当基面较潮湿时，应涂刷湿固化型胶粘剂或潮湿界面隔离剂。基层处理剂配制与施工应符合：基层处理剂应与卷材及胶粘剂的材性相容；基层处理剂可采取喷涂法或涂刷法施工喷、涂应均匀一致不露底，待表面干燥后方可铺贴卷材。

2. 两幅卷材短边和长边的搭接宽度均不应小于 100mm。采用多层卷材时，上下两层和相邻两幅卷材的接缝应错开 1/3 幅宽，且两层卷材不得相互垂直铺贴。

3. 冷粘法铺贴卷材应符合：胶粘剂涂刷应均匀，不露底，不堆积；铺贴卷材时应控制胶粘剂涂刷与卷材铺贴的间隔时间，排除卷材下面的空气，并辊压粘结牢固，不得有空鼓；铺贴卷材应平整、顺直，搭接尺寸正确，不得有扭曲、皱折；接缝口应用密封材料封严，其宽度不应小于 10mm。

4. 卷材防水层完工并经验收合格后应及时做保护层。保护层应符合：顶板的细石混凝土保护层与防水层之间宜设置隔离层；底板的细石混凝土保护层厚度应大于 50mm；侧墙宜采用聚苯乙烯泡沫塑料保护层或砌砖保护墙和铺抹 30mm 厚水泥砂浆。

5. 卷材防水层宜铺设在混凝土结构主体的迎水面上。阴阳角处应做成圆弧或 45°（135°）折角，其尺寸视卷材品质确定。在转角处、阴阳角等特殊部位，应增贴 1～2 层相同的卷材，宽度不宜小于 500mm。防水层的基面应平整牢固、清洁干燥。铺贴卷材严禁在雨天、雪天施工，五级风及其以上不得施工，冷粘法施工气温不宜低于 5℃。市政地下防水工程应采用冷粘法施工。

6. 卷材在运输及保管时平放不高于四层，不得横放、斜放，应避免雨淋、日晒、受潮，以防粘结变质。已铺贴好的卷材防水层，应及时采取保护措施。操作人员不得穿带钉鞋在底板上作业。穿墙和地面管道根部等，不得碰坏或造成变位。卷材铺贴完成后，要及时做好保护层。外防外贴法墙角留槎的卷材要妥加保护，防止断裂和损伤并及时砌好保护墙，各层卷材铺完后，其顶端应给予临时固定，并加以保护，或砌筑保护墙和进行回填土。

7. 保护层应符合：顶板卷材防水层上的细石混凝土保护层厚度应符合设计要求，防水层为单层卷材时，在防水层与保护层之间应设置隔离层；底板卷材防水层上的细石混凝土保护层厚度不应小于 50mm；侧墙卷材防水层宜采用软保护或铺抹 20mm 厚的 1∶3 水泥砂浆；排水口、地漏、变形缝等处应采取措施保护，保持口内、管内畅通。防止基层积水或污染而影响卷材铺贴质量。

8. 卷材防水层所用卷材及主要配套材料必须符合设计要求；卷材防水层及其转角处、变形缝、穿墙管道等细部做法均须符合设计要求；卷材防水层的基层应牢固，基面应洁净、平整，不得有空鼓、松动、起砂和脱皮现象，基层阴阳角处应做成圆弧形。卷材防水层的搭接缝应粘结牢固，密封严密，不得有皱折、翘边和鼓泡等缺陷。侧墙卷材防水层的保护层与防水层应粘结牢固，结合紧密、厚度均匀一致。卷材搭接宽度的允许偏差为 −10mm。

9. 卷材防水层检验批质量验收记录表式可参照附件《卷材防水层检验批质量验收记录表》。

三、市政地下防水工程施工中应注意的几个问题

1. 地下防水工程必须由持有相应防水资质等级证书的专业施工单位进行施工，其主要施工人员应持有执业资格证书或防水专业岗位证书。专业施工单位应依据施工总承包单位的施工组织设计编制有针对性的防水工程专项施工方案，经单位技术负责人审核，报施工总承包单位技术负责人及监理单位总监理工程师审批后在防水工程施工全过程严格执行。

2. 地下防水工程施工前，防水专业施工单位、施工总承包单位和监理单位应一起对防水工程施工前作业面进行交接检查验收，对工序实体、外观质量、遗留问题、成品保护、注意事项等情况进行记录，填写《中间检查交接记录》（表式 C5-1-3）。监理单位负责中间交接检查的见证。

3. 地下防水工程的施工，应建立严格"三检"制度，并有完整的检查记录，隐蔽工程隐蔽前，专业施工单位检查合格后，应及时通知施工总承包单位、监理单位等有关专业人员进行检查，并形成隐蔽工程检查记录，同时应附相应的数字图文记录。

4. 地下防水工程防水材料应进行见证取样检测，检测单位应具备相应见证检测资质，能有效检测防水材料符合标准规范及设计要求所需检测项目。防水材料进场时应对外观、品种、规格、尺寸、数量和质量证明文件进行检查，专业施工单位检查合格，施工总承包单位、监理单位检查确认后，形成防水材料进场检查验收记录。

5. 防水材料检测委托单位应按《地下防水工程质量验收规范》GB 50208 - 2011 要求进行委托，检测单位应严格按《地下防水工程质量验收规范》GB 50208 - 2011 要求的检验项目进行检测，并依据相关标准规范对检测结果进行判断，专业施工单位及施工总承包单位技术负责人应认真核对检测报告中的检测项目和检验结论，符合要求后方可验收使用。

6. 按照《地下防水工程质量验收规范》GB 50208 - 2011 要求，特别需要注意的是：高聚物改性沥青类防水材料进场物理性能检验项目为可溶物含量、拉力、延伸率、低温柔度、热老化后低温柔度和不透水性，较 2002 版增加了可溶物含量、热老化后低温柔度。合成高分子类防水卷材进场物理性能检验项目为断裂拉伸强度、断裂伸长率、低温弯折、不透水性和撕裂强度，较 2002 版增加了撕裂强度。

7. 专业施工单位应按照《地下防水工程质量验收规范》GB 50208 - 2011 要求，设置检验批、分项、子分部工程验收项目和隐蔽检查项目等。特别是对细部构造防水工程验收，其涉及的施工缝、变形缝、后浇带、穿墙管等部位均应形成独立的检验批验收，相应隐蔽工程应进行隐蔽检查。

8. 防水卷材在转角处、变形缝、施工缝、穿墙管等部位应铺粘宽度不小于 500mm 的卷材加强层。有机防水涂料在转角处、变形缝、施工缝、穿墙管等部位应增设宽度不小于 500mm 胎体增强材料和增涂防水涂料。

9. 地下防水工程施工缝、变形缝等细部构造使用的橡胶止水带、遇水膨胀止水胶或止水条、接缝用密封胶等材料，应按照《地下防水工程质量验收规范》GB 50208 - 2011 要求严格进行进场复试。

10. 地下防水工程选用中埋式金属止水带时，应采用厚度不小于 3mm 的 Q235B 热浸镀锌钢板。选用中埋式橡胶止水带时，应采用 S 形。变形缝处应选用 B 型中埋式橡胶止水带。中埋式止水带埋设位置应准确，其中间空心圆环与变形缝的中心线应重合。

11. 地下防水工程用于固定模板的螺栓必须穿透防水混凝土结构时，螺栓中部应加焊方形止水钢环或埋设腻子型膨胀环，拆模后留下的凹槽应用密封材料封堵密实，并用聚合物防水砂浆抹平，另应在迎水面涂刷防水涂料加强层。

12. 当市政地下工程采用盾构法施工时：管片质量应符合《盾构法隧道施工与验收规范》GB 50446-2008 要求；管片抗压和抗渗试件制作、单块抗渗检漏应符合《地下防水工程质量验收规范》GB 50208-2011 要求；盾构隧道衬砌渗漏水量、管片接缝密封垫及其沟槽断面尺寸、嵌缝槽的深宽比及断面构造形式尺寸应符合设计要求，管片的环向及纵向螺栓应全部穿进并拧紧，衬砌内表面外露铁件应做防水处理。

13. 当地下防水工程存在渗漏须处理时，专业施工单位应制定渗漏处理专项施工方案，经程序审批后严格落实，并应留有过程处置施工记录、验收记录和数字图文记录，处理用材料应按规定进行进场检验和复试，其合格证明及相应试验检测报告与其他施工记录一起同时纳入防水工程施工技术资料档案管理。其返工处理过程中的资料管理可参见"百问 88：如何做好市政工程返工处理过程中的资料管理"。

14. 市政地下防水工程施工时，铺贴卷材应采取通风措施，防止有机溶剂挥发，使操作人员中毒。同时，《北京市推广、限制和禁止使用建筑材料目录（2014 年版）》（京建发〔2015〕86 号）文件明确要求：从 2015 年 10 月 1 日起，地下密闭空间、通风不畅空间和易燃材料附近的防水工程，因为易发生火灾，限制使用明火热熔法施工的沥青类防水卷材。

附件：卷材防水层检验批质量验收记录表

工程名称			验收日期		
分部（子分部）工程			分项工程		
检验批工程			部位名称		
施工单位		项目经理		项目技术负责人	
分包单位		分包项目经理		分包项目技术负责人	
执行标准名称及编号					

		施工与质量验收规范的规定			施工单位检查记录		监理单位验收记录
主控项目	1	卷材及配套材料的品种、规格、性能、质量是否符合设计要求和相关标准规定					
	2	卷材细部做法是否符合设计要求和相关标准规定					

		施工与质量验收规范的规定	实测点偏差值或实测值				应测点数	实测点数	合格率（%）
一般项目	1	基层质量							
	2	卷材搭接缝							
	3	保护层							
	4	卷材搭接宽度允许偏差 －10mm							

施工单位检查结果		监理工程师验收结论		
参加验收人员签字栏				
专业监理工程师	项目技术负责人	质量员	施工员	填表人

257

百问 58：如何做好市政工程顶管施工及质量控制

目前，市政工程顶管施工因其拆迁小，地上干扰少及穿越既有管线方便等诸多优点而广泛采用。正是因其常用常见，造成参建各方都不十分重视，有时一包了之，以包代管。结合以往施工和监督实践，就如何做好市政工程顶管施工及质量控制，浅述如下：

一、顶管概念

顶管是指隧道或地下管道穿越铁路、道路、河流或建筑物等各种障碍物时采用的一种暗挖式施工方法。顶管按挖土方式的不同分为机械开挖顶进、挤压顶进、水力机械开挖和人工开挖顶进等类型。

二、顶管施工特点

1. 施工面由线缩成点，占地面积小，地面活动不受施工影响，对交通干扰小。

2. 噪声和振动低，城市中施工对居民生活环境干扰小，不影响现有管线及构筑物的使用。

3. 可以在很深的地下或水下敷设管道不需要开挖面层就可以安全穿越铁路、公路、河流、建筑物。

4. 减少沿线的拆迁工作量，降低工程造价。

三、顶管施工质量控制要点

1. 顶管工程开始前，施工单位必须提交完整的施工组织设计，描述依照规范所必需的测量标志，包括要用到的顶管设备的类型、详细尺寸、施工原理、技术措施，包括泥浆及废弃物的处理等。

2. 采用的管道和管道接缝应至少符合常规的管道和接缝标准，包括制作材料、误差、最小长度等等。

3. 在管道顶进施工之前，首先要确定管道在垂直和水平方向上与设计轨迹的允许偏差，在这一最大偏差的限制下所铺设的管道应符合管道的既定功能要求以及产生偏差的范围内不能损坏到其他的建筑、线路和设备。

4. 一般情况下，顶管施工的允许偏差必须满足：轴线位置允许偏差 $D<$ 1500mm 时 $<$100mm；$D\geqslant$1500mm 时 $<$200mm。管道内底高程允许偏差 $D<$ 1500mm 时 $+30\sim40$mm；$D\geqslant$1500mm 时 $+40\sim50$mm。相邻管间错口允许偏差钢管道$\leqslant$2mm；钢筋混凝土管道$\leqslant$15％壁厚且不大于 20mm。对顶时两端错口允许偏差$\leqslant$50mm。

5. 顶进施工结束后，顶进管道应满足：不偏移，管节不错口，管道坡度不得有倒落水；管道接口套环应对正管缝与管端外周，管端垫板粘接牢固、不脱落；管道接头密封良好，橡胶密封圈安放位置正确。需要时应按要求进行管道密封检验；管节无裂纹、不渗水，管道内部不得有泥土、建筑垃圾等杂物；顶管结束后，管节接口的内侧间隙应按设计规定处理，设计无规定时，可采用石棉水泥、弹性密封膏或水泥砂浆密封，填塞物应抹平，不得突入管内；钢筋混凝土管道的接口应填料饱满、密实且与管节接口内侧表面齐平，接口套环对正管缝、贴紧，不脱落。

6. 在顶进施工的区域，应考虑土体和地下水条件以及顶管施工工艺，保证地层的沉降不大于允许的沉降值。

7. 顶进结束后，应对泥浆套的浆液进行置换。置换浆液一般可采用水泥砂浆掺合适量的粉煤灰。待压浆体凝结后（一般在 24h 以上）方可拆除注浆管路，并换上闷盖将注浆孔封堵。

四、顶管施工应注意的几个具体问题

1. 专家论证。按照《危险性较大的分部分项工程安全管理办法》（建质〔2009〕87 号）文件要求，顶管工程属于超过一定规模的危险性较大的分部分项工程，其顶管工程专项方案应按要求进行专家论证，相应技术资料应包括：专家论证会签到表；专家论证报告；专项方案安全技术交底等。

2. 顶管管材。按照《混凝土和钢筋混凝土排水管》GB/T 11836-2009 要求，顶管混凝土强度不得低于 C40 且管端 200～300mm 范围内应增加环筋的数量和配置 U 形箍筋或其他形式加强筋。一般情况下，顶管工程所用管材应为Ⅱ级以上钢筋混凝土管。对于长距离或大口径或砂砾性岩土顶管其管材一般采用预应力钢筋混凝土管。

3. 管材内外压试验。目前，北京市各有资质的市政检测试验室基本上都没有管材内外压试验的设备和场地，且将管材送至试验室检测没有可操作性，不现实。检测试验室管材内外压试验一般都是派试验员去厂家利用厂家设备进行试验并回试验室出具相应试验报告。鉴于此，建议对管材内外压试验可要求为：当管材厂家确定后，施工单位质量员、试验员与监理单位试验见证人员一同去厂家，对工程项目准备使用、即将出厂的管材随机抽样，利用厂家试验设备，现场试验，填写《材料试验报告（通用）》表式（C3-4-5），各方签字确认。对于预应力混凝土管，进场复验项目为：外观质量、尺寸偏差、抗渗性和抗裂内压试验。

4. 井盖荷载试验。同理，井盖荷载试验方法同管材内外压试验方法。需要注意的是按照《检查井盖》GB/T 23858-2009 的要求，检查井重型井盖试验荷载已由 360kN 增加为 400kN。

5. 雷达检测。按照市政工程习惯做法，顶管工程施工完成后，施工单位应委托有资质的第三方进行地质雷达检测，以检验顶管施工对其上部构筑物、道路及重要管线的影响，防止坍塌事故的发生。按照《关于防范暗挖施工造成城区道路坍塌的实施意见》（京建发〔2013〕288 号）文件要求，工程开工前和施工结束后，建设单位均应委托检测机构对暗挖施工路线影响范围内的地层进行空洞检查探测，确保道路安全。依据市住建委联合市市政市容委等部门联合发布的《关于进一步加强建设工程土方开挖回填环节质量控制工作的通知》（京建发〔2015〕229 号）要求，管线工程进行地下暗挖施工时，建设单位应在工程开工前，委托检测机构对暗挖施工路线影响范围内的地层进行空洞检测，并将检测结果提交给道路相关责任产权单位办理交接手续，并作为地层空洞处理的依据；施工单位应履行暗挖施工专项施工方案的编制、论证、审批手续，并严格按方案实施，并建立完善超前地质预判、暗挖工程动土、临时支护拆除、注浆加固等防坍塌预控机制及管理制度；监理单位应严格审核暗挖施工专项施工方案，按要求进行旁站监理，监督施工单位按方案实施。工程完工后，建设单位应当对暗挖施工路线影响范围内的地层进行空洞复测，确保无因暗挖施工新增加地层空洞，并将复测结果提交道路相关责任产权单位。如发现新增加地层空洞，须采取注浆加固等措施将空洞处理完毕。

6. 顶坑第三方监测。目前，无标准规范对市政工程基坑第三方监测提出具体要求，当涉及较大、较深且施工周期较长的基坑施工时，一般应参照现行国家标准《建筑基坑工程监测技术规范》GB 50497 执行。目前，建设单位一般都因顶坑较小且施工周期较短，而不对顶坑进行第三方监测。当地质条件复杂且在城中心区施工，对周边道路及建筑物存在一定潜在影响时，建议建设单位对顶管工程基坑进行第三方监测。

7. 顶管工程建设单位、施工单位应严格执行《北京市市政市容委关于实施挖掘工程地下管线安全防护机制的工作意见（试行）的通告》（2011 年通告第 3 号）要求，与地下管线权属单位建立对接配合机制，在实施挖掘作业前，必须会同相关地下管线权属单位完成以下工作：地下管线资料技术交底；地下管线位置现场交底；签订地下管线改移防护协议，按计划实施完成有关工作；制定地下管线保护措施和事故应急抢险预案。

五、顶管施工技术资料管理

《给水排水管道工程施工及验收规范》GB 50268－2008 附录 A 给排水管道工程分项、分部、单位工程划分中明确：顶管为分部工程主体结构的子分部工程，分项工程划分为管道接口连接、顶管管道，检验批划分为每 100m。同时，在其注中指出，顶进长度大于 300m 的管道工程为大型顶管工程，可设独立的单位工程。《排水管（渠）工程施工质量检验标准》DBJ 01－13－2004 附录 A 排水管（渠）工程分部工程、分项工程划分中明确：顶管施工为分部工程主体结构的子分部工程，分项工程划分为后背墙、导轨安装、管道顶进，检验批未明确划分。《排水管（渠）工程施工质量检验标准》DB11/T 1071－2014 与《排水管（渠）工程施工质量检验标准》DBJ 01－13－2004 相同。

在实际操作过程中，应结合以上两个标准，将顶管工程设为单位工程，分部工程划分为：土方、顶管施工、检查井、闭水（污水管道），分项工程划分为：顶坑开挖、顶坑回填、顶坑（含：顶坑基础、后背墙、导轨安装）、顶进管道（含管道接口）、砌筑检查井、闭水试验（污水管道），检验批划分为每两个顶坑之间。

若将顶管工程作为单位工程，则其施工技术资料分为：施工管理资料；施工技术资料；工程物资资料；施工测量资料；施工记录；施工试验记录及检测报告；施工质量验收资料；工程竣工验收资料。

施工管理资料：施工日志；施工现场质量管理检查记录。

施工技术资料：施工组织设计及审批表；图纸审查记录；图纸会审记录；技术交底记录；工程洽商记录及一览表。

工程物资资料：管材出厂合格证；井盖产品合格证；混凝土砌块产品合格证；钢筋产品合格证；预拌混凝土出厂合格证；管材进场抽检记录。

施工测量资料：工程定位测量记录；测量复核记录；沉降观测记录。

施工记录：小导管施工记录、大管棚施工记录、顶管施工记录；顶管注浆检查记录；检查井井周处理记录；地基验槽检查记录；地基钎探记录；钢筋隐蔽工程检查记录；模板预检记录；混凝土浇筑记录；混凝土养护测温记录；数字图文记录。

施工试验记录及检测报告：钢筋混凝土管材内外压试验报告；井盖荷载试验报告；混凝土砌块见证试验报告；雷达检测报告；最大干密度与最佳含水量试验报告；压实度试验记录；污水管道闭水试验记录；钢材试验报告；钢筋连接试验报告；混凝土抗压强度试验报告。

施工质量验收资料：检验批质量验收记录；分项工程质量验收记录；分部工程质量验收记录；单位工程质量评定记录。

工程竣工验收资料：单位工程质量竣工验收记录；工程竣工报告；单位工程质量控制资料核查记录；单位工程安全和功能检查资料及主要功能抽查记录；单位工程观感质量检查记录。

六、顶管注浆检查记录表式可采用《注浆检查记录》（表 C5-4-18），也可参照附件《顶管注浆检查记录》。

附件：顶管注浆检查记录

工程名称	
施工单位	
专业分包单位	
起止井号	从____号井段至____号井段

试验日期		试验次数	第____次共试____次
开始时间		结束时间	

注浆情况	注入水灰比_____的水泥浆
注浆设备型号	
标准压力（MPa）	
标准注浆量	初始10min内注入量小于10L
实际压力（MPa）	
实际注浆量	
饱满情况	
其他说明	
备注	

参加检查人员签字栏				
建设单位 项目负责人	设计单位 项目负责人	监理单位 项目负责人	施工单位 项目负责人	填表人

百问 59：如何做好市政工程 HDPE 管材施工及质量控制

目前，市政工程中应用高密度聚乙烯排水管（HDPE）在逐步增多，尤其在小区市政工程和室外市政工程中应用越来越广泛。虽然《高密度聚乙烯排水管道工程施工与验收技术规程》DBJ 01－94－2005 早已发布，但在实际施工操作中仍然诸多问题，结合以往施工和监督实践，就如何做好市政工程 HDPE 管材施工及质量控制，浅述如下：

一、HDPE 管材施工的优点

1. HDPE 管作为新型管道，除了符合公众日益关注的环保要求，材料本身抗腐蚀、耐老化，其有效寿命可达 50 年，内壁光滑，减少摩擦，排水流通性好，通过能力强，不结垢。HDPE 管多采用 PE80 级的高密度聚乙烯管材原料，是无毒性原料，对土地无害，并且完全能再生使用。

2. 重量轻：高密度聚乙烯增强管其特有的增强结构和较轻的重量，是水泥管重量的 1/8，便于运输、施工，可减少大型机械费用，可实现管道连接后整体吊装。

3. 适用性强。HDPE 管道的施工因管体及接口的柔性，增加了对不良地质的适应性，特别对地质条件变化较大，不需制作混凝土基础及包管混凝土，可缩短施工周期，其施工质量控制重点应放在管口的连接及处理上。

4. 开挖土方回填的密实度保证。HDPE 管属柔性管道，与刚性管道施工中回填土要求相比较无明显差异。但对于刚性管道，通常被视为一个独立的承力结构，强度上须承受全部的内外压力；而柔性管则是"管道与填土作用"系统承力结构，即管道与填土之间，由于力的相互协调，使二者结合成一个高度有效的整体结构，施工中，回填土压实达到规定的密实度，即按设计或规范、标准施工，即可保证工程安全运行。

二、HDPE 管材施工的质量控制要点

1. 工程施工前，施工单位应对施工图纸等进行详细图纸审查、会审。编制有针对性和可操作性的专项施工方案，重点明确材料检验和复试、回填及闭水试验、施工变形检测等功能性试验要求。

2. 工程施工前，施工单位应会同建设、监理单位对 HDPE 管材生产厂家进行考察。进场时必须严格审查管材、管件的质量试验报告及合格证，并对进场的管材外观质量进行检查，并按要求进行见证取样送检。HDPE 管材进场检验记录表式可参照附件《HDPE 管材进场检验记录》。

3. 基槽开挖及基础施工。沟槽开挖后，必须由参建各方共同验槽，地基承载能力必须符合设计要求，基底土质均匀且未受到扰动，基槽中线高程、槽底每侧宽度、边坡满足设计要求。

4. 管道安装及与检查井连接。管道安装允许偏差应符合标准规范及设计要求，轴线允许偏差为≤30mm，高程允许偏差为±20mm。

5. 管道回填。沟槽回填应从管道、检查井等构筑物两侧对称回填，确保管道及构筑物不产生位移，限位措施必须到位。槽底管基有效支承角（2a）＋30度范围内必须用中砂或粗砂填充密实，与管壁紧密接触，不得用其他材料填充。所有回填材料及压实度必须符合标准规范及设计要求，条件相同的回填材料每铺筑 1000m² 取样一次，每次取样至少做两组测试，回填质量应分层检测，两井之间每层取样一组 3 点，取样应在每层回填表面 2/3 处。

6. 功能性检验。HDPE 管道严密性试验和 HDPE 管道变形检测等功能性检验必须符合标准规范及设计要求。

三、HDPE 管材施工中应注意的几个问题

1. 规程适用范围。《高密度聚乙烯排水管道工程施工与验收技术规程》DBJ 01‐94‐2005 适用范围为管径小于等于 800mm。当工程实际操作中若 HDPE 管径大于 800mm 时，施工单位应参照此规程，同时也可参照《给水排水管道工程施工及验收规范》GB 50268‐2008 相关条款，按照"四新"要求，制定专项施工与验收技术规程经专家论证并报建设行政主管部门备案后方可实施。

2. HDPE 管的进场检验和复试。管材进场除型式检验报告、合格证及逐一外观质量检验外，还应有配套管件的生产厂家及合格证等资料，同时，还应有配套密封橡胶圈的生产厂家及合格证等资料。HDPE 管进场复试项目为含灰量及环刚度。这两项指标应送至有资质的检测单位进行检验。同时，环刚度检测为强制性条文，必须严格执行。

3. 管道基础。为便于控制管道高程，保证管底与基础的紧密接触，HDPE 管道基础一般采用砂砾垫层基础。对一般土质，基底应铺设一层厚度不小于 150mm 的中粗砂基础，且压实度不小于轻型击实标准的 90%。对于中粗砂基础，在实际操作过程中，很少有施工单位能做到，应切实重视。

4. 管道定位。管道连接完成就位后，应采取有效固定措施对 HDPE 管道进行定位，防止管道中心、高程发生位移变化。目前，常用的做法是用钢箍和钢钎，钢钎打入未经扰动的原状土，当回填至钢箍处时再拔出钢钎。对于管道定位方式方法，施工中普遍较为混乱，如间距不一、打入深度不一、使用固定材料不一等，很难做到管道中心、高程不发生位移变化。

5. HDPE 管道沟槽回填。"设计的管基有效支承角（2a）＋30 度范围内必须用中粗砂填充密实，与管壁紧密接触，不得用土或其他材料填充。""沟槽回填必须在管道两侧同步进行，严禁单侧回填，两侧回填的填筑高差，不应超过一层厚度。"这些规定被列为《高密度聚乙烯排水管道工程施工与验收技术规程》DBJ 01-94-2005 强制性条文，是由于 HDPE 管材的特殊性决定的，因此必须认真遵守。而目前，由于中粗砂在北京地区相对缺乏，中粗砂已不再属于地区性常用施工材料，在实际操作过程中，很少有施工单位能做到用中粗砂进行有效支承角回填。这也成为 HDPE 管道施工最大质量安全隐患之一。同时，市政工程施工实际中，绝大多数施工单位对两侧同步回填重视非常不够，真正能做到不超一层厚度的都不多见。因而，HDPE 管道沟槽回填质量堪忧。HDPE 管道沟槽回填可具体详见"百问 54：如何做好市政工程沟槽回填施工及质量控制"。

6. HDPE 管道严密性检验。管道严密性检验应包括管道的闭水检验和管道接口的闭气检验。管道严密性检验是 HDPE 管道施工的功能性试验之一，另一为 HDPE 管道的变形检验。HDPE 管道闭水检验合格作为工程最终检验的依据。需要特别注意的是：HDPE 管道不论是雨水管道还是污水管道均应作闭水检验，不同于混凝土管材，只有污水管道时才进行闭水试验。管道的闭水检验应在回填至管径一倍高度以上并且夯实后进行。也不同于混凝土管材的闭水试验，必须在管道回填之前进行。HDPE 管道严密性检验可具体详见"百问 69：如何做好市政工程管道闭水试验"。

7. HDPE 管道变形检验。管道变形检验包括安装变形检测和施工变形检测。管道的变形检验是 HDPE 管道施工的功能性试验之一，另一为 HDPE 管道严密性检验。管道安装变形检测应在管道回填达到设计高程后 12～24h 进行，管道安装变形率不宜超过允许施工变形率的 2/3。管道施工变形检测应在管道覆土或上部道路完成 30 天后进行。管道允许施工变形率应在设计图纸中说明或由设计提供。HDPE 管道允许施工变形率一般为 3%。当管道安装变形率超过 8% 时，应重新更换管道安装回填。

8. HDPE 管道在城市大市政工程应用。HDPE 管道因其施工经验尚不成熟，施工过程中控制难点较多，且质量保证能力不足，应在小市政工程或室外市政工程中应用为宜，建议不宜在城市大市政工程中推广使用，尤为其上部有路面结构的大市政工程。

四、《高密度聚乙烯排水管道工程施工与验收技术规程》DBJ 01-94-2005 中的强制性条文

强制性条文共九条，分别为：

① 3.0.6 管道穿越铁路、道路和河流段的施工计划、工序安排以及施工方案应征得有关管理部门的同意；并对管道按设计要求进行保护以使其不发生沉

陷、位移和破坏。

② 4.2.2 管材的环向弯曲刚度检测。应根据管道承受外压荷载的受力条件按设计要求选用管材；并应按照批次，对不同规格管材随机抽取试样送国家认证的检测部门进行环向弯曲刚度检测。

③ 5.0.8 机械开挖沟槽时，槽底设计标高以上 100～200mm 的原状土应予以保留，禁止扰动；在铺设管道前采用人工清理至设计标高。

④ 6.0.1 管道基础地基承载力必须达到设计规定。对软土地基或承载能力达不到设计规定对，须按设计要求进行加固补强。

⑤ 6.0.2 对管道基础地基存在不均匀沉降的地段，应按设计要求进行加固处理。

⑥ 7.0.3 敷设管道时应将承口对准水流方向，从下游向上游依次布放。

⑦ 9.0.3 沟槽回填压实作业前应进行现场试验，试验长度应为一个井段或 50m；应通过试验确定回填土或其他材料、压实机具以及每层回填的压实遍数。

⑧ 9.0.4.2 设计的管基有效支承角（$2a$）＋30 度范围内必须用中粗砂填充密实，与管壁紧密接触，不得用土或其他材料填充。

⑨ 9.0.5.3 沟槽回填必须在管道两侧同步进行，严禁单侧回填，两侧回填的填筑高差，不应超过一层厚度；回填材料应由沟槽两侧对称均匀地运入沟槽内，不得直接扔在管道上。

附件：HDPE 管材进场检验记录

工程名称			
施工单位		检查日期	
生产厂家		出厂日期	
规格型号		合格证号	
含灰量 检测报告编号		环刚度 检测报告编号	

序号	检验项目	标准要求	检查结果	检查结论
1	管材型式检验记录、出厂检验项目的 检验及合格证等资料			
2	配套管件生产厂家及合格证等相应资料			
3	配套密封橡胶圈生产厂家及 合格证等相应资料			
4	管材外观尺寸量测			
5	管材外观结构特征明显，颜色一致，内壁光滑平整			
6	管体不得有破裂、凹陷及可见的缺损，			
7	管口不得有损坏、变形、裂片等缺陷			
8	管的端面应平整，与管中心轴线垂直			
9	密性橡胶圈的外观应光滑平整，不得有气孔、 裂缝、卷褶、破损、重皮等缺陷			

参加人员签字栏				
监理单位	供应厂家	项目技术负责人	质量员	填表人

注：HDPE 管材应逐根进行检验并记录。

百问 60：如何做好市政工程气泡混合轻质土施工及质量控制

目前，市政工程随着地下隧道、地下综合管廊工程越来越多，深槽回填也越来越广泛，气泡混合轻质土因其容重小可以使覆土减荷的突出特点，应用也逐渐增多。但市政工程参建各方对气泡混合轻质土还不十分了解，对其施工及质量控制更是不熟悉。依据《气泡混合轻质土填筑工程技术规程》CJJ/T 177 - 2012，结合以往施工和监督实践，就如何做好市政工程气泡混合轻质土施工及质量控制，浅述如下：

一、气泡混合轻质土概念

气泡混合轻质土是指由固化剂、水和足够细小稳定的气泡群，按照一定的比例经充分混合搅拌并最终凝固成型的一种轻型填土材料。也可以按《气泡混合轻质土填筑工程技术规程》CJJ/T 177 - 2012 定义为：将制备的气泡群按一定比例加入到由水泥、水及可选添加材料制成的浆料中，经混合搅拌、现浇成型的一种微孔类轻质材料。

二、气泡混合轻质土特性

气泡混合轻质土特性主要有：①容重小；②强度和容重可根据需要在一定范围内调整；③施工性好；④固化后可以自立；⑤渗透性和吸水性低；⑥隔热；⑦隔声；⑧抗冻融性能强；⑨与水泥混凝土材料有同等的耐久性。

三、气泡混合轻质土施工工艺

气泡混合轻质土一般采用在施工现场设置专门的拌和站拌料，用输送泵送至现场进行浇筑。浇筑前根据设计尺寸牢固支立侧模。模板采用在工厂专门加工的定型钢模板，支撑宜采用钢管支撑的方式。模板支撑好后，清理浇筑底面，浇筑底面不得有杂物、积水和浮土。气泡混合轻质土根据设计回填高度分层填筑，每层厚度控制在 0.25～0.5m 之间。气泡混合轻质土浇筑到一定厚度后，应将出料管口埋入气泡混合轻质土内进行浇筑，不得喷射填筑。填筑过程中按标准要求进行湿容重、流动值检测，并取样制作规定数量的试块。下一层填筑完成并终凝后方可浇筑上一层。

四、气泡混合轻质土质量控制要点

1. 原材料控制。气泡混合轻质土固化剂、发泡剂和憎水剂应严格按要求分批分次进行抽样送检，确保其质量满足设计要求，性能稳定、可靠。固化剂应采用快硬硫铝酸盐散装特种水泥。水泥应采用密封罐运输和储存，由于施工方便快捷，水泥使用周期和现场储存时间短，因此有利于保证水泥的质量。

2. 施工配合比的控制。应针对工程减荷和防水设计要求，通过多次严格的试配，并应经过有资质的建材检测单位检测，最终确定配合比方案，以满足工程设计要求。配合比设计指标应包括湿容重、流动度及抗压强度，流动度应为160~200mm，试配抗压强度应大于设计抗压强度的1.05倍。

3. 湿容重和流动值的控制。湿容重的控制：湿容重是指气泡混合轻质土浇筑时的容重。现场控制时应从输送管出料管口取样称量，将称量结果实时反馈给拌合站技术人员，对超出规定值的应及时进行调整。流动值的控制：流动值是衡量气泡混合轻质土施工流动性的一个物理指标。现场检测取样时应用游标卡尺测量，频率与湿容重的检测频率应相一致。

4. 抗压强度和饱和容重的控制。抗压强度的控制：气泡混合轻质土固化后的强度检测为28d抗压强度检测，抗压强度应满足设计要求。试件取样应在浇筑出料口随机制取，试件为边长100mm的立方体，3个为一组，制取组数为：相同配合比浇筑200m³取一组试件，但每一个构造单元至少取一组试件；当相同配合比浇筑大于1000m³时，每400m³取一组试件。饱和容重的控制：饱和容重是指在自然状态下养护28d后，经饱和吸水后气泡混合轻质土的单位体积重量。饱和容重合格控制标准为：饱和容重平均值不超过设计的饱和容重；饱和的最大值不超过饱和容重的1.1倍。

5. 浇筑时：浇筑设备应包括发泡设备、搅拌设备和泵送设备且浇筑设备的生产能力和设备性能应满足连续作业要求。搅拌设备应具备水泥、水及添加材料的自动电子配料和计量功能。气泡群应采用发泡设备预先制取，不宜采用搅拌方式制取气泡群。新拌气泡混合轻质土宜采用配管泵送。气泡群应及时与水泥基浆料混合均匀，新拌气泡混合轻质土在泵送设备、泵送管道中的停置时间不宜超过1h。应采用分层分块方式进行浇筑作业。除空洞充填、管线回填工程外，单层浇筑厚度宜按0.3~0.8m控制。上一层浇筑作业应在下一层浇筑终凝后进行。浇筑过程中，泵送管出口应与浇筑面保持水平，不宜采用喷射方式浇筑。

6. 钢丝网、沉降缝、抗滑锚固、防水等工程施工应满足设计要求。在填筑体达到设计抗压强度后，方可在填筑体顶面进行机械或车辆作业。作业前，应先铺一层覆盖层，厚度不宜小于20cm。除空洞充填、管线回填工程外，在完成填筑体顶层施工后，应立即对填筑体表面覆盖塑料薄膜或土工布保湿养生，养生时间不宜少于7d。

7. 填筑体表干容重、抗压强度和实测项目应符合《气泡混合轻质土填筑工程技术规程》CJJ/T 177-2012要求，填筑体外观质量主要为：面板应光洁平顺，板缝均匀，线形顺适，沉降缝上下贯通顺直。表面出现的非受力贯穿裂缝宽度应小于 5mm。表面蜂窝面积应小于总表面积的 1%。

五、气泡混合轻质土成品保护

气泡混合轻质土按换填厚度填筑完成后，才能在其侧面和顶面进行普通土的回填施工。由于气泡混合轻质土强度较混凝土低得多，且采用垂直填筑，回填土施工时应注意：①在进行气泡混合轻质土顶面回填土施工前，侧面回填土顶面不得低于气泡混合轻质土顶面；②气泡混合轻质土强度小于 0.6MPa 时，禁止回填土施工；③气泡混合轻质土顶面填土厚度未达到 80cm 前，严禁在气泡混合轻质土顶面行驶车辆和其他施工机械；④当必须在气泡混合轻质土中铺设市政管线时，应对气泡混合轻质土进行切割作业，管线安装调试完毕后应用同配比气泡混合轻质土浇筑回填。同时，应对被破坏的气泡混合轻质土防水层进行专项修复处理。

六、气泡混合轻质土施工中应注意的几个问题

1. 气泡混合轻质土施工前，应编制专项施工方案，经单位技术负责人审批后报项目总监理工程师。正式施工前应先做试验段，以调整相应关键施工参数，气泡混合轻质土施工过程中，气泡混合轻质土厂家应负责现场指导、监理单位应负责现场旁站并及时平行检验。

2. 发泡剂性能试验检验频率应为 1 次/5000L，每批次产品或每个施工项目应至少检验 1 次。

3. 气泡混合轻质土作为一种新型的填筑材料，应进一步完善气泡混合轻质土成品取样试压质量检验和控制等技术标准。

4. 气泡混合轻质土应切实加强工程设计、配合比试验及防水措施的质量控制和管理，最大限度地降低气泡混合轻质土的不均匀性和遇水强度衰减对工程造成的影响。

5. 气泡混合轻质土浇筑质量检查记录表式可参照附件 1《气泡混合轻质土浇筑质量检查记录》、气泡混合轻质土检验批质量验收记录可参照附件 2《气泡混合轻质土检验批质量验收记录》。

附件1：气泡混合轻质土浇筑质量检查记录

工程名称			检查日期	
施工单位			执行标准	
分项工程			工程数量	
施工配合比			天气气温	
气泡群密度			设计湿容重	

序号	浇筑桩号	浇筑层序	浇筑时间	浇筑层底标高	平均浇筑厚度	浇筑方量	检查记录	
							湿容重	流动度
1								
2								
3								
4								
5								
6								
7								

试样制取	组数					
	编号		湿容重		流动度	
	制取部位					

施工单位检查结果			监理单位检查意见	

参加检查人员签字栏				
监理单位	施工单位项目技术负责人	质量员	施工员	填表人

附件2：气泡混合轻质土检验批质量验收记录

工程名称					验收日期										

施工单位					执行标准										

分项工程					工程数量										

	序号	项目内容		规定值/允许偏差	实测值或偏差值										应检数量	合格数量	合格率（%）
					1	2	3	4	5	6	7	8	9	10			
主控项目	1	表干容重	底层														
			顶层														
		饱和容重															
	2	抗压强度	底层														
			顶层														
		饱水抗压强度															
一般项目	1	外观质量检验															
	2	质量保证资料															
	实测项目	1	顶部高程														
		2	厚度														
		3	轴线偏位														
		4	宽度														
		5	底面高程														

施工单位验收结果		监理单位验收意见	

参加验收人员签字栏				
监理单位专业监理工程师	施工单位项目技术负责人	质量员	施工员	填表人

百问 61：市政排水工程质量监督检查主要内容有哪些

目前，市政工程施工现场监督方法主要是抽查材料合格证及相关试验报告、见证试验报告，各种相关施工记录，按规定检查材料及实体外观质量、进行实测实量，抽查监理平行检验记录和旁站监理记录。具体排水工程质量监督检查主要内容按重点抽查、一般抽查划分，主要有如下几个部分，分别为：

一、排水基础工程

1. 沟槽、基坑土方开挖及回填。重点抽查：地基承载力是否符合标准规范及设计要求，并经有关方面签认；所用回填材料及压实度是否符合标准规范及设计要求。一般抽查：基础是否超挖、扰动、受冻、水浸；坡度是否符合施组及设计要求；槽底高程、槽底中心线每侧宽度是否符合要求；回填时沟槽内是否有积水；预应力管道承口部位下的安管工作坑是否填充砂砾并夯击密实。

2. 混凝土基础。重点抽查：混凝土配合比及抗压强度是否符合标准规范及设计要求。一般抽查：混凝土表面是否平整、直顺；混凝土是否密实，与管节结合是否牢固，是否有空洞。

3. 土、砂及砂砾基础。重点抽查：地基承载力、配合比、压实系数、压实度是否符合标准规范及设计要求。一般抽查：采用四点支承法安管时，砂砾垫层和混凝土楔块高程是否符合设计要求；土、砂或砂砾基础其厚度、宽度、高度是否符合设计要求。

二、排水主体结构工程

1. 管道铺设。重点抽查：管材是否符合标准规范及设计要求，有无裂缝，管口是否有残缺；管道坡度是否符合设计要求，有无倒坡。一般抽查：土弧包角是否符合设计规定，是否与管体均匀接触，回填砂砾是否密实，是否与外壁均匀接触；管体是否垫稳，管口间隙是否均匀，管道内有无杂物；管道中心位置、管内底高程、相邻管内底错口允许偏差是否符合标准规范及设计要求。

2. 现浇钢筋混凝土管（渠）。重点抽查：钢筋的类别、规格是否按符合标准规范及设计要求并经复试合格后使用；混凝土、钢筋混凝土所用原材料是否符合标准规范及设计要求；混凝土抗压、抗渗、抗冻性能是否符合国家现行相关标准和设计要求。一般抽查：安装现浇结构模板与支架时，其基础是否具有足够承载能力；模板结构尺寸和相互位置是否准确，模板是否具有足够稳定性、刚性和强度，模板支设后板缝是否严密、不漏浆；底、墙面、板面是否光洁，无蜂窝、露筋等现象；拱圈的变形缝与底板的变形缝是否对正、垂直贯通；水带、填料及其位置是否符合设计要求，安装牢固、闭合，与变形缝垂直，与墙体中心对正；筋骨架安装时，其环筋同心度、环筋内底高程、倾斜度是否符合要求。

3. 砌筑渠道。重点抽查：砖和混凝土砌块强度等级是否符合设计要求；砂浆配合比是否经试验确定，其强度等级是否符合设计要求。一般抽查：墙体和拱圈伸缩缝与底板伸缩缝是否对正，缝宽是否符合设计要求，有无通缝；止水带安装位置是否正确、牢固、闭合，且浇筑混凝土过程中止水带是否变位，止水带附近混凝土是否振捣密实；砂浆是否饱满、灰缝整齐均匀，缝宽是否符合要求，抹面是否压光，有无空鼓、裂缝等现象；钢筋混凝土盖板外观及内在质量是否符合标准规范及设计要求；渠底是否清理干净、平整、坚实；预制盖板安装位置是否准确平稳、塞缝严实，铺垫砂浆及三角灰是否均匀、密实、饱满。

4. 非开（挖）槽（顶管）施工主体结构。重点抽查：工作坑是否有足够工作面；工作坑支护是否牢固，是否形成封闭式框架；管道外壁与土体空隙是否注浆。一般抽查：接口是否严密、平顺；两根导轨是否直顺、平行、等高、安装牢固，其纵坡与管道设计是否一致；后背墙壁面与管道顶进方向是否垂直；管内有无杂物；中线位移、管内底高程、管道错口允许偏差是否符合标准规范及设计要求。

5. 非开（挖）槽（浅埋暗挖）施工主体结构。重点抽查：施工方法是否符合施组要求；是否超挖。一般抽查：土层开挖时轴线、高程允许偏差符合标准规范及设计要求。

三、排水附属工程

1. 检查井。重点抽查：地基承载力是否符合标准规范及设计要求；砖与砂浆强度等级是否符合设计要求；井室、盖板混凝土抗压强度是否符合设计要求；井盖选用是否符合设计要求，标志是否明显；井周回填材质和质量是否符合标准规范及设计要求。一般抽查：井壁砌筑是否位置准确，灰浆饱满，灰缝平整，有无通缝、瞎缝，抹面是否压光，有无空鼓、裂缝等现象；井内流槽是否平滑通顺，有无杂物；井室盖板尺寸预留孔位置是否准确，压墙尺寸是否符合设计要求，勾缝是否整齐；井圈、井盖是否完整无损，安装稳固，位置准确；踏步是否安装牢固，位置正确；井室穿墙管是否做好防沉降"切管"处理。

2. 雨水口。重点抽查：雨水口位置及高程是否符合设计要求，位置是否准确，有无歪扭；井框、雨水箅子是否完整无损，安装是否平稳、牢固；井周回填材料和质量是否符合标准规范及设计要求。一般抽查：支管是否直顺，管内是否清洁，有无错口、反坡及破损现象，管头露出井壁是否大于2cm，断口是否朝向井内；内壁勾缝是否直顺坚实，有无漏勾、脱落；雨水口及支管井内尺寸、井口高、井框与井壁吻合、雨水口与路边线平行位置允许偏差是否符合标准规范及设计要求。

3. 进出水口构筑物。重点抽查：构筑物是否建在原状土上，当地基松软或被扰动时，是否按设计要求处理；泄水孔是否通畅，有无倒坡；翼墙变形缝位置是否准确，上下是否贯通；混凝土、砂浆抗压强度是否符合标准规范及设计要求；砌体分层砌筑是否错缝，咬茬是否紧密，有无通缝。一般抽查：浆砌护坡、护坦，其灰缝砂浆是否饱满，缝宽是否均匀，有无裂缝、起鼓，表面是否平整；翼墙变形缝是否直顺，背后填土是否符合标准规范及设计要求；进出水口构筑物断面尺寸、顶面高程、轴线位移、墙面垂直度、平整度、水平缝平直、护坡墙面坡度、翼墙变形缝宽度、预埋件中心位置允许偏差是否符合标准规范及设计要求。

4. 闭水试验。重点抽查：应试验管道是否按要求进行闭水试验；闭水试验时是否按井距分隔并带井试验；管（渠）道外观有无漏水现象，实测渗水量是否小于或等于标准试验水头的允许渗水量。一般抽查：闭水试验是否在管（渠）还土前且沟槽内无积水时进行；排水管（渠）闭水试验检验时间是否合乎规定；排水管（渠）标准试验水头、闭水试验允许渗水量是否符合规范规定。

第三篇　试验管理类

百问 62：如何做好市政工程项目质量检验与试验计划

目前，市政工程施工项目部对《项目质量检验与试验计划》的主要内容和编制审批都不十分了解，监理和建设单位也不十分重视，因无项目质量检验与试验计划作指导，往往在施工过程中对项目质量检验与试验手忙脚乱，极易导致检验试验重复或缺项，造成工程质量缺陷，有的还无法弥补。结合以往施工和监督实践，就如何做好市政工质量检验与试验计划，浅述如下：

一、项目质量检验与试验计划的概念

项目质量检验与试验计划是指以书面形式对检验与试验工作所涉及的总体和具体的检验与试验活动、程序、资源等做出规范化安排，以便于指导检验与试验活动，使其有条不紊地进行；是施工单位对工程施工项目检验和试验工作进行的系统策划和总体安排的结果，是质量管理体系中质量计划的一个重要组成部分，为项目施工全过程检验与试验工作的技术管理和作业指导提供依据。

二、项目质量检验与试验计划的主要内容

①工程项目名称；②质量检验与试验项目名称及内容；③质量检验与试验方法；④质量检验与试验所依据的标准、规程、规范；⑤判定合格的具体数据标准；⑥质量检验与试验操作的实施顺序；⑦不合格处理的原则程序及要求；⑧实施质量检验与试验的部门和人员名称；⑨应填写哪些质量检验与试验报告或记录；⑩质量检验与试验报告的存放部门和保管人员。

三、项目质量检验与试验计划的编制审批

1. 工程开工前，施工单位应在认真审核施工图纸的基础上，结合施工组织设计及投标文件，由项目技术负责人组织质量员、试验员、材料员负责编制《项目质量检验与试验计划》。

2.《项目质量检验与试验计划》是《项目质量计划》的一部分，若单独呈报审批时，由项目技术负责人签字即可，作为《项目质量计划》的一部分呈报审批时，则应由项目负责人签字并加盖相应建造师印章。

3.《项目质量检验与试验计划》应上报监理单位和建设单位，监理单位监理部应组织专业监理人员严格审核并由项目总监理工程师签批后方可组织实施。

4. 工程项目发生重大变更，如：施工工艺调整、原材材质改变、增加工程项目等，施工单位应对《项目质量检验与试验计划》进行变更、补充和完善，并按原有程序重新履行相应审批手续。

四、项目质量检验与试验计划实施中应注意的几个问题

1. 《项目质量检验与试验计划》应作为市政工程开工前置必备条件，建设、监理单位应严格审核把关。

2. 《项目质量检验与试验计划》应有针对性、可操作性和指导性。编制时可参考其他相关市政工程项目质量检验与试验计划，但不可复制、照搬照抄。

3. 《项目质量检验与试验计划》审批后实施前，应由项目技术负责人组织项目部相关管理人员进行项目质量检验与试验计划交底和学习，以明确各自职责、熟悉和掌握项目质量检验与试验内容，确保计划的顺利落实。

4. 《项目质量检验与试验计划》应对见证试验项目重点关注并明确标识，也可在《项目质量检验与试验计划》基础上再单独编制《项目见证试验计划》。

5. 项目质量检验与试验实施过程中，应注意加强试验委托单和试验台账的管理，应明确专人负责试验委托单的填写、收集和整理归档以及试验台账的建立和管理。试验委托单的填写应严格按照《项目质量检验与试验计划》落实，重点为试验项目、试验标准及试验方法。尤为见证取样送检委托单，其填写后更应认真核对，确保无误。

6. 对于见证试验，施工单位和监理单位应紧密配合，互相协作。监理单位应在施工单位《项目质量检验与试验计划》或《项目见证试验计划》的基础上，编制完善监理见证试验管理制度或见证试验监理管理方案，切实规范监理见证试验管理。

7. 关于见证记录概念、相关要求、具体项目及需要注意的问题详见"百问85：如何做好市政工程见证记录"。

8. 关于见证试验报告概念、相关要求及需要注意的问题详见"百问86：如何做好市政工程见证试验报告"。

百问 63：如何做好市政工程混凝土试块质量管理

目前，市政工程施工现场试验员对混凝土试块的取样、制作、留置、养护和送检都不十分重视，经常造成试块组数不够，强度统计评定不符合要求，或强度不合格而回弹强度及钻芯取样试验又符合要求的现象。因此，应切实加强混凝土试块质量管理，在减少不必要麻烦的同时，确保混凝土结构工程质量。结合以往施工和监督实践，就如何做好市政工程混凝土试块质量管理，浅述如下：

一、混凝土试块的概念

混凝土试块分为混凝土标准养护试块和混凝土同条件养护试块。混凝土标准养护试块是指在温度为（20±3）℃、相对湿度为 90％ 的标准养护室进行 28d 养护后的试块。混凝土同条件养护试块是指在浇筑现场随机抽取混凝土制作的依现场养护条件日平均温度累积至 600℃ 的试块。

二、混凝土试块的取样

1. 混凝土试块取样工作应由专职人员完成，同时，项目部试验人员应负责进行现场监督。

2. 根据取样混凝土每组试件所用的拌合物不同要求，应从同一罐车运送的混凝土中取样。在施工现场混凝土取样应随机在抽样罐车的三分之一至中部处进行。

3. 试件的取样频率和数量应符合规定要求。

4. 每次取样应至少制作一组标准养护试件，每组三个试件应由同一车的混凝土中取样。

5. 取样的工具、推车等应清理干净，无油渍和其他污染。

三、混凝土试块的制作

1. 制作前应先检查试模，确认无翘曲变形现象后再组装，试模内表面应均匀涂刷一层隔离剂。

2. 混凝土试块一般宜在拌制后 15min 内成型。

3. 人工捣制时：混凝土拌合物应分两层装入模内，每层的装料厚度应大致相等；插捣应按螺旋方向从边缘向中心均匀进行。在插捣底层混凝土时，捣棒应达到试模底部；插捣上层时，捣棒应贯穿上层后插入下层 20～30mm；插捣时捣棒应保持垂直。用抹刀沿试模内壁插捣数次；每层插捣次数应在 25～30 次左右；插捣后应用橡皮锤轻轻敲击试模四周，直至插捣棒留下的空洞消失为止。

4. 对于结构较多、较大的市政工程，建议采用混凝土试块振动仪制作，以提高混凝土试块制作的效率和质量。

5. 试件成型完毕，在混凝土初凝后应及时进行抹面，沿试模口表面抹平压光。

四、混凝土试块的养护

1. 试块在成型后应用塑料布或湿布覆盖，以防止水分蒸发。

2. 采用标准养护的试件，应在温度为（20±5）℃的环境中静置一至二昼夜，然后编号、拆模。

3. 拆模后应立即放入温度为（20±3）℃、相对湿度为90%的现场标准养护室进行标养。

4. 标准养护龄期从现场制作开始计时起为28d。

5. 同条件养护试块应与结构混凝土环境条件一致，拆模时间可与实际结构混凝土拆模时间相同，拆模后，试件仍需保持同条件养护。

五、混凝土试块的送检

1. 一般标准养护试块在第28d送，也可以提前三天，但不能超过28d。

2. 同条件养护在600℃以上，一般从制作混凝土试块时开始累积当日温度，达到600℃即可送，同条件养护天数不能小于14d且不能大于60d。

六、混凝土试块的标识

1. 混凝土试块的标识应在混凝土初凝后终凝前在试块表面标识。

2. 标识内容应清晰齐全，主要包括：试块类型及组号、强度等级、部位、制作日期等信息。

3. 当标识的部位、日期、等级相同的试块多于一组时，应标识组号以区分不同时间段浇捣的混凝土。

七、混凝土试块的留置

混凝土结构工程施工应按规定留置混凝土强度标准养护试块。市政工程取样与试块留置应符合下列规定：①不超过100m³同配合比的混凝土取样不得少于1次；②连续浇筑大体积混凝土、每浇筑100m³的混凝土取样不得少于1次；③现浇混凝土的每一结构部位（每一浇筑段）取样不得少于1次；④每片梁长16m以下取样不得少于1次、16～30m取样不得少于2次、31～50m取样不得少于3次、50m以上取样不得少于5次；⑤每根混凝土灌注桩取样不得少于2组；⑥每次取样应至少留置1组标准养护试件，同条件养护试件的留置组数应根据实际需要确定。普通混凝土的物理力学性能和长期性能、耐久性能试验试块，除抗渗、抗疲劳试验外，均以3块为一组。

八、混凝土试块管理中应注意的几个问题

1. 为了避免因施工、制作、试验等因素而导致混凝土强度缺少试验试件，

施工单位项目部应根据《混凝土强度检验评定标准》GB50107-2010 规定的检验评定方法要求制定《混凝土检验批的划分方案和取样计划》，经审批后在混凝土施工过程中严格落实。

2. 混凝土强度试块应在混凝土的浇筑地点随机抽取。每组试验的试块，应从同一罐车运送的混凝土中取出，并应立即制作试块。

3. 采用蒸汽养护的构件，其试件应先随构件同条件养护，然后应置入标准养护条件下继续养护，两段养护时间的总和为设计规定龄期。

4. 关于"混凝土灌注桩取样不得少于2组"，这是《城市桥梁工程施工与质量验收规范》CJJ 2-2008 和《城市桥梁工程施工质量检验标准》DB 11/1072-2014 的新规定，取消了《桥梁工程施工质量检验标准》DBJ 01-12-2004 的"桩长 20m 以上者取样不少于 3 组"要求。

5. 关于混凝土试块抗压强度不合格问题的处理。在市政工程施工实践中，偶尔会出现个别混凝土试块抗压强度不合格，面对这一问题应如何处理呢？一是，可将此混凝土试块抗压强度不合格值按《混凝土强度检验评定标准》GB 50107-2010 方法进行混凝土强度统计评定，若评定合格，则此检验批可验收通过。二是，若评定为不合格，则应对混凝土实体按《回弹法检测混凝土抗压强度技术规程》JGJ/T 23-2011 进行回弹检测，若检测合格，则此检验批可验收通过。三是，若检测不合格，则应委托有资质的法定检测单位按检测方案对混凝土实体质量进行钻芯取样鉴定，当鉴定结果能够达到设计要求时，该检验批仍可通过验收。四是如经检测鉴定达不到设计要求，经采取一定措施补强加固处理后，原设计单位核算、鉴定，可满足结构安全和使用功能时，该检验批仍可予以验收。新版《混凝土结构工程施工质量验收规范》GB 50204-2015 第 10.2.2 条：当混凝土结构施工质量不符合要求时，应按下列规定进行处理：①经返工、返修或更换构件、部件的，应重新进行验收；②经有资质的检测机构按国家现行有关标准检测鉴定达到设计要求的，应予以验收；③经有资质的检测机构按国家现行有关标准检测鉴定达不到设计要求的，但经原设计单位核算并确认仍可满足结构安全和使用功能的，可予以验收；④经返修或加固处理能够满足结构可靠性要求的，可根据技术处理方案和协商文件进行验收。

百问 64：如何选用市政工程回填土压实度击实标准

目前，在市政工程施工现场中经常存在压实度轻型击实标准和重型击实标准乱用的现象，对轻、重型击实标准的区分、选用不十分清楚，从而造成施工现场回填压实度错误，有的还造成返工等重大损失。结合以往施工和监督实践，就如何选用市政工程回填土压实度击实标准，浅述如下：

一、轻、重型击实标准的概念、目的和区别

击实标准概念是指测定土在最佳含水量时所对应的最大密实度的方法。击实标准试验的目的是用标准击实方法，某种击实仪在一定击实次数下，测定土的含水量与密度的关系，从而确定土的最佳含水量与相应的最大干密度。

击实标准按击锤轻重可分为轻型击实标准和重型击实标准。

轻重型击实标准的区别：轻型击实试验适用于粒径小于 5mm 的土料，锤重为 2.5kg，层数 3 层，单位体积击实功为 591.6kg；而重型击实试验适用于粒径不大于 40mm 的土料，且锤重为 4.5kg，层数 5 层，单位体积击实功为 2682.7kg。

二、相关标准规范关于轻、重型击实标准的规定

1. 《给水排水管道工程施工及验收规范》GB 50268 - 2008 表 4.6.3-1 刚性管道沟槽回填压实度对应压实度均分别用轻、重型击实标准明确说明；表 4.6.3-2 柔性管道沟槽回填压实度在注中也明确说明：除设计要求用重型击实标准外，其他皆以轻型击实标准试验获得最大干密度为 100%。

2. 《城镇道路工程施工与质量验收规范》CJJ 1 - 2008 中表 6.3.12-2 路基压实度标准明确说明采用重型击实标准。

3. 《排水管（渠）工程施工质量检验标准》DB11/T 1071 - 2014 中表 4.2.1-1 刚性管道沟槽回填压实度对应压实度均分别用轻、重型击实标准明确说明；表 4.2.1-2 柔性管道沟槽回填压实度在注中也明确说明：回填土压实度以轻型击实标准试验获得最大干密度为 100%。

4. 《城市道路工程施工质量检验标准》DB11/T 1073 - 2014 中表 3.1.2 路基土方压实度标准明确说明采用重型击实标准。

5. 《北京市给水排水管道工程施工技术规程》DBJ 01 - 47 - 2000 中表 5.7.7.5 沟槽回填土作为路基的最低压实度表在注中也明确说明：除设计文件规定采用重型击实标准外，皆以轻型击实试验获得最大干密度为 100%。

6. 《北京市城市道路工程施工技术规程》DBJ 01 - 45 - 2000 中表 4.4.16.1

土质路基压实度表及表 4.4.16.2 沟槽回填土作为路基的压实度中对相应压实度均分别用轻、重型击实标准以明确说明。

三、实际操作中应如何选用轻、重型击实标准

在实际操作过程中，市政工程回填土作业前，施工现场项目部应对回填土压实度及采用轻、重型击实标准情况认真查看施工图纸及设计文件，看有无具体说明。若有具体说明，则应按其要求在回填时严格予以落实。若没有具体说明，则应查看施工图纸及设计文件采用何种施工技术标准，对照该标准的回填土相关要求认真施工即可。若只有回填土压实度值，而无采用轻、重型击实标准的具体说明，建议一般情况下可采用轻型击实标准。通常情况下，道路路基回填土压实度一般采用重型击实标准，而管道沟槽回填土压实度一般采用轻型击实标准，特殊要求除外。

最稳妥的办法是：施工前，就此回填轻、重型击实标准的选定，建设、设计、监理、施工单位等参建各方协商一致，形成工程洽商记录，然后按洽商施工。回填轻、重型击实标准的确定应当作为施工图纸审查和图纸会审的主要内容予以重点关注。尤其是各种专业管线在同一道路结构层内施工时，轻、重型击实标准的确定和压实度的确定更为重要和关键，施工前，极有必要把各专业建设、施工、设计单位就此问题协商一致，形成会议纪要，严格验收落实。

百问 65：如何划分市政工程沥青混合料见证试验频率

目前，关于市政道路工程中沥青混合料需 100% 作见证试验以及见证试验项目为马歇尔流值和稳定度，均不存在疑虑，但对于沥青混合料见证试验频率的划分是以平方米、台班还是吨数存在较大争议。结合以往施工和监督实践，就如何划分市政工程沥青混合料见证试验频率，浅述如下：

一、沥青混合料试验频率标准规范规程的相关要求

1. 标准规范要求。关于沥青混合料试验频率，《北京市城市道路工程施工技术规范》DBJ01-45-2000、《城镇道路工程施工质量检验标准》DBJ01-11-2004 均无任何文字说明，但《城镇道路工程施工与质量验收规范》CJJ 1-2008 中明确：沥青混合料品质应符合马歇尔试验（即：流值和稳定度）配合比技术要求。检验数量：每日、每品种检查 1 次。同时，《城市道路工程施工质量检验标准》DB11/T 1073-2014 中明确：施工方对成品料进行抽样复验。检验数量：同一厂家、相同配合比、同种材料每日抽检一次。

2. 规范性文件要求。关于沥青混合料试验频率，北京市建委转发建设部《房屋建筑工程和市政基础设施工程实行见证取样和送检的规定》（京建质 [2000] 0578 号）文中明确提出：沥青混合料（含磨耗层、上面层、下面层）必试项目——马歇尔流值和稳定度。抽样频率：每 6000m² 或每三个工作班抽取 1 组（注：当时见证试验频率为 30%，2009 年起见证试验频率调整为 100%）。但京建质 [2009] 289 号关于印发《北京市建设工程见证取样和送检管理规定（试行）》文中，虽然明确了沥青混合料需要做见证试验，但试验项目及试验频率只字未提。

3. 资料规程要求。关于沥青混合料试验频率，旧版《市政基础设施工程资料管理规程》DBJ 01-71-2003 附录 A 中明确："热拌沥青混合料马歇尔试验验收批划分及取样数量为：每台拌和机 1 次或 2 次/日"。而新版《市政基础设施工程资料管理规程》DB11/T 808-2011 附录 A 中明确："沥青混合料马歇尔稳定度、流值试验组批原则分及取样规定为：每台拌和机 1 次或 2 次/日；同一厂家、同一配合比、每连续摊铺 600t 为一检验批，不足 600t 按 600t 计，每批取 1 组"。

二、试验频率指标划分的适宜性

1. "每台拌和机 1 次或 2 次/日"，明显针对的是摊铺量特别大并在施工现场设置有拌和机时，方才适用。如：公路工程。而市政工程一般均在城市或城市周边，沥青混合料一般都是由厂家供应，用运输车拉到施工现场直接摊铺，且在实际操作中，相关施工资料无法明确供应厂家拌和机的台数和台班数，无法进行监督检查，故在市政工程中对沥青混合料的进场复试不宜采用"每台拌和机1次或2次/日"做试验频率标准。

2. 用平方米和台班做沥青混合料进场复试的试验频率也不合适，因为以此划分变化太大，同样 2000m² 的沥青混合料，底面层 7cm 厚，上面层 4cm 厚，都做一次见证试验合适吗？同样，每个台班工作量因人工、机械多少和设备性能的差异而差别较大，因而，用平方米和台班都不具备作为试验频率的客观性、一致性和可操作性。

三、沥青混合料试验频率的选用

目前，对沥青混合料进场复试的试验批划分应以吨数为宜，且按现行有效标准规范《市政基础设施工程资料管理规程》DB11/T 808 - 2011，应按"同一厂家、同一配合比、每连续摊铺 600t 为一检验批，不足 600t 按 600t 计，每批取 1 组"为妥。因为，以数量为单位既有试验频率指标的客观性、一致性，也有施工现场监督检查、质量控制的规范性和可操作性。

在实际操作中，只要检验沥青混合料物资进场报验表和沥青混合料合格证就可知其用量，进而得出应见证试验次数，据此检查沥青混合料见证记录、见证试验委托单及见证试验报告即可。当施工单位无相关资料时，用道路面积乘以相应厚度乘其密度亦可得知其总用量，也可推算出应见证试验次数，进而检查沥青混合料见证记录、见证试验委托单及见证试验报告。需要特别注意的是，沥青混合料的进场复试应含磨耗层、上面层和下面层，不可漏项。

百问 66：如何做好市政工程桥梁荷载试验

目前，市政工程施工现场对于桥梁荷载试验，因各标准规范表述不一，认识模糊不清，较为含混。结合以往施工和监督实践，就如何做好市政工程桥梁荷载试验，浅述如下：

一、相关标准规范桥梁荷载试验要求

相关标准规范对于市政工程中桥梁荷载试验的具体要求：

1. 《城市桥梁工程施工与质量验收规范》CJJ 2-2008 "23.0.10 工程竣工验收应由建设单位组织验收组进行。…当设计规定进行桥梁功能、荷载试验时，必须在荷载试验完成后进行…"。

2. 《城市桥梁工程施工质量检验标准》DB11/T 1072-2014 "2.2.2 桥梁功能检验、荷载试验按设计要求进行。工程竣工验收必须在上述功能与荷载试验完成后进行"。

3. 《桥梁工程施工质量检验标准》DBJ 01-12-2004《北京市城市桥梁工程施工技术规程》DBJ01-46-2001 均对桥梁荷载试验没有任何要求及文字说明。

4. 《市政基础设施工程资料管理规程》DB11/T 808-2011 "8.6.3 桥梁功能性试验记录：合同要求时须进行桥梁桩基、动（静）荷载试验、防撞拦杆防撞等功能性试验。试验前应与有资质的试验单位签订《桥梁功能性试验委托书》（表式 C6-3-10），由试验单位进行桥梁桩基、动（静）荷载试验、防撞试验方案设计，按设计方案进行试验，试验后出具《桥梁功能性试验报告》（表式 C6-3-11）。"

按照上述标准规范要求，应该可以理解为，在市政工程中桥梁荷载试验只有合同规定或设计要求时才进行。当无合同规定和设计要求时，市政桥梁工程可不进行桥梁荷载试验。

二、桥梁荷载试验概念

桥梁荷载试验是指按照合同规定或设计要求，在桥梁工程竣工验收前，通过对桥梁结构物直接加载并进行有关测试、记录与分析工作，以达到了解桥梁结构在试验荷载作用下的实际工作状态，进而评定桥梁结构施工质量和使用状况，为竣工验收提供科学依据的检验测试活动，包括试验计划、试验准备、加载试验与观测、试验资料整理分析与总结等一系列工作内容。

桥梁荷载试验包括静荷载试验与动荷载试验。一般情况下只做静荷载试验，必要时增做部分动荷载试验，如特大型桥梁、新型桥梁等。

三、桥梁荷载试验相关要求

1. 建设单位负责桥梁荷载试验统一组织工作；

2. 设计单位负责提出荷载试验效率、动力系数等技术指标和相关参数；

3. 检测试验单位负责提交检测试验方案，并经建设、监理、设计、施工单位会审同意后实施，并应及时提交荷载试验报告；

4. 监理单位负责进行荷载试验旁站监理；

5. 施工单位负责提供相关技术资料，并做好荷载试验期间的配合协助工作；

6. 试验项目及试验桥跨应由建设单位会同设计、监理、施工单位一起协商决定；

7. 选择检测桥跨应有代表性，应综合考虑选取计算受力最不利或施工质量有怀疑的部位，通过检测应能全面反映桥梁结构在各种工况下的质量安全状况。

四、桥梁荷载试验方案主要内容

桥梁荷载试验方案主要内容一般应包括：①试验目的以及测量要求；②测试内容；③加载方法及测量方法；④试验程序及试验进度；⑤试验人员的组织和分工；⑥安全措施。

五、桥梁荷载试验报告主要内容

桥梁荷载报告结论应清楚、明确，试验报告主要内容有：①荷载试验目的及依据；②试验全过程桥梁外观质量检查情况；③对相关数据、关系曲线、技术指标与参数的分析；④对桥梁承载能力、刚度、挠度、残余变形状况、梁体抗裂性能、动力特性、结构安全储备等综合分析情况；⑤对结构受力性能和实际承载能力的结论意见；⑥检测中发现的质量问题及处理建议意见。

六、桥梁荷载试验中应注意的几个问题

1. 桥梁荷载试验应经设计单位同意，建设单位认可。试验前，相关费用已明确。

2. 桥梁荷载检测试验方案应经参建各方项目负责人签字认可，其内容应含安全专项方案及应急预案。特大型桥梁、新型桥梁其桥梁荷载检测试验方案应组织专家论证，论证通过后方可组织实施。

3. 荷载试验报告应经检测单位技术负责人和项目负责人签字并加盖单位公章。

4. 荷载试验报告中反映的问题应由建设单位召开专门会议研究解决，涉及结构质量安全的问题必须会同设计单位进行处理，消除质量安全隐患，直到符合设计要求及标准规范。

5. 桥梁荷载试验报告应在工程移交时与相应工程资料一起提交给桥梁管理养护单位，作为桥梁长期健康监测的重要基础性资料。

百问 67：如何做好市政工程道路四项功能性检测

目前，市政工程参建各方对道路四项功能性检测由谁检测、检测什么内容、怎么检测、如何填写检测记录等还存在不同看法，导致施工现场功能性检测做法各式各样，施工技术资料也千差万别。依照现行市政工程资料管理规程，结合以往施工和监督实践，就如何做好市政工程道路四项功能性检测，浅述如下：

一、道路工程功能性检测概念

道路工程功能性检测全称为道路路面工程四项功能性检测，是指为了全面检测道路路面工程质量和功能性要求，在工程完工后竣工验收前，由施工单位组织进行的道路路面平整度、压实度、厚度、弯沉值四项指标的检测工作。

二、道路工程四项功能性检测相关要求

1. 道路工程平整度、压实度、厚度、弯沉值四项功能性检测为自检项目，应由施工单位自行组织进行试验检测，检测试验完全后应填写《沥青混合料压实度试验报告》（表式 C6-3-3）、《沥青混凝土路面厚度检测报告》（表式 C6-3-4）、《弯沉检测报告》（表式 C6-3-5）、《路面平整度检测报告》（表式 C6-3-6）。

2. 当施工单位无此项目试验能力时，可委托第三方有资质单位进行检测。

3. 施工单位或施工单位委托的第三方有资质检测单位进行道路路面工程四项功能性检测前，试验检测单位应编制项目道路工程四项功能性检测专项方案，经项目总工程师审批后，报道路专业监理工程师批准，并在检测过程中按经审批后的专项检测方案严格落实。

4. 施工单位或施工单位委托的第三方有资质检测单位进行道路路面工程四项功能性检测时，监理单位应按规定要求现场旁站并进行平行检验，填写并留存旁站记录和平行检验记录存档备查。

三、道路工程四项功能性检测指标的检验标准、检验批划分和取样规定

道路工程四项功能性检测指标的检验标准：《公路路基路面现场测试规程》JTGE 60-2008。

道路工程四项功能性检测指标的检验批划分和取样规定：

1. 平整度。

1）路宽＜9m，采用平整度仪，全线检测一遍；采用 3m 直尺，全线每100m 测 1 处，每处 10 尺。

2）路宽 9～15m，采用平整度仪，全线检测两遍；采用 3m 直尺，全线每100m 测 1 处，每处 10 尺，全线检测两遍。

3）路宽＞15m，采用平整度仪，全线检测三遍；采用 3m 直尺，全线每 100m 测 1 处，每处 10 尺，全线检测三遍。

2. 弯沉值。

1）路宽＜9m，采用贝克曼梁法，每 20m 检测 1 点，全线检测两遍。

2）路宽 9～15m，采用贝克曼梁法，每 20m 检测 1 点，全线检测四遍。

3）路宽＞15m，采用贝克曼梁法，每 20m 检测 1 点，全线检测六遍。

3. 压实度。每 1000m² 检查 1 次。

4. 厚度。每 1000m² 检查 1 次。

四、道路工程四项功能性检测中应注意的几个问题

1. 道路路床按照标准规范要求也应该在其土路床顶面做平整度、压实度、弯沉值试验检测。当设计未提供弯沉值时，应及时与设计联系沟通确认。

2. 当合同、设计文件对道路工程四项功能性试验有第三方检测要求时，应由合同、设计文件明确的相关单位委托第三方有资质检测单位进行检测并出具相应检测报告。检测报告应经第三方有资质检测单位技术负责人和项目负责人签字并加盖单位公章。

3. 《沥青混合料压实度试验报告》（表式 C6-3-3）、《沥青混凝土路面厚度检测报告》（表式 C6-3-4）、《弯沉检测报告》（表式 C6-3-5）、《路面平整度检测报告》（表式 C6-3-6）内容填写应齐全、结论应明确、签字应规范，报告批准人应为试验检测单位技术负责人，报告审核人应为试验检测单位项目负责人，报告试验人员应持有相应上岗证书。

4. 为确保工程质量，把好市政工程竣工验收关。建议由项目建设单位委托第三方有资质检测单位进行道路四项功能性检测，并把检测结果作为工程竣工验收时，单位工程质量竣工验收记录中"安全和主要使用功能抽查、核查结果"的依据。

5. 项目建设单位委托第三方有资质检测单位进行道路四项功能性检测时，并不能代替施工单位自行进行道路四项功能性检测或委托第三方有资质检测单位进行道路四项功能性检测。

6. 道路工程平整度、压实度、厚度、弯沉值四项功能性指标竣工验收时必须符合设计及标准规范要求，当有一项或多项不符合时，参建各方应协商一致提出整改方案，经各方项目负责人签字，加盖单位公章后，严格整改落实，不可轻易让步接收，以确保道路使用功能。

百问 68：如何做好市政工程混凝土管材内外压试验

目前，市政工程参建各方对混凝土管材进场严密性试验——内外压试验不了解，导致各项目管材内外压试验要求不同，做法也都不一样。依照现行相关标准规范，结合以往施工和监督实践，就如何做好市政工程混凝土管材内外压试验，浅述如下：

一、混凝土管材内外压试验概念

混凝土管材内外压试验是指混凝土管材进场前，为检测其质量而进行的严密性试验，它包含内水压试验和外压荷载试验，简称混凝土管材内外压试验。

二、混凝土管材内外压试验一般做法

目前，北京市各有对外检测资质的市政工程检测试验室基本上都没有混凝土管材内外压试验的试验仪器设备和试验场地，而且将远郊区县生产的混凝土管材运送至市内试验室检测也不具备可操作性，不现实。检测试验室混凝土管材内外压试验一般都是派试验员到厂家利用厂家试验仪器设备进行试验并回试验室出具相应试验检测报告，试验负责人签字并加盖检测试验室公章。建议：第三方检测资质管理单位应严格审查各有对外检测资质的市政工程检测试验室的混凝土管材内外压试验的试验仪器设备和试验场地，当不具备混凝土管材内外压试验条件时，应当收回其混凝土管材内外压试验第三方检测资质。以规范第三方检测资质管理。

鉴于此，对混凝土管材内外压试验做法应可以调整为：当混凝土管材厂家确定后，施工单位质量员、试验员，监理单位试验见证人员一同到厂家，对工程项目准备使用、即将出厂的管材进行随机抽样，利用厂家试验仪器设备现场试验，并将试验结果填写《混凝土管材内外压试验报告》或《材料试验报告（通用）》（表式 C3-4-5），施工单位、监理单位和管材厂家各方签字确认。混凝土管材内外压试验报告可参见附件《混凝土管材内外压试验记录》。

三、混凝土管材内外压试验应注意的几个问题

1. 混凝土管材内外压试验为自检项目，应由施工单位自行组织进行试验。混凝土管材内外压试验前应首先检查管材结构尺寸、外观质量是否合格。

2. 混凝土管材内外压试验施工单位试验员应具备相应专业技术知识，并持证上岗。

3. 混凝土管材使用前，除内外压试验外，还应进行抽检，进行实体尺寸量测、外观检查合格后方可使用，并填写《管材进场抽检记录》（表式 C3-4-4）。

4. 施工单位混凝土管材内外压试验和实体抽检时，监理单位应按规定要求现场旁站和平行检验，填写并留存旁站记录和平行检验记录。

5. 混凝土管材内外压试验和外观质量、尺寸偏差应严格按《混凝土和钢筋混凝土排水管》GB/T 1186－2009 落实。外观质量、尺寸偏差：从受检批中采用随机抽样的方法抽取 10 根管材，逐根进行外观质量和尺寸偏差检验。内水压力和外压荷载：从混凝土抗压强度、外观质量和尺寸偏差检验合格的管材中抽取 2 根。混凝土管，一根检测内水压力，另一根检测外压破坏荷载；钢筋混凝土管，一根检测内水压力，另一根检测外压裂缝荷载。

四、其他

雨污水检查井井盖的进场检验复试即井盖荷载试验方法同混凝土管材内、外压试验方法。即：当雨污水检查井井盖厂家确定后，施工单位质量员、试验员，监理单位试验见证人员一同到厂家，对工程项目准备使用、即将出厂的检查井井盖进行随机抽样，利用厂家试验仪器设备，现场试验，并就试验结果填写《井盖荷载试验报告》或《材料试验报告（通用)》（表式 C3-4-5），施工单位、监理单位和井盖厂家各方签字确认。

需要特别注意的是，按照《检查井盖》GB/T 23858－2009 要求，检查井重型井盖试验荷载已由 360kN 增加为 400kN。

附件：混凝土管材内外压试验记录

工程名称			
材料名称		规格型号	
生产单位		代表数量	
试验依据		试验日期	
要求试验的项目及说明			
试验结果			
结论			
参加试验人员签字栏			
监理单位见证人员	施工单位质量员	施工单位试验员	生产单位负责人	填表人

百问 69：如何做好市政工程排水管道闭水试验

市政工程排水管道闭水试验是检验管道工程施工质量的重要手段，是必做的功能性试验，也是排水管道工程竣工验收的前置条件。但目前，在市政排水管道工程施工现场，闭水试验还存在渗水量计算错误、设计水头不清楚、试验操作不规范、试验方法不正确等问题。结合以往施工和监督实践，就如何做好市政工程排水管道闭水试验，浅述如下：

一、排水管道闭水试验的适用范围

排水管道闭水试验的适用范围主要包括：①污水管道；②雨污水合流管道；③倒虹吸管道；④湿陷土、膨胀土、流砂地区的雨水管道。

也就是说在项目工程施工中遇到以上四种情况的排水管道时必须按标准规范要求做管道闭水试验。其他排水管道无设计要求时可不做管道闭水试验。

二、排水管道闭水试验的前置条件

1. 试验时管道及检查井外观质量已经验收合格；

2. 管道未还土，且沟槽内无积水；

3. 一次闭水试验一般不超过 5 个连续井段，且长度不宜大于 1000m；

4. 应按井距分隔，带井试验；

5. 全部预留管口应封堵严密，闭水管段两端封堵应大于水压力的合力，不得渗水，且下游管堵应设放水管及截门，上游管堵设排气管及截门。

三、排水管道闭水试验的操作及检验

1. 闭水试验具体操作应严格按照《给水排水管道工程施工及验收规范》GB 50268－2008 管道功能性试验和《排水管（渠）工程施工质量检验标准》DB11/T 1071－2014 管渠功能性试验进行；

2. 闭水试验检验应严格按照《排水管（渠）工程施工质量检验标准》DB11/T 1071－2014 管渠闭水试验进行。

四、排水管道闭水试验替代方案闭气试验相关要求

当工程工期要求较紧且急于回填或项目周边水源严重缺乏时，施工单位与建设、设计、监理单位协商一致后，可以用闭气试验替代闭水试验。

管道闭气试验时应特别注意：①闭气试验的适用范围：管道回填土前、直径 300～1200mm 的混凝土管、地下水位低于管外底 150mm，三者应同时具备；②下雨时，不得进行管道闭气试验；③管道闭气试验具体操作和检验应严格按照《排水管（渠）工程施工质量检验标准》DB11/T 1071－2014 附录 D 管道闭气试验进行；④管道采用闭气试验时，其检查井应进行闭水试验。

五、排水管道闭水试验相关要求

1. 设计水头和试验水头。管道闭水试验的设计水头是指试验段上游管段的自由水头，即上游管段的流水面高程，试验水头是指闭水试验时试验水面的高程；

2. 管道闭水试验前应灌满水浸泡，且管道浸泡时间，混凝土管道不得少于24h、塑料管道不得少于12h；

3. 管道两端如用砖砌管堵时必须养护 3～4d，待砂浆达到一定强度后方可向检查井内注水；

4. 管道闭水试验期间，渗水量的测定时间不得小于 30min，且观测期间应不断地向试验管段内补水，以保持试验水头恒定；

5. 管道渗水量公式计算时，应采用管道内径计算，查标准允许渗水量表时，若管径在两者之间，应采用内插法；

6. 闭水试验带井闭水计量实测渗水量时，应将检查井容积折算成当量管道长度后加入试验管段的长度进行综合计算。

六、排水管道闭水试验的检验频率

《给水排水管道工程施工及验收规范》GB 50268－2008 规定：管径≤700mm，每个井段；管径＞700mm，每三个井段抽一段。《排水管（渠）工程施工质量检验标准》DB11/T 1071－2014 规定：管径＜700mm，每个井段；管径＝700～2400mm，每三个井段抽一段；管径＝2500～3000mm，每五个井段抽一段。《北京市给水排水管道工程施工技术规程》DBJ01－47－2000 规定：管径＜1500mm，每个井段；管径＝1500～2400mm，每三个井段抽一段；管径＝2500～3000mm，每五个井段抽一段。经参建各方确认，现场缺水时，管径＜1500mm，可每三个井段抽一段。

就以上三种标准规范，结合施工实际，施工单位在制定排水管道闭水试验专项方案时建议采取《排水管（渠）工程施工质量检验标准》DB11/T 1071－2014规定的闭水试验检验频率为宜。

七、排水管道闭水试验的允许渗水量

《给水排水管道工程施工及验收规范》GB 50268－2008、《排水管（渠）工程施工质量检验标准》DB11/T 1071－2014 和《北京市给水排水管道工程施工技术规程》DBJ01－47－2000 三种标准规范中，都对有闭水试验允许渗水量明确规定，且《排水管（渠）工程施工质量检验标准》DB11/T 1071－2014 和《北京市给水排水管道工程施工技术规程》DBJ01－47－2000 完全一致。国标允许渗水量列表管径为 200～2000mm，地标允许渗水量列表管径为 150～2000mm，且两者

允许渗水值差别较大，地标明显高于国标，如：D400 钢筋混凝土管，国标允许渗水量为 $25m^3/24h \cdot km$，而地标为 $20m^3/24h \cdot km$；D1600 钢筋混凝土管，国标允许渗水量为 $50m^3/24h \cdot km$，而地标为 $44m^3/24h \cdot km$。

在实际操作中，施工单位在制定管道闭水试验专项方案时建议采取《排水管（渠）工程施工质量检验标准》DB11/T 1071 - 2014 规定的闭水试验允许渗水量为宜。

八、排水管道闭水试验应注意的几个问题

1. 管道闭水试验前，施工单位项目技术负责人应组织项目相关人员学习相关管道闭水试验标准规范要求，在明确试验人员责任、试验方法、检验频率、允许渗水量、记录要求及相关注意事项后，编制《管道闭水试验方案》，经项目技术负责人审批，总监理工程师批准后严格实施。

2.《管道闭水试验方案》其内容应包含相应安全措施和应急预案。

3. 管道闭水试验前，施工单位项目技术负责人应组织项目相关人员进行试验方案技术交底，填写并留存相应技术交底记录。

4. 管道闭水试验时，监理单位应按规定要求进行现场旁站和平行检验，填写并留存旁站记录和平行检验记录。

5. 当由管道闭气试验替代闭水试验时，应由施工单位项目技术负责人负责组织实施并现场指挥协调。

6. 管道闭气试验时检查井的闭水试验，目前无相应的试验检验标准，因此，在实际工作中只能先做闭气试验，以便回填，管道验收前，参建各方协商一致后再抽取个别代表性井段带井做闭水试验。当水源奇缺时，亦可采取单井闭水，其试验允许渗水量：无井室时，可参照相应管径混凝土管执行；有井室时，井室部分可按周长折算为圆形管道，然后与井筒一起参照相应管径混凝土管执行。

第四篇　材料管理类

百问 70：如何管理好市政工程材料员

目前，在市政工程施工现场，因为材料是工程利润的重要源头，因此作为现场管理的八大员之一的材料员一般都被项目重要人士占据，且多数无证上岗，对相关专业知识大多一知半解，从而造成施工现场材料管理混乱，有时还会造成一定的工程质量缺陷。按照《建筑与市政工程施工现场专业人员职业标准》JTJ/T 250-2011，结合以往施工和监督实践，就如何管理好市政工程材料员，浅述如下：

一、材料员的定义

材料员是指在市政工程施工现场，从事施工材料计划、采购、检查、统计、核算等工作的专业人员。

二、材料员的工作职责

①参与编制材料、设备配置计划；②参与建立材料、设备管理制度；③负责收集材料、设备的价格信息，参与供应单位的评价、选择；④负责材料、设备的选购，参与采购合同的管理；⑤负责进场材料、设备的验收和抽样复检；⑥负责材料、设备进场后的接收、发放、储存管理；⑦负责监督、检查材料、设备的合理使用；⑧参与回收和处置剩余及不合格的材料、设备；⑨负责建立材料、设备管理台账；⑩负责材料、设备的盘点、统计；参与材料、设备的成本核算；负责材料、设备资料的编制；负责汇总、整理、移交材料和设备资料。

三、材料员应具备的基本素质

1. 应具有中等职业（高中）教育及以上学历，并具有一定实际工作经验，身心健康；

2. 应具备必要的表达、计算、计算机应用能力；

3. 应具备必需的职业素养：①具有社会责任感和良好的职业操守，诚实守信，严谨务实，爱岗敬业，团结协作；②遵守相关法律法规、标准和管理规定；③树立安全至上、质量第一的理念，坚持安全生产、文明施工；④具有节约资料、保护环境的意识；⑤具有终生学习理念，不断学习新知识、新技能。

四、材料员应具备的专业技能

①能够参与编制材料、设备配置管理计划；②能够分析建材市场信息，并进行材料、设备的计划与采购；③能够对进场材料、设备进行符合性判断；④能够组织保管、发放施工材料、设备；⑤能够对危险物品进行安全管理；⑥能够参与对施工剩余材料、废弃物进行处置或再利用；⑦能够建立材料、设备统计合账；

⑧能够参与材料、设备的成本核算；⑨能够编制、收集、整理施工材料、设备资料。

五、材料员应具备的专业知识

①熟悉国家工程建设相关法律法规；②掌握工程材料的基本知识；③了解施工图识读、绘制的基本知识；④了解工程施工工艺和方法；⑤熟悉工程项目管理的基本知识；⑥了解建筑力学知识；⑦熟悉工程预算的基本知识；⑧掌握物资管理的基本知识；⑨熟悉抽样统计分析的基本知识；⑩熟悉与本岗位相关的标准及管理规定；⑪熟悉建筑材料市场调查分析的内容和方法；⑫熟悉工程招投标和合同管理的基本知识；掌握建筑材料验收、存储、供应的基本知识；掌握建筑材料成本核算的内容和方法。

六、材料员管理中应注意的几个问题

1. 依照材料员定义及工作职责，目前，大多数市政工程施工项目部只是把材料员当自己内部人，只负责采购，其他各项职能均交由其他人员兼管。现场材料管理多数不到位，浪费现象严重。施工项目部应切实对材料加以重视，规范管理。

2. 关于材料员的设置，目前，相关管理性文件均未对市政工程材料员设置作任何具体要求。参照专职安全员的设置，建议市政工程造价5000万以下工程项目或年完成施工产值5000万以下工程项目材料员不宜少于1人；工程造价5000万~1亿元工程或年完成施工产值5000万~1亿工程项目材料员不宜少于2人；工程造价1亿以上工程或年完成施工产值1亿以上工程项目材料员设置可在工程开工前，施工单位与建设、监理单位协商一致确定。也可参照《北京市施工现场材料工作导则（试行）》（京建发〔2013〕536号）相关条款，"施工单位派驻施工现场项目管理机构的材料岗位管理人员（试验管理员、材料员）应持有省级建设行政主管部门颁发的岗位证书，负责组织材料的进场验收、进场复验、见证取样送检、采购备案和出入库管理等工作，并明确各自管理的环节和职责。其中：承接建筑面积2万平方米以上建筑工程的，应至少派驻3名（含）以上；承接建筑面积2万平方米以上装修工程的，应至少派驻2名（含）以上；承接轨道交通工程的，每个项目应至少派驻3名（含）以上。"明确为"市政工程每个项目应至少派驻2名（含）以上。"

3. 市政工程施工项目部应按工程规模大小配置相应人数的、持证上岗的、对工程较为熟悉的材料员来从事施工材料计划、采购、检查、统计、核算等工作，以规范项目材料管理，节约成本，增加利润，提高效益。

4. 公司项目材料管理部门应加强定期或不定期的对项目材料员的基本能力、应知应会和工作情况的全方位考核，确保能满足施工要求和项目需要。

百问 71：新版推广限制和禁止使用的市政工程材料有哪些

《北京市推广、限制和禁止使用建筑材料目录（2014 年版）》（京建发〔2015〕86 号）已经市住房和城乡建设委员会、市规划委员会、市市政市容委员会联合发布，为方便市政工程项目部现场使用，就新版中推广限制和禁止使用的市政工程材料及实施中应注意的几个问题，浅述如下：

一、新版中推广使用的市政工程材料

①高性能混凝土，推广原因：具有高耐久性，高工作性，高体积稳定性。②聚乙烯缠绕结构壁排水管（B 型），推广原因：管道系统柔韧性好，不易渗漏。③建筑垃圾再生骨料无机混合料，推广原因：资源综合利用。

二、新版中限制使用的市政工程材料

1. 氯离子含量＞0.1％的混凝土防冻剂，限制范围：预应力混凝土和钢筋混凝土，限制原因：易引起钢筋锈蚀，危害混凝土结构寿命，生效时间：2004 年 6 月 1 日。

2. 直径≤600mm 的刚性接口灰口铸铁管，限制范围：居住小区和市政管网支线用的埋地排水工程，限制原因：易泄漏，造成水系和土壤污染，生效时间：2004 年 6 月 1 日。

3. 使用明火热熔法施工的沥青类防水卷材，限制范围：地下密闭空间、通风不畅空间和易燃材料附近的防水工程，限制原因：易发生火灾，生效时间：2015 年 10 月 1 日。

4. 光面混凝土路面砖，限制范围：新建和维修广场、停车场、人行步道、慢行车道，限制原因：影响行人安全，不透水，生效时间：2008 年 1 月 1 日。

5. 普通水泥步道砖（九格砖），限制范围：新建和维修广场和人行步道，限制原因：外观差，强度低，不透水，使用寿命短，生效时间：2001 年 10 月 1 日。

三、新版中禁止使用的市政工程材料

1. 热轧光圆钢筋 HPB235、HPB335，禁止原因：强度低，浪费资源，生效时间：2015 年 10 月 1 日。

2. 多功能复合型（2 种或 2 种以上功能）混凝土膨胀剂，禁止原因：质量难控制，生效时间：2008 年 1 月 1 日。

3. 氧化钙类混凝土膨胀剂，禁止原因：生产工艺落后，过烧成分易造成混凝土胀裂，生效时间：2004 年 6 月 1 日。

4. 袋装水泥（特种水泥除外），禁止原因：浪费资源，污染环境，生效时间：2015年1月1日。

5. 现场搅拌砂浆，禁止原因：质量难控制，储运、使用过程浪费资源，污染环境，生效时间：2015年1月1日。

6. 烧结黏土砖、烧结页岩砖，禁止原因：生产过程资源消耗大，污染环境，生效时间：2015年10月1日。

7. 平口混凝土排水管（含平口钢筋混凝土排水管），禁止原因：易渗漏，污染地下水和土壤，生效时间：2015年10月1日。

8. 承插式刚性接口铸铁排水管，禁止原因：挠度差，接口部位易损坏、渗水，生效时间：2015年10月1日。

9. 双组分聚氨酯防水涂料和溶剂型冷底子油，禁止原因：易发生火灾事故，施工过程污染环境，生效时间：2015年10月1日。

10. 石油沥青纸胎油毡，禁止原因：耐久性差，施工过程污染环境，生效时间：2015年10月1日。

11. 沥青复合胎柔性防水卷材，禁止原因：拉力和低温柔度指标低，耐久性差，生效时间：2008年1月1日。

12. S型聚氯乙烯防水卷材，禁止原因：产品耐老化性能差，防水功能差，生效时间：2010年12月1日。

13. 芯材厚度小于0.5mm的聚乙烯丙纶复合防水卷材，禁止原因：产品耐老化性能差，防水功能差，生效时间：2015年10月1日。

14. 焦油聚氨酯防水涂料，禁止原因：施工过程污染环境，生效时间：1999年3月1日。

15. 焦油型冷底子油（JG-1型防水冷底子油涂料），禁止原因：施工过程污染环境，生效时间：1999年3月1日。

16. 焦油聚氯乙烯油膏（PVC塑料油膏、聚氯乙烯胶泥和塑料煤焦油油膏），禁止原因：施工质量差，生产和施工过程污染环境，生效时间：1999年3月1日。

17. 砖砌检查井，禁止原因：易渗漏，造成水系和土壤污染，生效时间：2010年12月1日。

18. 质轻可锻铸铁类脚手架扣件（<1.10kg/套的直角型扣件；<1.25kg/套的旋转型扣件；<1.25kg/套的对接型扣件），禁止原因：不能保证扣件的力学性能，生效时间：2008年1月1日。

19. 外径小于36mm的丝杠和拖座板边长小于140mm丝杠拖座，禁止原因：配合间隙过大，影响安全使用，生效时间：从2010年12月1日起禁止在外径为

48mm 的钢管脚手架中使用。

20. 外径小于 34mm 的丝杠和拖座板边长小于 140mm 丝杠拖座，禁止原因：配合间隙过大，影响安全使用，生效时间：从 2010 年 12 月 1 日起禁止在外径为 42mm 的钢管脚手架中使用。

四、新版推广限制和禁止使用的市政工程材料实施中应注意的几个问题

1. 施工单位项目负责人应组织项目部相关人员对《北京市推广、限制和禁止使用建筑材料目录（2014 年版）》文件进行认真学习，并能熟练和掌握推广、限制和禁止使用的市政材料。

2. 项目部图纸审查时，应对《北京市推广、限制和禁止使用建筑材料目录（2014 年版）》文件中涉及的材料逐一对照，当发现设计文件与材料要求不一致时，及时逐一详细记录，待图纸会审时提出，由设计单位以设计变更通知单的形式予以修改完善。

3. 施工单位项目部施工组织设计与专项施工方案审批时，应把所使用材料是否符合推广、限制和禁止使用要求作为审查的重点。

4. 施工单位项目部工序或部位技术交底时，也应将材料是否符合推广、限制和禁止使用要求作为交底的要点，把好最后一道关。

5. 在施工项目部材料管理中应注意各种材料的推广、限制和禁止的类别及限制范围和生效时间。

百问 72：如何管理好市政工程材料合格证

目前，市政工程施工现场材料合格证存在问题主要表现为：合格证表式表样不对、内容填写不规范、签字盖章不符合要求及合格证本身不合格等，依照《市政基础设施工程资料管理规程》DB11/T 808－2011，结合以往施工和监督实践，就如何管理好市政工程材料合格证，浅述如下：

一、标准格式材料合格证相关要求

按照现行《市政基础设施工程资料管理规程》DB11/T 808－2011 要求，半成品钢筋；预制混凝土；预制钢筋混凝土构件、管材；钢构件；沥青混凝土；石灰粉煤灰砂砾这六种材料须按表式 C3-3-1～表式 C3-3-6 要求提供出厂合格证，其他材料产品合格证或质量证明书的形式，以供货方提供的形式为准。因此，当上述六种材料产品合格证不符合标准表式要求时，施工单位应退回厂家更换标准表式材料合格证。同时，合格证内容应按要求填写规范齐全，签字符合要求、日期合理，且合格证应按相关要求加盖单位公章或专用章。对于钢构件出厂合格证应同时应附有四个附件：焊工资格报审表；焊缝质量综合评级报告；防腐施工质量检查记录；钢材复试报告。由钢结构生产厂家在提供钢构件出厂合格证时一并提交给施工总承包单位。

二、供货方提供材料合格证相关要求

按现行《市政基础设施工程资料管理规程》DB11/T 808－2011 要求，由供货方提供材料产品合格证或质量证明书样式的，其合格证应有产品名称、规格型号及代表数量；生产日期、出厂日期；产品生产执行的标准；并按要求加盖单位公章或专用章。必要时，应注明使用该产品的工程名称及项目名称。

三、复印件材料合格证相关要求

当生产厂家提供的材料合格证为复印件时，应在复印件上注明：①原件存放处；②复印人签名；③复印时间；④生产或销售单位公章。即：复印件材料合格证四要素。若为钢材复印件合格证，还应注明其使用数量。

四、材料合格证收集整理中应注意的几个问题

1. 盖章、签字是否有效。材料合格证应加盖单位公章或专用章，加盖单位试验室印章、部门印章及分公司印章均属无效。当签字要求是单位技术负责人时，应通过查验其企业资质或营业执照进行比对其单位技术负责人人名，以确认是否符合要求；

2. 重点内容填写是否齐全规范。如：管材出厂合格证的结构性能情况、石灰粉煤灰砂砾出厂合格证的后补 7d、14d、28d 抗压强度等；

3. 合格证的代表数量是否符合要求。合格证的代表数量不应超过其检验批数量。如：沥青混凝土代表数量不宜超 600t、乳化沥青代表数量不宜超 50t 等；

4. 合格证本身是否合格。彩色宣传画册、彩色宣传页等都不能代替产品合格证；扫描件合格证只有有加盖单位公章或专用章红章才能有效使用；

5. 检测机构的检测报告、各种获奖证明、认证证书均不能作为产品合格证使用，只能作为合格证的附属文件，予以参考，与合格证无关。

五、相关建议

1. 在项目材料管理中，应由材料员在材料进场时负责收集整理材料合格证，并在第一时间让质量员进行合格证的审核把关，当遇到有一定技术数据支撑的材料合格证明时，应与质量员一起及时报项目技术质量负责人复核，以确定该材料是否合格。

2. 建议市政工程材料合格证管理形成相应管理制度，专人负责，建立台账，独立归档。

3. 市政工程材料合格证管理应以市政工程《项目材料清单》为抓手，为着力点。以《项目材料清单》进行追根溯源，全面规范管理材料合格证，防止重复和漏项，进而全面规范影响进场检验和复试。

百问73：如何做好市政工程主要构配件进场检验

目前，市政工程施工现场对构配件进场检验的相关要求一般都不太了解，经常错用、混用，给项目施工带来较大不便，结合以往施工监督实践及常规做法，就如何做好市政工程中主要构配件进场检验，浅述如下：

一、市政工程构配件进场检验基本要求

1. 市政工程开工前，应由项目技术负责人组织质量员、试验员编制《项目质量检验与试验计划》并按程序审批。《项目质量检验与试验计划》应包含主要构配件进场检验与试验相关要求。

2. 项目部质量、试验、材料等相关管理人员应在项目实施过程中严格按照《项目质量检验与试验计划》中关于主要构配件进场检验与试验相关要求具体落实。

3. 主要构配件进场后，应由材料员负责构配件合格证等相关资料的收集整理、出入库或现场区域码放、不合格构配件的单独码放和退货等工作，试验员负责构配件的取样、送检和相关试验工作，质量员负责构配件的外观质量检查及不合格品的标识工作。

4. 主要构配件进场后，监理人员应按要求做好进场构配件检验与试验的监理旁站及平行检验。

5. 主要构配件必须经进场检查和试验合格后，方可使用。不合格构配件应明显标识，区域放置并及时办理退货手续并应留存相关记录。不合格构配件退场记录可参见"百问81：如何做好市政工程不合格材料退场"中附件《不合格材料退场处理记录》。

二、市政工程主要构配件进场检验记录

市政工程主要构配件进场检验记录表式可参照《市政基础设施工程资料管理规程》DB11/T 808-2011中的《预制混凝土构件、管材进场抽检记录》（表式C3-4-4）。也可参见附件《市政工程主要构配件进场检验记录》。

三、市政工程主要构配件进场检验相关具体要求

1. 钢筋混凝土管材进场检验执行标准：《混凝土和钢筋混凝土排水管》GB/T 11836-2009；主要检测项目：内、外压试验、外观质量、结构尺寸；检验频率：每种规格内、外压试验各1根，外观质量、结构尺寸抽查10根。其中：内、外压试验为自检项目，施工单位利用厂家试验设备随机抽取现场待出厂产品进行试验，监理旁站并签认内、外压试验报告。

2. 预制梁进场检验执行标准：《城市桥梁工程施工质量检验标准》DB 11/1072-2014、《混凝土结构试验方法标准》GB 50152-92；主要检测项目：静荷载试验、外观质量、结构尺寸；检验频率：静荷载试验每一检验批1次，同一工程项目、同一混凝土强度等级、同一规格尺寸为一检验批，外观质量、结构尺寸抽查每1根。其中：静荷载试验为自检项目，施工单位利用厂家试验设备随机抽取现场待出厂产品进行试验，监理旁站并签认预制梁静荷载试验报告。

3. 预制挡墙板进场检验执行标准：《回弹法检测混凝土抗压强度技术规程》JGJ/T 23—2011；主要检测项目：回弹强度、外观质量、结构尺寸；检验频率：每侧挡墙为一检验批，每批检验3块。

4. 隔离墩进场检验执行标准：《城市道路工程施工质量检验标准》DB11/T 1073-2014；主要检测项目：混凝土强度、外观质量、结构尺寸；检验频率：每2000块为一检验批，每批检验5块。

5. 混凝土路面砖进场检验执行标准：《城市道路混凝土路面砖》DB11/T 152-2003；主要检测项目：四项检测、外观质量、结构尺寸；检验频率：每20000块为一检验批，每批检验5块。其中：四项检测为混凝土抗压强度、混凝土抗折强度、防滑性、耐磨性。

6. 路缘石、平石进场检验执行标准：《城市道路工程施工质量检验标准》DB11/T 1073-2014；主要检测项目：混凝土强度、外观质量、结构尺寸；检验频率：每5000块为一检验批，每批检验3块。

7. 铸铁检查井盖进场检验执行标准：《地下设施检查井双层井盖》DB 11/147-2002；主要检测项目：荷载试验、外观质量、结构尺寸；检验频率：每100套为一检验批，每批检验2套。其中：荷载试验为自检项目，施工单位利用厂家试验设备随机抽取现场待出厂产品进行试验，监理旁站并签认荷载试验报告。需要注意的是按照《检查井盖》GB/T 23858-2009要求，检查井重型井盖试验荷载标准由360kN增加为400kN。

8. 高密度聚乙烯排水管（HDPE）进场检验执行标准：《高密度聚乙烯排水管道施工与验收技术规范》DBJ 01-94-2005；主要检测项目：含灰量（PE含量）、环刚度、外观质量；检验频率：每种规格、型号为一检验批，每批检验1根。

9. 预制混凝土盖板进场检验执行标准：《北京市给水排水管道施工技术规程》DBJ 01-47-2000、《回弹法检测混凝土抗压强度技术规程》JGJ/T 23-2011；主要检测项目：回弹强度、外观质量、结构尺寸；检验频率：每200块为一检验批，每批检验3块。

10. 混凝土模块检验执行标准：《普通混凝土小型砌块》GB/T 8239-2014、

《轻集料混凝土小型空心砌块》GB/T 15229－2011；主要检测项目：抗压强度、外观质量、结构尺寸；检验频率：每 10000 块为一检验批，每批检验 5 块。目前，市政工程混凝土模块主要用于检查井及方沟砌筑。

11. 预应力混凝土管材进场检验执行标准：《预应力混凝土管》GB 5696－2006；主要检测项目：抗渗性、抗裂内压试验、外观质量、结构尺寸；检验频率：同材料、同一工艺制成的同一规格的管材每 200 根为一检验批，不足 200 根时也可作为一批，但至少应为 30 根。抗渗性每批随机抽取 10 根进行检验；抗裂内压试验每批随机抽取 2 根进行检验；外观质量、结构尺寸逐根检查。其中：内、外压试验为自检项目，施工单位利用厂家试验设备随机抽取现场待出厂产品进行试验，监理旁站并签认抗渗性、抗裂内压试验报告。

附件：市政工程主要构配件进场检验记录

工程名称			
施工单位			
生产单位		生产日期	
构件名称		合格证号	
抽检数量		代表数量	
规格型号		出厂日期	
检验项目	标准要求	检查结果	
外观质量			
尺寸偏差			
结构 性能			
结论	依据＿＿＿＿＿＿＿＿＿＿＿标准		
	年　　　月　　　日		
参加检查人员签字栏			
监理单位人员	施工单位质量员	施工单位材料员		填表人

百问 74：如何做好市政工程石灰粉煤灰砂砾进场检验

石灰粉煤灰砂砾是市政道路工程施工中两类关键的材料之一。但目前，在市政工程施工现场，石灰粉煤灰砂砾的进场检验不到位，流于形式，根本不能控制进场石灰粉煤灰砂砾质量，针对石灰粉煤灰砂砾的相关标准规范，结合以往施工监督实践，就如何做好市政工程石灰粉煤灰砂砾进场检验，浅述如下：

一、石灰粉煤灰砂砾进场检验的主要内容

石灰粉煤灰砂砾进场检验的主要内容有：①随车是否提供石灰粉煤灰砂砾混合料运输单；②运输单中的石灰粉煤灰砂砾品种规格（0.6MPa 或 0.8MPa）是否与施工图纸相一致；③现场抽检每车石灰粉煤灰砂砾是否搅拌均匀、色泽一致；骨料最大粒径是否大于 4cm；石灰中是否有大于 1cm 的灰块等；④必要时，可查询石灰粉煤灰砂砾混合料生产厂家材料分级保留的相关资料。

二、石灰粉煤灰砂砾进场检验记录

因《市政基础设施工程资料管理规程》DB 11/T808 - 2011 未提供表式表样，按表 5.2.1 给出市政基础设施工程常用表格，当采用本规程未涉及的表格时，可依据合同约定，参照相关标准规定，增减相应表格；未提供表式（表样）的可自行设计表式（表样）。

当涉及规程未提供的表格时，应在工程实施前（或开工后、动工前）依据合同约定，参照相关标准规定，由参建各方协商一致后，自行设计表格使用，但应保持选用表格在整个项目建设过程中的连续性和一致性。因此，《石灰粉煤灰砂砾进场检验记录》应自行设计并按要求使用，记录填写内容应为石灰粉煤灰砂砾进场检验的主要内容。石灰粉煤灰砂砾进场检验记录表式可参见附件《石灰粉煤灰砂砾进场检验记录》。

三、石灰粉煤灰砂砾出厂质量合格证

1. 应采用市政工程资料管理规程中标准表式《石灰粉煤灰砂砾出厂合格证》（表 C3-3-6）；

2. 石灰粉煤灰砂砾生产厂家应于出厂后 15 天内向施工单位提供出厂合格证；

3. 石灰粉煤灰砂砾生产厂家应在石灰粉煤灰砂砾出厂试验结果出来后及时电话通知施工单位补填写出厂合格证中的 7d 无侧限抗压强度值并于一个月内补报送石灰粉煤灰砂砾 7d 无侧限抗压强度试验报告；

4. 生产厂家补报送的石灰粉煤灰砂砾 7d 无侧限抗压强度试验报告应作为石

灰粉煤灰砂砾出厂合格证附件一并归档管理；

5. 出厂合格证应内容填写齐全，尤为原材料质量试验报告编号，确保其可追溯性；

6. 出厂合格证应加盖单位公章，试验室印章和部门印章无效。

四、石灰粉煤灰砂砾进场自检、见证检测及检验标准

石灰粉煤灰砂砾进场自检项目：含灰量，检验频率：每层每 1000m² 取样 1 点为一检验批，不足 1000m² 按 1000m² 计取样 1 点为一检验批。石灰粉煤灰砂砾进场见证检测项目：7d 无侧限抗压强度，检验频率：每层每 2000m² 取样 1 组为一检验批，不足 2000m² 按 2000m² 计取样 1 组为一检验批。检验标准：《公路工程无机结合料稳定材料试验规程》JTGE 51－2009。

五、关于石灰粉煤灰砂砾延伸监督的建议

按照《北京市施工现场材料工作导则（试行）》（京建发〔2013〕536 号）中"涉及结构安全及重要的功能性材料、施工现场通过进场复验、见证取样送检等技术措施仍不能完全掌控质量的特殊材料，包括钢结构构件和预拌混凝土等，施工、监理单位宜延伸到生产领域进行过程监督"的要求，建议将石灰粉煤灰砂砾纳入施工、监理单位延伸到生产领域进行过程监督。

同时，建议建设行政主管部门对石灰粉煤灰砂砾混合料生产厂家进行类似预拌混凝土供应企业一样实行有资质管理，以切实提高石灰粉煤灰砂砾原材质量，从而促进市政道路工程质量水平。

附件：石灰粉煤灰砂砾进场检验记录

工程 名称			日期	
产品 名称			规格 型号	
抽检 车号			出厂 日期	
生产 厂家				
检 验 内 容	1. 随车是否提供石灰粉煤灰砂砾混合料运输单； 2. 运输单中的石灰粉煤灰砂砾品种规格（0.6MPa 或 0.8MPa）是否与施工图纸相一致； 3. 现场抽检每车石灰粉煤灰砂砾是否搅拌均匀、色泽一致； 4. 骨料最大粒径是否大于 4cm； 5. 石灰中是否有大于 1cm 的灰块等			
检 验 结 果				
问题 及 处理				
结论	按_____标准评定为合格			
施工项目 技术负责人	材料员	质量员		填表人

百问 75：如何做好市政工程沥青混合料进场检验

沥青混合料是市政道路工程中两类关键的材料之一。但目前，在市政工程施工现场，沥青混合料的进场检验流于形式，监管不到位，根本不可能对进场沥青混合料质量进行有效管控，结合以往施工和监督实践，就如何做好市政工程沥青混合料进场检验，浅述如下：

一、沥青混合料进场检验的主要内容

沥青混合料进场检验的主要内容有：①随车是否提供沥青混合料运输单、标准密度资料和沥青混合料出厂质量合格证；②出厂质量合格证中的沥青混合料品种规格（AC-10、AC-13 等）是否与施工图纸相一致；③现场检查每车沥青混合料进场温度是否符合设计要求、外观是否有发散（沥青含量少）、焦红（过火）或离析（搅拌不匀）等现象；④必要时，可查询沥青混合料生产厂家材料分级保留的相关资料。

二、沥青混合料进场检验记录

因《市政基础设施工程资料管理规程》DB11/T 808-2011 未提供表式表样，按表 5.2.1 给出市政基础设施工程常用表格，当采用本规程未涉及的表格时，可依据合同约定，参照相关标准规定，增减相应表格；未提供表式（表样）的可自行设计表式（表样）。

当涉及本规程未提供的表格时，应在工程实施前（或开工后、动工前）依据合同约定，参照相关标准规定，由参建各方协商一致后，自行设计表格使用，但应保持选用表格在整个项目建设过程中的连续性和一致性。因此，《沥青混合料进场检验记录》应自行设计并按要求使用，记录填写内容应为沥青混合料进场检验的主要内容。沥青混合料进场检验记录表式可参见附件《沥青混合料进场检验记录》。

三、沥青混合料出厂合格证

1. 应采用市政工程资料管理规程中标准表式《沥青混合料出厂合格证》（表 C3-3-5）；

2. 沥青混合料生产厂家应于出厂时随同标准密度资料一并向施工单位提供；

3. 标准密度资料应作为沥青混合料出厂合格证附件一并归档管理，当出现沥青混合料压实度争议时，标准密度资料有关键作用；

4. 出厂合格证应内容填写齐全，尤为各试验项目标准值及实测值；

5. 出厂合格证应加盖单位公章，试验室印章和部门印章无效。

四、沥青混合料进场自检、见证检测及检验标准

沥青混合料自检项目：油石比、密度、矿料级配，检验频率：同一厂家、同一配合比、每连续摊铺 600t 为一检验批，不足 600t 按 600t 计，每批取 1 组。沥青混合料见证检测项目：马歇尔试验（流值、稳定度），检验频率：同一厂家、同一配合比、每连续摊铺 600t 为一检验批，不足 600t 按 600t 计，每批取 1 组。试验标准：《公路工程沥青及沥青混合料试验规程》JTG E20-2011。

五、关于沥青混合料延伸监督的建议

按照《北京市施工现场材料工作导则（试行）》（京建发〔2013〕536 号）中"涉及结构安全及重要的功能性材料、施工现场通过进场复验、见证取样送检等技术措施仍不能完全掌控质量的特殊材料，包括钢结构构件和预拌混凝土等，施工、监理单位宜延伸到生产领域进行过程监督"的要求，建议将沥青混合料纳入施工、监理单位延伸到生产领域进行过程监督。

同时，建议建设行政主管部门对沥青混合料生产厂家进行类似预拌混凝土供应企业一样实行资质管理，以切实提高沥青混合料原材质量，从而促进市政道路工程质量水平。

附件：沥青混合料进场检验记录

工程名称		日期	
产品名称		规格型号	
抽检车号		出厂日期	
生产厂家			
检验内容	1. 随车是否提供沥青混合料运输单、标准密度资料和沥青混合料出厂质量合格证； 2. 出厂质量合格证中的沥青混合料品种规格（AC-10、AC-13 等）是否与施工图纸相一致； 3. 现场检查每车沥青混合料进场温度是否符合设计要求； 4. 外观是否有发散（沥青含量少）、焦红（过火）或离析（搅拌不匀）等现象		
检验结果			
问题及处理			
结论	按_____标准评定为合格		
施工项目技术负责人	材料员	质量员	填表人

百问76：如何做好市政工程预制箱（T）梁进场检验

目前，市政桥梁工程中预制箱（T）梁使用越来越多。但在市政工程施工现场，预制箱（T）梁的进场检验多为外观质量检查，其余检查项目皆未涉及，尤为预制箱（T）梁结构性能试验，缺项严重。结合以往施工和监督实践，就如何做好市政工程中预制箱（T）梁进场检验，浅述如下：

一、预制箱（T）梁进场检验的主要内容

1. 出厂合格证是否采用《市政基础设施工程资料管理规程》DB11/T 808 - 2011 中的标准格式《预制钢筋混凝土构件出厂合格证》（表式 C3-3-3）；

2. 预制箱（T）梁出厂质量合格证内容是否填写齐全、符合要求并已加盖单位公章；

3. 出厂质量合格证附件预制箱（T）梁静载试验报告是否齐全，内容是否填写齐全，符合要求并已加盖单位公章；

4. 预制箱（T）梁外观质量是否符合要求，是否存在孔洞、漏筋、蜂窝、麻面、裂纹等现象；

5. 必要时，可查询预制箱（T）梁生产厂家材料分级管理的相关物资资料；

6. 若建设、监理、施工单位在预制箱（T）梁进场检验过程中对某一构件实体质量有怀疑时，应对相关构件委托第三方有资质单位进行静载试验并出具相应试验报告，并应及时报设计单位确认。

二、预制箱（T）梁进场检验记录

因现行《市政基础设施工程资料管理规程》DB11/T 808 - 2011 未提供预制箱（T）梁进场检验记录表式表样，故应在工程实施前（或开工后、动工前）依据合同约定，参照相关标准规定，由参建各方协商一致后，自行设计表格使用，但应保持选用表格在整个项目建设过程中的连续性和一致性。因此，《预制箱（T）梁进场检验记录》应自行设计并按要求使用，记录填写内容应为预制箱（T）梁进场检验的主要内容。预制箱（T）梁进场检验记录表式可参见附件《预制箱（T）梁进场检验记录》。

三、预制箱（T）梁出厂质量合格证

1. 应采用《市政基础设施工程资料管理规程》DB11/T 808 - 2011 中的《预制钢筋混凝土构件出厂合格证》（表式 C3-3-3）；

2. 出厂合格证内容应填写齐全，尤为各试验数据及结论，并应加盖单位公章；

3. 预制箱（T）梁生产厂家应于出厂时将预制箱（T）梁静载试验报告作为出厂合格证附件一并向施工单位提供；

4. 预制箱（T）梁静载试验报告应作为预制箱（T）梁出厂质量合格证附件一并归档管理；

5. 预制箱（T）梁静载试验是由生产厂家为检验预制箱（T）梁功能性实体质量在出厂前按厂家质量检验与试验计划要求而进行的内部抽检。

四、预制箱（T）梁的物资资料分级管理

预制箱（T）梁的物资资料按现行市政工程资料管理规程要求应实行分级管理。

预制箱（T）梁的生产厂家保存归档备查：钢筋、钢丝、预应力筋、混凝土组成材料的合格证、原材报告和复试报告等质量证明文件；混凝土配合比及试配记录、碱含量试验报告、混凝土开盘鉴定、混凝土抗压强度、抗折强度报告、混凝土抗渗、抗冻性能试验（按合同要求）、混凝土试块强度统计评定记录、混凝土坍落度测试记录、混凝土养护记录等。

施工单位保存预制箱（T）梁出厂合格证。

五、预制箱（T）梁延伸监督建议

按照《北京市施工现场材料工作导则（试行）》（京建发［2013］536号）中"3.5涉及结构安全及重要的功能性材料、施工现场通过进场复验、见证取样送检等技术措施仍不能完全掌控质量的特殊材料，包括钢结构构件和预拌混凝土等，施工、监理单位宜延伸到生产领域进行过程监督"的要求，建议行政主管部门将预制箱（T）梁纳入施工、监理单位延伸到生产领域进行过程监督。

附件：预制箱（T）梁进场检验记录

工程 名称		日期	
产品 名称		规格 型号	
构件 编号		出厂 日期	
设计 强度		合格 证号	
外观 量测			
生产 厂家			
检 验 内 容	1. 出厂合格证是否采用标准表式 C3-3-3《预制钢筋混凝土构件出厂合格证》； 2. 预制箱（T）梁出厂质量合格证内容是否符合要求并加盖单位公章； 3. 出厂质量合格证附件预制箱（T）梁静载试验报告是否齐全，内容是否符合要求并加盖单位公章； 4. 预制箱（T）梁外观质量是否符合要求，是否存在孔洞、漏筋、蜂窝、麻面、裂纹等现象； 5. 必要时，查询预制箱（T）梁生产厂家材料分级管理的相关物资资料； 6. 若建设、监理、施工单位在预制箱（T）梁进场检验过程中对其实体质量有怀疑时，应对有关构件委托第三方有资质单位进行静载试验并出具相应试验报告，并应及时报设计单位确认		
结构 性能			
检验 结果			
问题 及处理			
结论	按 ＿＿＿＿＿＿＿＿＿＿＿ 标准评定为合格		
施工项目 技术负责人	材料员	质量员		填表人

百问 77：如何做好市政工程钢材进场检验

目前，市政工程钢结构使用较为常见，主要表现为钢结构桥梁工程，如：人行天桥工程、跨线立交桥工程等。但施工项目部一般以钢结构专业分包为由，常常忽视对市政工程钢材的进场检验，也不能按要求履行相应的钢结构驻厂监管责任。结合以往施工和监督实践，就如何做好市政工程钢材进场检验，浅述如下：

一、钢材质量证明文件相关要求

每批进场的钢材必须附有证明该批钢材符合标准要求和订货合同的质量证明文件。质量证明文件内容必须齐全且字迹必须清楚。主要内容为：①供需双方名称；②钢材发货日期；③钢材的合同号、标准号、牌号、炉批号及水平等级；④钢材的交货状态、加工用途、重量、件数；⑤钢材品种名称、规格型号及尺寸、级别；⑥标准中所规定的各项试验结果；⑦质量技术部门的印记等。

二、钢材外观质量检查相关要求

1. 钢材表面不允许有裂纹、结疤、折叠、麻纹、气泡、夹渣和氧化铁皮等局部缺陷。

2. 钢材表面的锈蚀、麻点、划伤等缺陷的深度不得大于钢材厚度负公差的1/2，对低合金钢应保证不超过允许的最小厚度。

3. 钢材端边或断口处不应有分层、夹渣等缺陷。

4. 钢材表面的缺陷不允许有焊补和堵塞，应用凿子或砂轮清理。清理处应平缓无棱角，清理深度不应超过钢材厚度负偏差的范围，对低合金钢应保证不超过允许的最小厚度。

5. 钢材表面锈蚀等级应符合现行国家标准。

6. 切边钢材的边缘不得有锯齿凹凸，但允许有深度不大于 2mm、长度不大于 25mm 的个别裂纹；不切边钢材因轧制而产生的边缘裂口及其他缺陷，其横向深度不得超过钢材宽度偏差的1/2，并且不得使钢材小于其公称宽度。

三、钢材进场复试相关要求

1. 钢材进场复试正常情况下一般为：每 1 个炉号进行 1 次常规化学分析试验、拉伸试验和弯曲试验；每 3 个炉号进行 1 次常温冲击试验、和低温冲击试验。

2. 钢材应按检验批组织验收，每检验批由同一牌号、同一炉批号、同一质量等级、同一品种、同一尺寸、同一交货状态的钢材组成，且每批钢材质量不得大于 60t。

3. 因钢材质量证明文件若数据不清、不全或材质标记模糊而对钢材的质量产生疑义时，应按国家现行有关标准的规定进行力学性能试验和化学分析的抽样检验。

4. 当使用进口钢材、钢材混批或钢材质量保证书的项目少于设计要求时，钢结构工程用的钢材必须同时具备钢材质量保证书和试验报告。

5. 按现行有关标准规范要求，对钢结构工程用钢材应委托第三方有资质的检测机构进行 100% 见证试验。

四、钢构件进场检验相关要求

1. 应采用《市政基础设施工程资料管理规程》DB11/T 808 - 2011 中的标准格式《钢构件出厂合格证》（表式 C3-3-4），且应由钢结构生产厂家在提供钢构件出厂合格证时一并同时提交四个附件：焊工资格报审表；焊缝质量综合评级报告；防腐施工质量检查记录；钢材复试报告。合格证及附件表内数据及内容应填写规范，签字盖章齐全。

2. 应严格按照《钢材外观质量检查相关要求》对钢构件进行外观质量检查验收。

3. 应按照钢构件图纸及设计说明对钢构件的结构尺寸及特殊要求进行相关检查验收。

4. 对照焊工资格报审表、钢构件焊缝加工图，检查钢构件焊缝处是否有焊工代码且是否与实际相一致。

5. 钢构件进场前，应对监理驻厂旁站的钢构件驻厂旁站记录进行检查，并应由监理驻厂旁站人员签认其《钢构件出厂合格证》。

6. 钢构件进场检验记录表式可参照附件《钢构件进场检验记录》。

五、钢材其他相关要求

1. 根据供需双方协议，钢材可进行无损检验，如厚度大于 20mm 的钢板，应进行超声波探伤检验，但其检验标准和级别应在协议中明确。

2. 抗震结构钢材的强屈比不应小于 1.2，伸长率应大于 20%，且有良好的焊接性能。

3. 施工中钢材代用时必须征得设计同意方可使用。

4. 对现场剩余钢材，当材质不明时，不得随意使用。对现场可能使用的剩余钢材，应明显标识其材质、规格，分区存放，制作构件前应先核对所用材质、厚度、规格与设计图纸是否相符，不符合要求的，不得使用。

5. 按照《混凝土结构工程施工质量验收规范》GB 50204 - 2015，钢筋进场检验根据钢筋建材市场的实际情况，增加了一项重要指标：重量偏差，重量偏差必须符合规定要求；对有抗震设防要求的结构纵向受力钢筋增加了一项重量指标：最大力下总伸长率，最大力下总伸长率即"均匀伸长率"不应小于 9%；钢筋宜采用无延伸装置的机械设备进行调直，也可采用冷拉方法调直。采用冷拉方法调直时，光圆钢筋的冷拉伸长率不宜大于 4%，带肋钢筋的冷拉伸长率不宜大于 1%。

附件：钢构件进场检验记录

工程名称			日期	
构件名称			构件编号	
合格证编号			出厂日期	
生产厂家				
检验内容	1. 采用标准表式C3-3-4《钢构件出厂合格证》，且提供钢构件出厂合格证时一并同时提交四个附件：焊工资格报审表；焊缝质量综合评级报告；防腐施工质量检查记录；钢材复试报告。表内数据及内容应填写规范，签字盖章齐全。 　2. 按照《钢材外观质量检查相关要求》对钢构件进行外观质量检查； 　3. 按照钢构件图纸及设计说明进行钢构件的结构尺寸及特殊要求进行相关检查； 　4. 对照焊工资格报审表、钢构件焊缝加工图检查钢构件焊缝处是否有焊工代码且与实际相一致； 　5. 钢构件进场前，检查监理驻厂旁站的钢构件驻厂旁站记录，是否由监理驻厂旁站人员签认其《钢构件出厂合格证》			
检验结果				
问题及处理				
结论	按＿＿＿＿＿＿＿＿＿＿＿＿标准评定为合格			
施工项目技术负责人	监理单位人员	材料员	质量员	钢结构生产厂家人员	填表人

百问 78：如何做好市政工程预拌混凝土质量管理

预拌混凝土是工程结构的重要材料，直接影响着工程质量和结构安全。而目前，预拌混凝土在建设工程施工过程中管理混乱，不时出现重大质量问题，造成恶劣的社会影响，市政工程也同样如此。依照《关于加强预拌混凝土生产使用管理的若干意见》（京建法〔2011〕3号），结合以往施工和监督实践，就如何做好市政工程预拌混凝土质量管理，浅述如下：

一、预拌混凝土厂家选用

施工单位所选用的预拌混凝土厂家必须具备相应等级的预拌商品混凝土专业企业资质，同时，市政工程为保证混凝土施工质量应参照《北京市保障性安居工程预拌混凝土承包商名录管理办法（试行）》所列举的"名录"中选用预拌混凝土厂家。预拌混凝土厂家在符合资质和名录要求后，施工单位还应与监理单位对预拌混凝土厂家进行入厂实地考察，综合比选后择优确定。

二、预拌混凝土厂家考察

预拌混凝土厂家考察的主要内容：

1. 企业资质：预拌混凝土厂家是否配备独立的技术负责人和实验室负责人，人员资格是否满足预拌混凝土专业承包资质标准及北京市的相关要求。预拌混凝土厂家是否具有建筑施工、非金属材料（硅酸盐、复合材料专业）高级职称，且从事预拌混凝土质量管理工作3年以上的人员担任技术负责人和实验室负责人。预拌混凝土厂家负责人、技术负责人和试验室负责人的有关信息是否向所在区县住房城乡（市）建设委预拌混凝土企业资质管理部门备案，备案信息变动后是否及时变更备案信息。

2. 混凝土原材料：预拌混凝土厂家是否建立和完善混凝土原材料的采购、使用管理制度。采购合同是否以书面形式签订并存档，同时是否建立原材料使用台账，实现原材料质量的可追溯。是否采购禁止使用的建筑材料，是否采购未获得生产许可证的水泥，是否采购盗采的砂石。是否使用不合格建筑材料。是否依据相关技术标准的要求，对进场的原材料进行质量检验。质量检验不合格的原材料是否进行退场处理。是否配置水洗设备，保证砂石水洗后含泥量指标合格。是否做好预拌混凝土原材料进场检验记录，是否对原材料出厂合格证原件进行核验，并将复印件存档，是否加盖原件存放单位公章，注明原件存放处，并有经办人签字和时间。

3. 预拌混凝土配合比：预拌混凝土厂家是否依据相关技术标准与合同要求，

进行混凝土配合比设计，确保混凝土质量有可靠的保证率（一般应不小于115％）。预拌混凝土配合比申请单是否经预拌混凝土厂家技术负责人审定签字，预拌混凝土配合比通知单是否由试验室下发。实际生产的混凝土配合比是否与向使用单位出具的混凝土配合比资料一致。在预拌混凝土生产时，混凝土原材料配比的调整是否由技术负责人或经技术负责人书面授权的质量管理人员，在授权范围内进行。其他任何人都不得调整。

4. 混凝土试验室：预拌混凝土厂家是否按有关法规、规定和技术标准以及《建设工程检测试验管理规程》DB11/T 386-2006 要求，设立专项试验室，负责质量检验工作。试验室是否配备温度、湿度控制设备，其环境条件是否符合相关标准要求。标准养护室面积和设备配备是否与企业生产能力相匹配。试验室仪器设备配置是否满足企业实际生产能力检测需要。试验员是否具有高中（含）以上文化程度，并持有通过建设行政主管部门核发的试验工证书，专职试验员是否不少于 4 人。试验室是否伪造检验、试验数据，出具虚假试验报告。试验室检测设备是否在检定有效期内使用。

三、预拌混凝土厂家管理

1. 按照《北京市建设工程质量终身责任承诺制实施办法》要求，预拌混凝土厂家法定代表人必须签署工程质量终身责任承诺书，并及时向施工图设计文件审查、工程质量监督机构报备。

2. 按照《关于对保障性安居工程预拌混凝土生产质量实施监理的通知（试行）》（京建法〔2014〕20 号）要求，预拌混凝土生产实行质量驻厂监理制度。监理单位根据混凝土生产量派出驻厂监理人员，并不得少于 2 人。驻厂监理单位应对预拌混凝土生产单位原材料进场复试取样、试验过程进行见证。每月对其使用的水泥、砂、石等原材料进行抽样检测。对出厂混凝土检验合格后，驻厂监理人员应在混凝土运输单上签字，方可出厂。未经驻厂监理人员签字，施工单位不得进行预拌混凝土接收，不得在工程上使用。

3. 按照《关于加强预拌混凝土生产使用管理的若干意见》要求，预拌混凝土生产增加实行混凝土试块 7 天检测，即采用留置 7d 混凝土抗压强度标准养护试块的方式，推定混凝土标准养护28d抗压强度，从而，预防混凝土工程质量事故的发生。

4. 按照《关于进一步加强预拌混凝土生产质量管理的通知》要求，混凝土中水泥最小用量、矿渣粉和粉煤灰等矿物掺合料最大掺量应符合《普通混凝土配合比设计规程》JGJ 55-2011 等相关技术标准的要求；用于生产混凝土的水泥温度不宜高于 60℃；不得使用自行配制的外加剂；冬季施工中混凝土水泥最小用量不应低于 $280kg/m^3$。每项工程、不同预拌混凝土厂家首次使用用于结构部位的混凝土配合比，施工单位应组织预拌混凝土厂家、监理单位到预拌混凝土生产现场实施开盘鉴定。在预拌混凝土生产供应过程中，施工单位应派专人对预拌混凝土的生产过程实施延伸质量管理，重点查看预拌混凝土实际生产地址、原材料质量、配合比执行情况、混凝土工作性能等方面，对影响混凝土质量的水泥、砂子等材料应实施抽样检测，且不少于 2 次。

四、预拌混凝土质量控制重点

①施工、监理单位对预拌混凝土厂家的资质审查、合同管理以及过程监管；②混凝土配合比开盘鉴定；③施工现场成型室、养护室温湿度条件、预拌混凝土进场检验、混凝土试件留置、见证试验及影像资料；④混凝土浇筑、养护、施工质量；⑤检测报告不合格情况处理；⑥预拌混凝土厂家企业资质、质量管理体系、原材料管理、配合比设计、试验管理、生产管理、搅拌设备管理；⑦监理单位见证记录、旁站记录和监理日志等监理资料。

五、预拌混凝土进场检验记录

因现行《市政基础设施工程资料管理规程》DB11/T 808 - 2011 未提供预拌混凝土进场检验记录表式表样，故应在工程实施前（或开工后、动工前）依据合同约定，参照相关标准规定，由参建各方协商一致后，自行设计表格使用，但应保持选用表格在整个项目建设过程中的连续性和一致性。因此，《预拌混凝土进场检验记录》应自行设计并按要求使用，记录填写内容应为预拌混凝土进场检验的主要内容。

六、相关文件

1. 预拌混凝土进场检验记录表式表样可参见附件 1《预拌混凝土进场检验记录》。

2. 附件 2：《关于加强预拌混凝土生产使用管理的若干意见》（京建法〔2011〕3 号）相关条款。

3. 附件 3：《关于对保障性安居工程预拌混凝土生产质量实施监理的通知（试行）》（京建法〔2014〕20 号）相关条款。

附件1：预拌混凝土进场检验记录

工程名称					日期	
搅拌站名称					浇筑部位	
配合比编号					浇筑总方量	
要求坍落度					混凝土强度	
序号	车号	浇筑方量	开始浇筑时间	完成浇筑时间	实测坍落度	浇筑是否正常
进场资料	1. 原材料质量证明书； 2. 出厂检验合格报告； 3. 试验室检验报告； 4. 配合比通知单； 5. 开盘鉴定； 6. 抗压强度试验报告； 7. 抗渗强度试验报告； 8. 其他。如：外加剂试验报告、碱含量试验报告等。以上进场材料应予核查					
问题及处理						
结论	按＿＿＿＿＿＿＿＿＿＿＿＿＿标准评定为合格。					
施工项目技术负责人	监理单位人员	材料员	质量员	混凝土生产厂家人员	填表人	

附件2：关于加强预拌混凝土生产使用管理的若干意见

京建法〔2011〕3号

（相关条款）

一、进一步明确预拌混凝土生产、使用等相关单位的质量责任

预拌混凝土是工程结构的重要材料，具有生产、使用管理的特殊性，直接影响工程质量和结构安全。

（一）建设单位依法承担工程质量的首要管理责任。建设单位应当严格按照混凝土结构的有关标准和规定，确定合理施工工期，落实建设资金到位。预拌混凝土应当由施工单位采购，建设单位不得指定预拌混凝土供应单位或直接采购预拌混凝土。

（二）施工单位依法对施工现场工程建设质量负总责。施工单位应当对进入施工现场预拌混凝土的质量、数量进行验收和检验，严格按照有关施工技术标准要求进行混凝土浇筑、养护作业，对混凝土工程的质量达到验收标准负责。

（三）监理单位依法承担建设工程结构施工质量的监理责任。监理单位应当对预拌混凝土的进场验收，试件的取样、制样、养护、送检的全过程进行监管，并签认、见证对施工单位实施的预拌混凝土场内运输、浇筑、养护等工作的过程进行监督，纠正并举报到场预拌混凝土的产品质量和施工质量不合格的行为。

（四）预拌混凝土企业及分站依法承担预拌混凝土的产品质量责任。预拌混凝土企业及分站应当按照《预拌混凝土质量管理规程》等有关工程技术标准要求，对原材料检验、生产过程质量管理、产品出厂检验及运输等环节严格控制，严格执行合同约定的混凝土技术指标和供货要求，确保预拌混凝土产品质量。

（五）工程质量检测机构依法承担预拌混凝土的质量检测责任。检测机构对其出具的检测数据和检测报告的真实性、准确性负责，负责将检测过程中发现的违法违规行为和不合格检测结果及时向有关单位和部门上报。

二、预拌混凝土企业应加强管理确保预拌混凝土质量

（一）加强企业资质管理

1. 预拌混凝土企业应具有相应资质，在取得资质之后，不得降低生产设备、试验室设备、技术人员的配备等资质标准要求。未取得资质的预拌混凝土企业及其分站，不得向建设工程供应预拌混凝土。已获得生产预拌混凝土资质的企业不得转借、出卖资质。

2. 预拌混凝土企业及分站有职称技术人员不得同时在两个含以上预拌混凝

土企业或分站任职。预拌混凝土企业及分站应当与有职称技术人员签订正式劳动合同，并按规定缴纳社会保险。

3. 预拌混凝土企业及分站负责人、技术负责人和试验室负责人的有关信息应当向所在区县住房城乡（市）建设委预拌混凝土企业资质管理部门备案，备案信息变动后应当及时变更备案信息。

（二）加强混凝土原材料质量管理

1. 预拌混凝土企业及分站应加强原材料采购管理。应当建立和完善混凝土原材料的采购、使用管理制度。采购合同（协议）应当以书面形式签订并存档，同时建立原材料使用台账，实现原材料质量的可追溯。不得采购国家和本市禁止使用的建筑材料，不得采购未获得生产许可证的水泥，不得采购盗采的砂石。通过第三方采购混凝土原材料的，应当向原材料生产厂家核实第三方（委托）销售的有关信息，确保采购渠道合法。

2. 预拌混凝土企业及分站不得使用不合格建筑材料。应当依据相关技术标准的要求，对进场的原材料进行质量检验。对质量波动较大的原材料，预拌混凝土企业及分站应当加大进场检验频次。质量检验不合格的原材料应当进行退场处理。

3. 做好预拌混凝土原材料进场验收记录，包括厂名或产地、品牌、规格、数量，对原材料出厂质量证明文件的原件进行核验，并将复印件存档，有条件的可保存原件，加盖原件存放单位公章，注明原件存放处，并有经办人签字和时间。

（三）加强预拌混凝土配合比管理

预拌混凝土企业及分站应当依据相关技术标准与合同的要求，进行混凝土配合比设计，确保混凝土质量有可靠的保证率，一般应不应小于115%。预拌混凝土配合比申请单应当经预拌混凝土企业及分站技术负责人审定签字后方可使用，预拌混凝土配合比通知单应当由试验室下发。预拌混凝土企业及分站的生产班组应当严格按照配合比通知单进行生产。实际生产的混凝土配合比应当与向使用单位出具的混凝土配合比资料一致。在预拌混凝土生产时，混凝土原材料配比的调整应当由技术负责人或经技术负责人书面授权的质量管理人员，在授权范围内进行。其他任何人都不得调整。

预拌混凝土企业及分站应当配备、使用搅拌设备计算机控制系统，搅拌设备计算机控制系统应当具备实时存储每盘混凝土原材料实际用量生产数据，并具备任意时间段数据查询功能。预拌混凝土企业及分站应当长期保存每盘混凝土原材料实际用量数据，不得篡改、伪造。

（四）加强混凝土试验室管理

预拌混凝土企业及分站应当按有关法规、规定和技术标准，以及《建设工程检测试验管理规程》DB11/T 386 的要求，设立专项试验室，负责质量检验工作并应符合以下规定：

1. 试验室配备温度、湿度控制设备，使其环境条件符合相关标准要求。

2. 标准养护室的面积和设备配备应当与企业的生产能力相匹配。

3. 试验室仪器设备的配置应当满足企业实际生产能力检测的需要。

4. 试验室负责人具有 2 年以上预拌混凝土试验室工作经历，具有相关专业中级（含）以上职称。

5. 试验员具有高中（含）以上文化程度，并持有通过建设行政主管部门核发的试验工证书，专职试验员不少于 4 人。

6. 试验室不得伪造检验、试验数据，出具虚假试验报告。

7. 试验室检测设备应在检定有效期内使用。

三、加强预拌混凝土的现场施工管理，保证结构工程质量

（一）加强预拌混凝土合同管理

1. 施工单位在签订采购预拌混凝土合同前，应当会同工程监理单位对混凝土供应单位的生产条件、技术质量保障能力、质量信誉等进行考查。预拌混凝土生产供应单位确定以后，应当签订书面合同，并参照使用由北京市工商行政管理局与北京市住房和城乡建设委员会共同监制的《北京市预拌混凝土买卖合同》示范文本。对预拌混凝土性能指标、供货期，单位时间内供货量和间歇时间，等相关要求应当在合同中说明。

2. 施工单位和预拌混凝土企业应当按照合同约定履行义务。预拌混凝土企业不得将合同约定的供应任务转让给他人。施工单位支付的预拌混凝土货款不得偏离合同规定的价格，并严格执行合同规定的支付进度。

3. 注册地、生产地不在本市行政区域的预拌混凝土企业，一是必须有注册地建设行政主管部门审批的预拌混凝土专业承包资质，二是在北京市建筑业管理中心备案，三是经建设工程所在地区县建委备案，才能承揽本市建设工程的预拌混凝土供应任务。施工企业不得与不符合上述要求的非本市预拌混凝土企业签订采购混凝土合同。

（二）严格执行预拌混凝土现场验收检验制度

1. 预拌混凝土进入施工现场时，建设工程施工、监理单位和预拌混凝土企业的有关人员必须严格按照国家和本市的工程技术标准和合同要求进行预拌混凝土质量验收检验。

2. 施工单位应当严格执行见证取样和送检管理规定．建立符合相关标准要求的混凝土试块成型养护室。施工单位及其取样、送检人员必须确保提供的混凝

土试块具有真实性和代表性。不得留置未按规定标识的混凝土试块，不得要求预拌混凝土企业代替制作、养护混凝土试件，不得抽撤标准养护28d混凝土强度检测报告。

3. 监理单位见证人员必须对试块见证取样和送检的过程进行见证，必须确保见证取样和送检过程的真实性。

4. 施工单位应当做好现场混凝土强度预控工作，可采用先进的检测手段或留置7d混凝土抗压强度标准养护试块的方式，推定混凝土标准养护28d抗压强度，预防混凝土工程质量事故的发生。

5. 重点工程和保障性住房工程的施工单位应当从预拌混凝土运输车辆进入施工现场，到混凝土拌合物卸料全过程进行视频监控。监控资料应当保存直至工程主体结构验收合格。

（三）加强混凝土施工质量管理

1. 施工单位应当编制混凝土施工方案，并按相关标准规定要求进行审批和技术交底工作。施工单位应当加强对施工一线操作工人的职业技能培训，加强对操作人员操作过程的检查。混凝土进场检验和浇筑过程中，施工单位项目管理人员必须在施工现场，并对混凝土浇筑过程施工质量进行检查。在混凝土施工过程中，任何人不得向混凝土拌合物中加水。混凝土浇筑完毕后，施工单位应当严格按照混凝土施工技术规范进行养护。

2. 监理单位应当对混凝土浇筑过程进行现场旁站监督，对混凝土的养护进行巡视。在住宅工程和重点工程结构施工过程中，监理单位应当对达到龄期要求的混凝土结构实体及时、独立地进行混凝土强度平行检验。

附件3：关于对保障性安居工程预拌混凝土生产质量实施监理的通知（试行）

京建法〔2014〕20号

（相关条款）

一、本市保障性安居工程（包括自住型商品房）实施预拌混凝土生产质量驻厂监理制度。本通知所称预拌混凝土驻厂监理，是指为保障性安居工程项目提供预拌混凝土生产单位生产过程实施的专项质量监理工作。

二、建设单位应委托监理单位对预拌混凝土的生产质量实施监理的签订单独书面委托合同。驻厂监理合同应到市区工程招投标管理部门备案。

建设单位选择驻厂监理企业，鼓励从市监理协会通过比选推荐的《预拌混凝土生产质量驻厂监理单位名录》中选择。受委托的监理单位根据混凝土生产量派出驻厂监理人员，不得少于2人。

三、施工单位应对预拌混凝土生产质量负总包管理责任。在选择预拌混凝土生产单位时，应当从具有相应资质的单位中选用。

五、驻厂监理单位应依据现行规范要求，对预拌混凝土生产单位原材料进场复试取样、试验过程进行见证。每月对其使用的水泥、砂、石等原材料进行抽样检测，并由预拌混凝土生产单位委托具有资质的检测机构进行检测。驻厂监理单位对进场材料质量存在疑问时，可要求预拌混凝土生产单位委托有资质的检测机构进行抽样检测。

六、驻厂监理单位应对预拌混凝土生产单位申报的配合比进行审查，主要审查所申报配合比是否符合设计文件及相关规范标准的要求，未经审查的配合比不得使用；并对生产过程中配合比执行情况进行重点检查。

七、驻厂监理单位应对预拌混凝土开盘鉴定进行见证。应对出厂混凝土的坍落度、温度、工作性能等指标进行监督检查，检验合格后，驻厂监理人员应在混凝土运输单上签字，预拌混凝土方可出厂。未经驻厂监理人员签字，施工单位不得进行预拌混凝土接收，不得在工程上使用。驻厂监理单位应对出厂混凝土7d、28d试件的取样、制作、试验过程进行见证。

九、驻厂监理单位应与工程项目监理单位建立工作联动机制。工程项目监理单位应将施工现场预拌混凝土使用过程中出现的质量问题，及时通报给驻厂监理单位，驻厂监理单位应及时复查，并将结果反馈工程项目监理单位。

十一、预拌混凝土生产单位应对预拌混凝土的生产质量负直接责任。要按照《预拌混凝土质量管理规程》等技术标准要求，对原材料、生产过程、产品出厂检验及运输等环节进行严格质量控制，确保预拌混凝土生产质量。预拌混凝土生产单位应向施工单位提供《预拌混凝土生产质量终身责任承诺书》。

百问 79：如何防范市政工程混凝土碱骨料反应

虽然北京市 1999 年就发布了《预防混凝土工程碱集料反应技术管理规定（试行）》（京建科〔1999〕230 号）、2011 年也推出了国家标准《预防混凝土碱骨料反应技术规范》GB/T 50733 - 2011，但目前，市政工程项目部施工现场对如何防范混凝土碱骨料反应还是不够重视，对混凝土碱骨料反应的危害认识还不到位，结合以往施工和监督实践，就如何防范市政工程混凝土碱骨料反应，浅述如下：

一、混凝土碱骨料反应的概念

混凝土碱骨料反应是指混凝土中的碱性物质与骨料中的活性成分发生化学反应，引起混凝土内部自膨胀应力而开裂的现象。依碱活性骨料类型不同分为碱—硅酸反应和碱—碳酸盐反应。

二、混凝土碱骨料反应的危害

混凝土碱骨料反应导致混凝土破坏特征均表现为混凝土膨胀开裂，大量微裂缝的产生不仅降低混凝土的力学性能，更重要的是加速了水、腐蚀性离子渗入混凝土内部，从而诱发碱骨料反应、钢筋锈蚀、冻融破坏协同效应，严重影响了混凝土工程耐久性能。同时，碱骨料反应是在混凝土碱活性骨料周围缓慢、长期发生的，不仅无法阻止其破坏继续发展，且破坏后不宜修复，因此被称为混凝土的"癌症"。

三、混凝土碱骨料反应的必备条件

混凝土碱骨料反应的必备条件：①配制混凝土时由水泥、掺合料、骨料、外加剂和水带进一定数量的碱；②一定数量的碱活性骨料存在；③潮湿环境，可以提供反应物吸水膨胀时所需的水分。

四、混凝土碱骨料反应的影响因素

混凝土碱骨料反应的影响因素：①混凝土中碱含量。混凝土中碱含量是指混凝土中水泥、掺合料和外加剂等原材料合碱质量的和，以当量氧化钠表示，单位为 kg/m^3。混凝土中碱含量越高，混凝土碱骨料反应越明显。②骨料活性。骨料活性是指骨料的活性成分与水泥中的碱发生化学反应，导致混凝土开裂的性质。骨料活性与骨料中活性氧化硅的含量、粒径大小等因素有关。在一定混凝土碱含量下，随着骨料中活性氧化硅含量的变化，混凝土碱骨料反应膨胀具有增大和减小两个过程。③水灰比。在水灰比较低时，随水灰比的逐步增大，混凝土碱骨料反应膨胀越来越明显；在水灰比较高时，随水灰比的逐步增大，混凝土碱骨料反应膨胀越来越减弱。④外部环境条件。水和温度。水是碱离子化的基础、输送碱的载体、碱骨料反应膨胀的源泉。越是潮湿多水的环境条件下，混凝土碱骨料反应速度越快、膨胀量增大，对混凝土结构损害程度越大。环境温度对碱骨料反应也有一定的影响。对每一种活性骨料都有一个温度限值，在该温度限值以下，随环境温度的升高，膨胀量增大；当环境温度超过该温度限值时，膨胀量明显减小。⑤矿物掺合料。矿物掺合料的硅含量越高，细度越大，对混凝土碱骨料反应抑制作用越好。

五、混凝土碱骨料反应的一般预防措施

使用非活性骨料无疑是防止混凝土碱骨料反应最安全可靠的措施，但由于活性骨料分置广泛，受工程建设的经济性影响，骨料的选择余地往往受到限制。正常情况下对潜在危害反应疑似活性骨料的工程一般采取的抑制措施主要有：控制混凝土中的碱含量、选用低碱水泥、掺用低碱粉煤灰或掺用酸性矿渣、掺用低碱外加剂或矿物盐等。对有条件的工程还可借鉴其他工程的经验采取掺用酸性矿渣、掺用低碱外加剂或矿物盐等。

六、市政工程混凝土碱骨料反应的常用预防措施

1. 控制水泥碱含量，优先选用碱含量小于 0.6% 的低碱水泥。一般情况下，把水泥碱含量低于 0.6% 氧化钠当量（即 $Na_2O+0.658K_2O$）作为预防碱骨料反应的安全界限。当然，低碱水泥本身并不能控制碱骨料反应。

2. 确定最小水泥用量。在满足工程要求的强度及耐久性前提下选择合适的水泥用量。

3. 控制混凝土中总碱含量。混凝土中碱的来源不仅有水泥，包括混合材、外加剂、水以及骨料等，因此控制混凝土中各种原材料总碱量比单纯控制水泥含碱量更为科学。《通用硅酸盐水泥》GB 175-2007 规定：若使用活性骨料，用户要求提供低碱水泥时，水泥中碱含量不得大于 0.6% 或由供需双方商定；《混凝土碱含量限值标准》CECS 53-93 规定：混凝土最大含碱量不大于 $3kg/m^3$。

4. 避免使用活性骨料。如果混凝土的含碱量低于 $3kg/m^3$，可以不做骨料碱活性检验，否则应对骨料进行碱活性检验，如检验判定为碱活性材料，则不能使用，或经试验将其于非活性骨料按一定比例混合后确定对工程无损害的，方可使用。国家标准《普通混凝土用砂、石质量及检验方法标准》JGJ 52-2006 对骨料的碱活性检验有明确要求。经碱骨料反应试验后，由所使用骨料制备的试件应无裂缝、酥缝、胶体外溢等现象，在规定的试验龄期内膨胀率应小于 0.1%。

5. 采用掺合料，用硅粉、粉煤灰、火山灰或磨细矿渣微粉取代水泥拌制混凝土。硅灰添加量为 5%～10% 时，混凝土的膨胀量可减少 10%～20%，其控制效果根据反应性骨料及硅灰的种类而不同。掺用粉煤灰或火山灰质材料时，它们

对水泥的置换率不应小于 25%，最大取代率宜控制在 40%左右，因为高掺量既给施工造成困难，又使混凝土早期强度降低。

6. 隔绝水和潮湿空气。在可能发生碱骨料反应的部位采取措施有效地隔绝水和空气的来源，可以缓和碱骨料反应对工程的损害。为防止碱骨料反应的发生，应尽量使混凝土结构处于干燥状态，特别是防止经常遭受干湿交替作用。必要时还可采用防水剂或憎水涂层，改善混凝土的密实度，降低混凝土的渗透性，减少雨水浸入混凝土内部。

7. 掺用低碱外加剂。如锂盐外加剂可有效地减少 ASR 膨胀破坏，引气剂可使混凝土具有 4%~5%的含气量，增加其中的细微孔隙，可以容纳一些反应物，从而缓解碱骨料反应的膨胀压力，减轻碱骨料反应对工程的损害。无论混凝土是否含有活性骨料，化学外加剂带入的碱不得超过 $0.13kg/m^3$。

8. 掺用引气剂。掺用引气剂使混凝土具有一定的含气量，可以容纳一定数量的反应物，减轻碱骨料反应的膨胀压力。如在混凝土中引入 4%的空气，能使碱骨料反应产生的膨胀量减少 40%。

9. 其他措施。采用氢氧化锂溶液对混凝土试件进行浸泡处理后，活性骨料在氢氧化锂溶液中形成片状晶体，有助于消除碱骨料反应危害。这是因为 Li 与吸附在活性骨料表面的 Na^+、K^+ 交换，抢先形成非膨胀型晶体产物。在混凝土中掺加适量钢纤维，也有助于降低碱骨料反应的危害。这是由于钢纤维或其他纤维（如尼龙纤维、腈纶纤维、碳纤维等）的存在虽不能抑制碱骨料反应的进行，但由于配制一定数量的纤维，可以提高混凝土的抗拉强度和韧性，并对碱骨料反应所产生的膨胀压力有分散作用，因而减小因碱骨料反应所引起的破坏作用。

百问 80：如何做好市政工程盾构管片质量检验

目前，随着市政工程地下管线隧道及综合管廊项目越来越多，盾构工艺应用越来越广泛，盾构管片也随之大面积使用。而市政工程参建各方对盾构管片的质量检验往往等同于一般钢筋混凝土预制构件，依照现行相关标准规范，结合以往施工和监督实践，就如何做好市政工程盾构管片质量检验，浅述如下：

一、盾构管片的概念

盾构管片是盾构施工的主要装配构件，是隧道预制衬砌环的基本单元，是隧道的最外层屏障，承担着抵抗土层压力、地下水压力以及一些特殊荷载的作用。盾构管片是盾构法隧道的永久衬砌结构，盾构管片质量直接关系到隧道的整体质量和安全，影响隧道的防水性能及耐久性能。

二、盾构管片质量检验相关要求

1. 盾构管片应按设计要求进行结构性能检验，检验结果应符合设计要求；

2. 盾构管片强度和抗渗等级应符合设计要求；

3. 吊装预埋件首次使用前必须进行抗拔试验，试验结果应符合设计要求；

4. 盾构管片不应存在露筋、孔洞、疏松、夹渣、有害裂缝、缺棱掉角、飞边等缺陷，麻面面积不得大于管片面积的 5%；

5. 日生产每 15 环应抽取 1 块管片进行检验，其允许偏差和检验方法应符合规范的要求；

6. 每生产 200 环管片后应进行水平拼装检验 1 次，其允许偏差和检验方法应符合规范的要求；

7. 盾构管片应在内弧面角部进行标识，标识内容应包括：管片型号、管片编号、模具编号、生产日期、生产厂家；

8. 管片出厂。管片强度必须达到设计强度的 100%；管片所有质量检测指标达到合格；出具管片出厂合格证。监理工程师认可和签章；管片运输必须有保护措施，确保运输途中完好无损。

三、盾构管片检验质量控制要点

1. 管片的产品质量应符合国家相关标准的规定和设计要求；

2. 管片的混凝土强度等级、抗渗等级符合设计要求；

3. 管片表面应平整，外观质量无严重缺陷且无裂缝，铸铁管片或钢制管片无影响结构和拼装的质量缺陷；

4. 单块管片尺寸的允许偏差应符合相关标准规范规定；

5. 钢筋混凝土管片抗渗试验应符合设计要求；

6. 管片进行水平组合拼装检验时应符合相关标准规范规定；

7. 钢筋混凝土管片无缺棱、掉边、麻面和露筋，表面无明显气泡和一般质量缺陷，铸铁管片或钢制管片防腐层完整；

8. 管片预埋件齐全，预埋件完整、位置正确；

9. 防水密封条安装凹槽表面光洁，线形直顺；

10. 管片的钢筋骨架制作的允许偏差应符合相关标准规范规定。

四、盾构管片检验试验控制要点

1. 管片的混凝土强度等级、抗渗等级试验。同一配合比当天同一班组或每浇筑 5 环管片混凝土为一个验收批，留置抗压强度试块 1 组，每生产 10 环管片混凝土应留置抗渗试块 1 组。

2. 钢筋混凝土管片抗渗试验。将单块管片放置在专用试验架上，按设计要求水压恒压 2h，渗水深度不得超过管片厚度的 1/5 为合格。工厂预制管片：每生产 50 环应抽查 1 块管片做抗渗试验，连续三次合格时则改为每生产 100 环抽查 1 块管片，再连续三次合格则最终改为 200 环抽查 1 块管片做抗渗试验，如出现一次不合格则恢复每 50 环抽查 1 块管片并按上述抽查要求进行试验。现场生产管片：当天同一班组或每浇筑 5 环管片，应抽查 1 块管片做抗渗试验。

3. 管片水平组合拼装检验。每套钢模（或铸铁、钢制管片）先生产 3 环进行水平拼装检验，合格后试生产 100 环再抽查 3 环进行水平拼装检验，合格后正式生产时，每生产 200 环应抽查 3 环进行水平拼装检验，管片正式生产后出现一次不合格时，则应加倍检验。

五、盾构管片质量检验中应注意的几个问题

1. 盾构管片生产前，生产厂家应编制盾构管片专项质量检验与试验计划，经施工单位项目总工审批后报监理单位，监理单位应依据盾构管片专项质量检验与试验计划编制盾构管片专项旁站监理方案，报总监理工程师审批。质量检验与试验计划和旁站监理方案应严格落实并定期组织检查考核。

2. 盾构管片生产时，施工、监理单位应设置专门质量检查人员驻厂进行质量检验和旁站监理。

3. 盾构管片外观尺寸检验。抽取 10％，且每天不少于 1 环。每环检查点数：不少于 3 个点。

4. 盾构管片修补。管片混凝土外观质量不应有严重缺陷，管片外观质量缺陷等级应符合标准规范。同时，存在一般缺陷的管片数量不得大于同期生产管片总数的 10％，修补处理后应重新组织验收，合格后方可使用。对管片进行修补，生产厂家必须上报经技术负责人审定并加盖公章的专项修补方案，经施工、监理单位审批后方可实施。每环管片修补前，必须经现场监理确认外观缺陷不影响实体及防水质量，否则应报废处理。允许进行修补的管片，生产厂家必须建立台账，记录管片编号、生产时间、外观缺陷描述、修补时间等，并留存修补前后的数字图文记录以存档备查。

六、盾构管片的相关记录

盾构管片的出厂合格证《市政基础设施工程资料管理规程》DB11/T 808-2011 虽给出了表号，为表 C3-3-8，但无任何内容，以生产厂家为准，盾构管片出厂合格证表式可参照附件 1《盾构管片出厂合格证》。盾构管片进场检验记录表式可参照附件 2《盾构管片进场检验记录》。

附件1：盾构管片出厂合格证

工程名称				日期		
管片厂家				管片类型		
养护方法				出厂日期		

质量情况	环数序号	管片型号	管片编号	生产日期	抗压强度		抗渗报告编号
					强度报告编号	达到设计强度（%）	

主筋	产地		型号		试验编号	
外观质量						
弹簧密封垫	供货厂家			粘贴质量		

结论	按《管道盾构管片制作施工质量验收标准》GB 50206－2008 标准评定为合格

厂家技术负责人	厂家质量人员	驻厂监理人员	填表人	管片生产厂家（公章）

附件2：盾构管片进场检验记录

工程 名称				日期			
管片加工单位				管片出厂合格证编号			

管片出 厂编号	管片尺寸检查			外观质量检查				
	宽度	弧弦长	厚度	裂缝≥ 0.2mm	表观 质量	止水槽	注浆孔	标识

结论	按《管道盾构管片制作施工质量验收标准》GB 50206-2008标准 评定为合格
备注	不合格管片编号：＿＿＿＿＿＿＿＿＿＿＿＿＿＿＿＿

施工项目 技术负责人	监理单位 人员	材料员	质量员	管片生产厂家人员	填表人

百问 81：如何做好市政工程不合格材料退场

目前，市政工程施工单位对不合格材料的退场较为随意，不合格材料相关资料基本空缺，根本不能反映施工现场材料管理原貌，与不合格材料的管理要求不一致，同时，监理单位对不合格材料的退场不够重视，监管不到位，造成施工现场不合格材料的退场管理混乱。随着市场监管力度及手段的不断加强，尤其是见证试验数据的联网，以及施工、监理单位对原材料质量控制的逐步重视，原材料进场检验和复试将进一步得到全面规范，施工现场不合格材料退场将日益常态化。根据《北京市施工现场材料工作导则（试行）》（京建发〔2013〕536 号）结合以往施工和监督实践，就如何做好市政工程不合格材料退场，浅述如下：

一、市政工程不合格材料退场规定

按照《北京市施工现场材料工作导则（试行）》（京建发〔2013〕536 号）文件要求：

①钢材、保温材料、防水卷材见证取样不合格的，不再进行二次复试，相应批次材料应按规定的程序进行退场处理。②做好不合格材料的处置工作。进场材料经检测不合格的，材料员、试验管理员应分别做好不合格材料登记记录，建立不合格材料管理台账，并及时将不合格情况向项目负责人报告。项目负责人应在建设单位或监理单位人员的见证下组织对不合格材料退场，退场时应留存影像资料和签认手续，同时不合格材料退场手续应归入工程档案留存。

二、市政工程不合格材料退场的对象

市政工程不合格材料退场的对象为：①经检验不合格的材料；②经测试不合格的材料。

三、市政工程不合格材料退场的相关要求

1. 发现市政工程不合格材料后，材料员应及时用红色油漆在不合格材料上显著标识，不能显著标识的应及时与合格材料隔离，确保不混用。

2. 市政工程不合格材料退场时，材料员、试验管理员应记录并分别建立台账，及时上报项目技术负责人。

3. 市政工程不合格材料应在监理人员见证下及时退场。

4. 市政工程不合格材料退场时应按要求办理相关签认手续。

5. 市政工程不合格材料退场时应同时留存数字图文记录及影像资料。

四、市政工程不合格材料退场资料要求

市政工程不合格材料退场资料应为：①不合格材料的进场检验记录；②不合

343

格材料的进场复试报告；③不合格材料登记记录；④不合格材料管理台账；⑤不合格材料退场处理记录；⑥不合格材料退场数字图文记录等。

不合格材料退场数字图文记录表式可参照《市政基础设施工程资料管理规程》DB11/T 808-2011《数字图文记录》（表 C5-1-4）。不合格材料退场处理记录表式可参照附件 1《不合格材料退场处理记录》。

在实际操作过程中，如：因钢筋、混凝土等试验报告滞后，其材料已用于工程实体结构中，而试验报告显示钢筋强度不合格或混凝土强度不达标。此时，若返工处理，则应有返工处理记录，同时，如若其损失构成质量事故，则还应有工程质量事故记录、工程质量事故调查记录、工程质量事故处理记录。而若不返工处理，进行加固处理或让步接收，均应有相关资料。如混凝土强度不合格，可先进行混凝土强度统计评定，若不合格可进行施工现场强度回弹，再不合格可进行设计处理加固，此时，则应有混凝土强度统计评定记录；混凝土强度回弹记录；混凝土设计处理加固方案及施工记录、验收记录等。

五、关于《北京市施工现场材料工作导则（试行）》

1. 需要说明的是，《北京市施工现场材料工作导则（试行）》（京建发〔2013〕536 号）文件，目前尚不适用于市政工程材料管理。

2.《北京市施工现场材料工作导则（试行）》（京建发〔2013〕536 号）文件中关于"不再二次复试"、"不合格材料的处置"和"延伸监督"等条款一定会在不久的将来在相关施工管理性文件中得到明确和落实。

3.《北京市施工现场材料工作导则（试行）》（京建发〔2013〕536 号）相关条款详见附件 2。

附件 1：不合格材料退场处理记录

工程名称					
材料名称			退场日期		
生产厂家					
退场数量			规格型号		
不合格缘由					
是否已部分用于工程实体		未用于工程实体处理方法			
		部分用于工程实体处理方法			
不合格材料退场过程简单描述					
备注	应附不合格材料退场数字图文记录				
施工项目技术负责人	监理单位人员	材料员	质量员	材料厂家人员	填表人

附件2：北京市施工现场材料工作导则（试行）

京建发〔2013〕536号

（相关条款）

1.5 施工单位应设置材料专职管理部门，负责贯彻落实国家和本市材料管理的有关标准和规定，组织施工现场材料管理人员专业培训，对在施项目的材料管理工作进行监督指导。

1.6 施工单位派驻施工现场项目管理机构的材料岗位管理人员（试验管理员、材料员）应持有省级建设行政主管部门颁发的岗位证书，负责组织材料的进场验收、进场复验、见证取样送检、采购备案和出入库管理等工作，并明确各自管理的环节和职责。其中：承接建筑面积2万平方米以上建筑工程的，应至少派驻3名（含）以上；承接建筑面积2万平方米以上装修工程的，应至少派驻2名（含）以上；承接轨道交通工程的，每个项目应至少派驻3名（含）以上。

3.1.4 建设单位采购的材料进场时，施工单位仍应按照以上要求进行进场验收。

3.4 按规定做好材料见证取样送检。对有见证取样送检要求的材料，应在建设单位或监理单位人员的见证下，由项目技术负责人组织试验管理员按国家和本市有关规定取样并送至具备相应检测资质的检测机构进行检测。钢材、保温材料、防水卷材见证取样检验不合格的，不再进行二次复试，相应批次材料应按照本导则规定的程序进行退场处理。

3.5 涉及结构安全及重要的功能性材料、施工现场通过进场复验、见证取样送检等技术措施仍不能完全掌控质量的特殊材料，包括钢结构构件和预拌混凝土等，施工、监理单位宜延伸到生产领域进行过程监督。

3.7 做好不合格材料的处置工作。进场材料经检测不合格的，材料员、试验管理员应分别做好不合格材料登记记录，建立不合格材料管理台账，并及时将不合格情况向项目负责人报告。项目负责人应在建设单位或监理单位人员的见证下组织对不合格材料退场，退场时应留存影像资料和签认手续，同时不合格材料退场手续应归入工程档案留存。

百问 82：如何做好市政工程生产厂家延伸监督

目前，市政工程项目部对钢结构构件和预拌混凝土生产厂家延伸监督还不十分清楚，建设、监理单位也不十分明白，依据相关文件要求，结合以往施工和监督实践，就如何做好市政工程生产厂家延伸监督，浅述如下：

一、生产厂家延伸监督缘由

1. 《关于加强大型公共建筑质量安全管理的通知》（建办 [2004] 35 号）中明确要求："八、对大型预制构件建设单位应派驻驻厂监理。"

2. 建设部 2005 年 8 月 2 日《关于辽宁省营口港锅炉房和内蒙古新丰热电有限责任公司机房工程坍塌事故的通报》中明确要求："四、监理单位必须对钢结构工程的制作、安装进行全过程旁站监理，按作业程序即时跟班到位进行监督检查。"

3. 《北京市施工现场材料工作导则（试行）》（京建发 [2013] 536 号）"3.5 涉及结构安全及重要的功能性材料、施工现场通过进场复验、见证取样送检等技术措施仍不能完全掌控质量的特殊材料，包括钢结构构件和预拌混凝土等，施工、监理单位宜延伸到生产领域进行过程监督。"

4. 《关于对保障性安居工程预拌混凝土生产质量实施监理的通知（试行）》（京建法〔2014〕20 号）"一、本市保障性安居工程（包括自住型商品房）实施预拌混凝土生产质量驻厂监理制度。本通知所称预拌混凝土驻厂监理，是指为保障性安居工程项目提供预拌混凝土生产单位生产过程实施的专项质量监理工作。"

按照上述要求，应该可以理解为：管理单位可以延伸到生产领域进行过程监督，管理单位可以是施工总承包单位和监理单位，延伸管理对象可以是钢结构、大型预制构件和预拌混凝土生产厂家。

二、施工单位生产厂家延伸监督相关要求

施工单位对大型预制构件和预拌混凝土的管理，可同于钢结构工程，进行总分包管理。在合同中，应明确各自职责，尤为施工单位的厂家延伸监督管理。

施工单位在延伸监督时应重点注意几个方面：①应制定延伸监督方案并报请项目负责人审批后落实；②监督人员应经过一定培训，具有相关专业知识；③监督重点为关键部位及重要环节，必要时，在可延伸监督方案的基础上制定监督管理实施细则；④从实体质量到资料管理，从功能性试验到实测实量均应严格把关，加强产品出厂检验，防止不合格产品进入施工现场；⑤不能因延伸监督，而以出厂检验代替进场检验；⑥不能因施工单位延伸监督，而取代延伸监督对象生产厂家的任何质量责任。

三、监理单位生产厂家延伸监督相关要求

监理单位对钢结构、大型预制构件和预拌混凝土生产厂家的延伸监督可视为对专业分包单位的管理。

监理单位在延伸监督时应重点注意几个方面：①应安排有相关专业知识的专人驻厂监理旁站；②应制定专项监理方案并报请项目总监理工程师审批后落实；③应在专项监理方案的基础上制定旁站监理实施细则，明确旁站的关键部位及重要环节以及相应的检验批、检验项目及记录要求，并在加工生产过程中严格落实；厂家延伸监督记录通用表格可参照附件《厂家延伸监督通用记录》。④应重点加强对隐蔽工程的检查验收，必要时，应附数字图文记录；⑤延伸监督监理资料应单独成册，统一管理；⑥不能因监理单位延伸监督，而取代延伸监督对象生产厂家的任何质量责任。

四、关于石灰粉煤灰砂砾、沥青混合料生产厂家延伸监督

目前，北京市对钢结构和预拌混凝土生产厂家实行专业资质管理，而对石灰粉煤灰砂砾、沥青混合料生产厂家无任何资质要求，但对市政道路工程而言，石灰粉煤灰砂砾、沥青混合料是最关键的重要材料，且对其材料试验实行有见证试验，因此，建议《北京市施工现场材料工作导则（试行）》（京建发〔2013〕536号）在修订完善时把石灰粉煤灰砂砾、沥青混合料生产厂家也应该纳入延伸监督范畴。

附件：厂家延伸监督通用记录

工程名称		日 期	
生产厂家		驻厂单位	
产品规格型号		采购数量	
监督缘由			
生产关键部位、重要工序			
监督情况概要			
有无发现问题			
整改落实复查情况			
	复查人：	日期： 年 月 日	
签字栏			
驻厂单位负责人	驻厂单位驻厂员	生产单位质量员	填表人

第五篇　资料管理类

百问 83：如何管理好市政工程资料员

目前，在市政工程施工现场，作为现场管理的八大员之一的资料员设置和管理较为随意，不是让质量员、试验员兼职，就是虽有专人却一般无证上岗，要不就是不论工程规模大小只有一人应付，从而造成项目施工现场资料管理混乱，项目完工后迟迟交不了竣工资料。按照《建筑与市政工程施工现场专业人员职业标准》JTJ/T 250 - 2011，结合以往施工和监督实践，就如何管理好市政工程资料员，浅述如下：

一、资料员的定义

资料员是指在市政工程施工现场，从事施工信息资料的收集、整理、保管、归档和移交等工作的专业人员。

二、资料员的工作职责

①参与制定施工资料管理计划；②参与建立施工资料管理规章制度；③负责建立施工资料台账，进行施工资料交底；④负责施工资料的收集、审查和整理；⑤负责施工资料的借阅管理；⑥负责提供管理数据、信息资料；⑦负责施工资料的立卷、归档；⑧负责施工资料的封存和安全保密工作；⑨负责施工资料的验收和移交；⑩参与建立施工资料管理系统；⑪负责施工资料管理系统的运用、服务和管理。

三、资料员应具备的基本素质

①应具有中等职业（高中）教育及以上学历，并具有一定实际工作经验，身心健康；②应具备必要的表达、计算、计算机应用能力；③应具备必需的职业素养：具有社会责任感和良好的职业操守，诚实守信，严谨务实，爱岗敬业，团结协作；遵守相关法律法规、标准和管理规定；树立安全至上、质量第一的理念，坚持安全生产、文明施工；具有节约资料、保护环境的意识；具有终生学习理念，不断学习新知识、新技能。

四、资料员应具备的专业技能

①能够参与编制施工资料管理计划；②能够建立施工资料台账；③能够进行施工资料交底；④能够收集、审查、整理施工资料；⑤能够检索、处理、存储、传递、追溯、应用施工资料；⑥能够安全保管施工资料；⑦能够对施工资料立卷、归档、验收、移交；⑧能够应用专业软件进行施工资料的处理。

五、资料员应具备的专业知识

①熟悉国家工程建设相关法律法规；②了解工程材料的基本知识；③熟悉施

工图识读、绘制的基本知识；④了解工程施工工艺和方法；⑤熟悉工程项目管理的基本知识；⑥了解建筑构造、建筑设备及工程预算的基本知识；⑦掌握计算机和相关资料管理软件的应用知识；⑧掌握文秘、公文写作的基本知识；⑨熟悉与本岗位相关的标准及管理规定；⑩熟悉工程竣工验收备案管理知识；⑪掌握城建档案管理、施工资料管理及建筑业统计的基础知识；⑫掌握资料安全管理知识。

六、资料员管理中应注意的几个问题

1. 依照资料员定义及工作职责，目前，大多数市政工程施工项目部只是把资料员当作资料编写员，而不是资料管理员，忘掉了施工现场项目部每一位管理人员都有两个工作区域：外业（现场）和内业（资料）；都有两份工作职责：质量职责和安全职责。施工现场往往是把技术员的技术资料、施工员的施工资料、安全员的安全资料、机械员的机械资料、材料员的材料资料及劳务员的劳务资料等统统全交给了专职资料员，造成现场各种施工技术资料漏洞百出，残缺不全，甚至缺项。

2. 关于资料员的设置，目前，相关管理性文件均未作任何具体要求。参照专职安全员的设置，建议市政工程造价 5000 万以下工程项目或年完成施工产值 5000 万以下工程项目资料员不宜少于 1 人；工程造价 5000 万～1 亿元工程或年完成施工产值 5000 万～1 亿工程项目资料员不宜少于 2 人；工程造价 1 亿以上工程或年完成施工产值 1 亿以上工程项目资料员设置可在施工前，施工单位与建设、监理单位协商确定。工程专业分包单位也应按造价或专业要求设置资料员，并纳入总承包单位统一管理。

3. 市政工程施工项目部应按工程规模大小配置相应人数的、持证上岗的、对工程较为熟悉的资料管理员来从事施工资料的收集、整理、保管、归档和移交工作，以确保施工资料与施工现场实际同步、准确、无误。

4. 为配合项目施工资料管理，必要时，应设置资料档案管理室，加强对施工技术资料的专门档案管理。

5. 公司技术质量管理部门应加强定期或不定期的对项目资料员的基本能力、应知应会和工作情况的全方位考核，确保能满足施工要求和项目需要。

百问 84：如何填写好市政工程施工资料

目前，市政工程施工项目管理中，资料管理一直是个薄弱环节，一方面项目部领导不够重视，另一方面人员素质参差不齐，再加之有的项目未配备资料员或虽已配备资料员但未持证上岗，造成施工现场资料管理混乱，结合以往施工和监督实践，就如何填写好市政工程施工资料，浅述如下：

一、市政工程施工资料的概念和分类

市政工程施工资料的概念。市政工程施工资料是指在市政工程项目施工全过程中形成的不同类型资料的总称。

市政工程施工资料的分类。按照施工资料形成的不同环节共分为八大类，分别为：施工管理资料（C1）、施工技术资料（C2）、工程物资资料（C3）、施工测量监测资料（C4）、施工记录（C5）、施工试验记录及检测报告（C6）、施工质量验收资料（C7）和工程竣工验收资料（C8）。

二、市政工程施工资料填写相关要求

1. 市政工程施工资料实行"谁工作、谁填报；谁填报、谁签字；谁签字、谁负责"的原则。

2. 市政工程施工资料应根据工程类别和专业项目，分别由单位（项目）负责人、项目（专业）技术负责人、试验员、施工员、质量员等填写和签字。

3. 市政工程资料规程给出的各种表式表样有明确规定填写单位的，单位应按规定要求填写。例如：由供应单位组织填写、由防水施工单位填写、由施工单位组织填写等。市政工程资料规程给出的各种表式表样有明确规定签字人的，签字人应按规定要求签字。例如：由项目负责人、技术负责人、施工负责人、试验员、施工员、质量员、材料员签字等。

4. 市政工程施工资料签字人原则上应是该表格记录内容的直接责任人（当事人）。

5. 市政工程测量资料原则上应由测量员填写；试验资料原则上应由试验员填写；施工资料原则上应由施工员填写；过程验收资料原则上应由质量员填写。

6. 一般情况下，市政工程施工资料不允许用签名章代替签字。

7. 市政工程施工资料当标识有盖章时，应根据标识注明的"盖章"、"公章"等规定，加盖相应的印章。为"盖章"时，可为证明施工资料的相关印章，为"公章"时，则必须为相应单位法人公章，不得用其他印章代替。

8. 市政工程施工资料表格栏目，原则上应不留空白，当空白栏目无法填写

时，处理方法一般为划一道斜杠、用电脑调整或删除空白栏。

三、施工质量验收资料（C7）填写及相关要求

1. 检验批质量验收记录（C7-1），检验批质量验收应由监理工程师负责组织施工单位项目部质量（技术）负责人、质量员等有关人员进行验收。签字人应为：监理工程师、项目质量（技术）负责人、质量员。

2. 分项工程质量验收记录（C7-2），分项工程质量验收应由监理工程师负责组织施工单位项目质量（技术）负责人、质量员等有关人员进行验收。签字人应为：监理工程师、项目质量（技术）负责人、质量员。

3. 分部（子分部）工程质量验收记录（C7-3），分部（子分部）工程质量验收应由总监理工程师负责组织施工单位项目部负责人等有关人员进行验收。当涉及地基与基础工程分部时，勘察、设计单位项目负责人应参加验收。需要注意的是：本条规定只是针对发生地基验槽检验批时，勘察、设计单位应参加，当没有地基验槽检验批时，勘察、设计单位可不参加验收。如：雨污水管道工程中沟槽土方、管道铺设等子分部工程质量验收就不需要勘察、设计单位参加并签字。有专业分包项目的，分包单位项目负责人也须参加验收。签字人应为：总监理工程师、项目部负责人，当有地基与基础和专业分包时应含：勘察、设计单位项目负责人、专业分包单位项目负责人。

4. 单位工程质量评定记录（C7-4），单位工程质量评定记录应由项目部质量员填写，由项目部项目经理、项目技术负责人、质量部门负责人、技术部门负责人签字。《市政基础设施工程资料管理规程》DB11/T 808-2011 的单位工程质量评定记录不再由城建档案馆保留；不再加盖公章；不再签署评定意见和评定等级。只是施工单位自身对承包的单位工程质量的自检记录。为施工单位自评表格，主要是为工程竣工验收时形成工程竣工报告所用（工程竣工验收报告内容7项中第4项"工程质量自检情况"中"自评的工程质量结果"）。

四、工程竣工验收资料（C8）填写及相关要求

1. 单位（子单位）工程质量竣工验收记录（C8-1），单位（子单位）工程质量竣工验收记录中施工单位签字项目负责人应为投标文件或合同文件确认的法人授权委托的项目负责人。分项验收结论应由总监理工程师或建设单位项目负责人填写，综合验收结论应由建设单位项目负责人填写。同时验收结论应明确：是否完成设计和合同约定的任务，工程是否符合设计文件和技术标准的要求，验收是否合格。建设、勘察、设计、监理、施工单位项目负责人均应签字并加盖单位公章。

2. 其他工程竣工验收资料：单位（子单位）工程完工自检合格后，由施工单位填写单位工程竣工预验收报验表（A8）报监理单位申请工程竣工预验收。

总监理工程师组织项目监理部人员与施工单位进行检查预验收。预验收合格后总监理工程师签署单位工程竣工预验收报验表（A8），建设单位收到施工单位的工程竣工验收申请后，对符合竣工验收要求的工程，由建设单位项目负责人组织勘察、设计、监理、施工等单位和有关专家组成验收组进行工程竣工验收，填写单位（子单位）工程质量竣工验收记录（C8-1）、（子单位）工程质量控制资料核查记录（C8-5）、单位（子单位）工程安全和功能检查资料核查及主要功能抽查记录（C8-6）和单位（子单位）工程观感质量检查记录（C8-7）。表C8-5、C8-6、C8-7中的"核查意见"和"核查（抽查）人"均应由负责核查的总监理工程师或建设单位项目负责人签署。

3. 工程竣工验收记录资料（表C8-1、表C8-5、表C8-6、表C8-7）施工单位均应加盖项目负责人注册建造师印章。

五、施工资料填写管理中应注意的几个问题

1. 总、分包施工资料。由建设单位直接发包的专业施工工程，专业分包单位应将工程完工后形成的施工资料整理汇总后移交建设单位，施工资料应由专业分包单位填写、签字并单独整理存档。由总承包单位分包的专业施工工程，分包单位应将工程完工后形成的施工资料移交总承包单位，总承包单位负责汇总整理后移交建设单位，施工资料由专业分包单位填写，施工单位签字栏建议由总、分包单位相应责任人双签为妥。

2. 施工试验记录及检测报告。施工试验记录及检测报告结论应清晰、具体和明确，当试验记录及检测报告只有试验检测数据无试验检测结论时，应由项目技术负责人进行签字确认核准该施工试验记录及检测报告的有效性，当为见证试验时，必须有试验结论并加盖见证试验印章。

3. 市政工程施工资料中的工程名称、单位、子单位、分部、分项工程和检验批名称等应在工程施工前，参建各方协商一致后形成文件，在施工全过程保持其填写的一致性。

4. 市政工程施工资料中的施工单位应填写中标法人单位全称，即公章名称，而不应填为其下属分公司或项目部，填为其下属分公司或项目部的应视为资料不合格，须重新整理。

5. 市政工程施工资料应设资料员专人管理，并应单独保管存放。资料员应持证上岗。关于资料员的定义、工作职责、专业技能、专业知识以及应注意的问题详见"百问83：如何管理好市政工程资料员"。

6. 市政工程施工单位质量技术管理部门应形成项目资料管理制度，并定期不定期对项目部资料管理进行抽查和考核，以督促项目资料管理水平的全面提升。

百问 85：如何做好市政工程见证记录

目前，大部分市政工程项目现场对见证记录不了解，填写不规范，较为随意，对见证试验的追溯和资料归档整理造成一定影响，结合以往施工和监督实践，就如何做好市政工程见证记录，浅述如下：

一、见证记录的概念

见证记录是指按照项目见证取样计划的要求，在建设单位或监理单位见证下形成的项目现场见证取样过程记录。

二、见证记录的相关要求

1. 见证记录的见证人应由监理单位具备建设工程施工试验知识的专业技术人员担任。

2. 见证记录内容应明确取样的工程部位及具体组数和规格，取样地点和日期等。必要时，应附带示意图和相关材料。

3. 参加取样人员及见证人员均应在见证记录上签字确认，并应对见证取样的代表性和见证记录的真实性负责。

4. 见证记录应加盖见证取样和送检专门印章。

三、市政工程见证试验项目规定

按照建设部《关于印发〈房屋建筑工程和市政基础设施工程实行见证取样和送检的规定〉的通知》（建建〔2000〕211号）文要求，市政工程中下列涉及结构安全的试块、试件和材料应30％实行见证取样和送检：①用于承重结构的混凝土试块；②用于承重墙体的砌筑砂浆试块；③用于承重结构的钢筋及连接接头试件；④用于承重墙的砖和混凝土小型砌块；⑤用于拌制混凝土和砌筑砂浆的水泥；⑥用于承重结构的混凝土中使用的掺加剂；⑦地下工程使用的防水材料；⑧国家规定必须实行见证取样和送检的其他试块、试件和材料。

按照《北京市建设工程见证取样和送检管理规定（试行）》京建质〔2009〕289号文要求，市政工程中下列涉及结构安全的试块、试件和材料应100％实行见证取样和送检：①用于承重结构的混凝土试块；②用于承重墙体的砌筑砂浆试块；③用于承重结构的钢筋及连接接头试件；④用于承重墙的砖和混凝土小型砌块；⑤用于拌制混凝土和砌筑砂浆的水泥；⑥用于承重结构的混凝土中使用的掺合料和外加剂；⑦防水材料；⑧预应力钢绞线、锚夹具；⑨沥青、沥青混合料；⑩道路工程用无机结合料稳定材料；⑪钢结构工程用钢材及焊接材料、高强度螺栓预拉力、扭矩系数、摩擦面抗滑移系数和网架节点承载力试验；⑫国家及地方标准、规定的其他见证检验项目。

目前，市政工程施工现场全面落实执行《北京市建设工程见证取样和送检管理规定（试行）》京建质〔2009〕289号文规定，对12类涉及结构安全的试块、试件和材料进行100％实行见证取样和送检。

四、见证记录应注意的几个问题

1. 见证记录应与见证试验报告和见证试验委托单相一致，不能相互矛盾冲突，"见证记录应与见证试验报告和见证试验委托单的一致性"是检查、监督市政工程见证试验项目是否符合要求的核心、有力的证据。因为三者由三个不同的单位提供，且见证记录为三者的源头。见证记录由监理单位提供，见证试验报告由见证检测单位提供，见证试验委托单由施工单位提供。

2. 《北京市建设工程见证取样和送检管理规定（试行）》（京建质〔2009〕289号），虽然规定了市政工程中12类涉及结构安全的试块、试件和材料应100％实行见证取样和送检，但没有明确每一类见证试验的具体试验项目和试验频率，没有可操作性，无法具体指导施工现场的见证试验。因此在市政工程施工前，应编制《项目质量检验与试验计划》，明确工程的见证试验类别、具体见证试验项目和试验频率，以指导工程见证试验。项目质量检验与试验计划的概念、主要内容、编制审批及实施中应注意的问题具体详见"百问62：如何做好市政工程项目质量检验与试验计划"。

3. 项目监理部应按照施工单位制定的《项目质量检验与试验计划》编制《见证取样及送检计划》，见证人员应及时到现场，对试验人员的取样和送检过程进行见证，督促、检查试验人员做好样品的成型、保养、存放、封样、送检的全过程工作，并对见证过程作出记录。试样或其包装上应有标识、封志。标识和封志应至少标明试件编号、取样日期等信息，并由见证人员和试验人员签字。

4. 监理单位应按规定配备足够的见证人员，负责见证取样和送检的现场见证工作。见证人员确定后，应在见证取样和送检前填写《见证取样和送检见证人告之书》告知该工程的质量监督机构和承担相应见证试验的检测机构。

5. 见证记录应由监理单位见证人员负责填写，并进行收集整理，工程完工后交由施工单位试验人员填写《见证试验汇总表》（表C3-4-28）汇总归档。

6. 见证记录应由施工单位归入施工技术档案管理。

7. 见证取样和送检见证人告之书表式可参见附件1《见证取样和送检见证人告之书》，见证记录表式可参见附件2《见证记录》。

附件1：见证取样和送检见证人告之书

_____质量监督站：

_____检测机构：

我单位决定，由_____同志担任_____

工程见证取样和送检见证人。有关的印

章和签字如下，请查收备案。

见证取样和送检印章	见证人签字

建设单位项目部名称（盖章）：

项目负责人： 年 月 日

监理单位项目部名称（盖章）：

项目负责人： 年 月 日

施工单位项目部名称（盖章）：

项目负责人： 年 月 日

附件 2：见证记录

工程名称		日 期	
样品名称		取样数量	
取样地点		取样日期	
取样部位 （或拟使 用部位）			
见 证 记 录			
取样人员（签字）		见证人员（签字）	
见证取 样和送 检印章			

注：由施工单位填写，监理单位、施工单位各一份。

百问 86：如何做好市政工程见证试验报告

目前，大部分市政工程项目现场对见证试验报告含混不清、认识不到位，对现场施工及资料归档整理经常造成不必要的麻烦，严重时导致工程返工及资料重新整理，结合以往施工和监督实践，就如何做好市政工程见证试验报告，浅述如下：

一、见证试验报告概念

见证试验报告是指市政工程中涉及结构安全的试块、试件和材料在建设单位或监理单位人员的见证下，由施工单位的现场试验人员在现场取样，并送至有第三方检测资质的检测机构进行检验测试而出具的试验报告。

二、见证试验报告相关要求

1. 见证试验报告应加盖 CMA 印章，印章应加盖在左上角试验报告标题栏里。CMA 印章是国家计量认证标志。

2. 见证试验报告应加盖有见证试验专用章，印章应加盖在右上角。有见证试验专用章可由第三方检测资质试验室自行刻制。

3. 见证试验报告应加盖有见证试验室资格的天平标志的钢印，印章应加盖在右下角。

4. 见证试验报告应加盖见证试验室公章，印章应加盖在试验报告指定位置。加盖见证试验室其他印章均无效。

5. 见证试验报告试验结论应明确、具体，不能只有试验数值而无试验结论，无试验结论的见证试验报告应退回试验室重新出具。

6. 见证试验报告内容、签字应规范、日期应齐全。

7. 见证试验报告应与见证取样记录、见证试验委托单的工程部位、组数、检验项目及检验频率等相一致。

8. 见证试验报告应严格采用《市政基础设施工程资料管理规程》DB11/T 808－2011 中标准表式表样，其填写要求及需要注意的事项详见"百问 84：如何填写好市政工程施工资料"，当规程未有相关表式表样时，应同施工资料一样，在试验前，由检测、施工、监理、建设单位协商一致，自行制定表格使用，并应确保在项目试验过程的一致性。

三、见证试验报告应注意的几个问题

1. 见证试验报告应与见证记录和见证试验委托单相一致，不能相互矛盾冲突。当三者不相一致时，一般情况下应以见证试验报告为准，见证记录和见证试验委托单应服务于见证试验报告，见证试验报告是见证记录和见证试验委托的结果，见证试验报告来自于第三方试验检测机构，且有全市统一联网的试验检测平台，因此更有其可靠性。

2. 按照《北京市建设工程见证取样和送检管理规定（试行）》京建质〔2009〕289号文要求，市政工程新增了三类见证试验项目，分别是：预应力钢绞线、锚夹具；沥青；钢结构工程用钢材及焊接材料、高强度螺栓预拉力、扭矩系数、摩擦面抗滑移系数和网架节点承载力试验。同时明确了市政工程12类涉及结构安全的试块、试件和材料应100％实行见证取样和送检。需要特别说明的是京建质〔2009〕289号文没有明确应该见证试验的项目其检测频率和具体检测项目，致使在市政工程见证试验中造成一定混乱，应尽快修订完善，予以明确。

3. 当见证试验报告只有试验检测数据而无试验检测结论时，应由项目技术负责人进行签字确认核准该见证试验报告的有效性和适宜性，并应及时退回试验室重新出具含试验结论的合格报告。

4. 对于见证试验报告，可与见证记录、见证试验委托单一起，建议施工单位项目部设专人负责管理，明确其职责为：首先应负责见证检测平台上信息收集整理；其次应负责不合格见证试验报告的原因分析、整改回复；再次为见证试验报告的收集、整理、归档。

5. 市政工程完工后，施工单位应对所做的见证试验报告进行归集整理，填写《见证试验汇总表》（表式C3-4-28）对见证试验进行汇总。

6. 一般情况下，一个市政工程项目通常只允许一个有第三方有检测资质的见证试验室。

百问 87：如何做好市政工程混凝土预制构件资料分级管理

《市政基础设施工程资料管理规程》DB11/T 808 - 2011 第 8.3.5 条工程物资资料的分级管理中对混凝土、石灰粉煤灰砂砾、沥青混合料的资料分级管理阐述十分详细，而对混凝土预制构件资料的分级管理却不十分具体，只是笼统地表述为："当施工单位使用混凝土预制构件时，钢筋、钢丝、预应力筋、混凝土等组成材料的原材报告、复试报告等质量证明文件，混凝土性能试验报告等由混凝土预制构件加工单位保存；加工单位提供的预制构件出厂合格证由施工单位保存。"导致项目施工现场及混凝土预制构件加工现场资料管理较为混乱，监理单位也无所适从，就如何做好市政工程混凝土预制构件资料分级管理，浅述如下：

一、混凝土预制构件的资料分级管理阐述

针对市政工程一般的混凝土预制梁、板（不含小构件），参照资料管理规程中对混凝土、石灰粉煤灰砂砾、沥青混合料资料分级管理的阐述和表述及排列方式，可对混凝土预制构件的资料分级管理具体表述及排列为：

1. 混凝土预制构件供应单位必须向施工单位提供混凝土预制构件出厂合格证，有荷载试验要求的混凝土预制梁出厂时，应同时附混凝土预制梁荷载试验报告。

2. 混凝土预制构件供应单位除向施工单位提供混凝土预制构件上述资料外，还应完整保留以下资料，以供查询：

钢筋产品合格证及进场复试报告；

预应力筋产品合格证及进场复试报告；

水泥出厂合格证及复试报告；

砂子试验报告；

碎（卵）石试验报告；

外加剂试验报告；

掺和料试验报告；

混凝土配合比及试配记录；

混凝土开盘鉴定；

混凝土抗压、抗折、抗渗、抗冻强度报告；

氯化物、碱的总含量试验报告；

混凝土试块强度统计、评定记录；

混凝土坍落度测试记录；

钢筋连接试验报告；

模板预检记录；

钢筋隐蔽检查记录；

混凝土浇筑记录；

混凝土测温记录；

混凝土养护记录；

混凝土预制构件出厂检查记录；

数字图文记录。

3. 施工单位应填写、整理以下资料：

混凝土预制构件出厂合格证（宜采用标准表格 C3-3-3）；

混凝土预制梁荷载试验报告；

混凝土预制构件进场抽检记录（宜采用标准表格 C3-4-4）；

混凝土预制构件强度回弹检查记录。

二、混凝土预制构件的资料分级管理中应注意的几个问题

1. 混凝土预制构件的资料表格应采用《市政基础设施工程资料管理规程》标准表式表样。

2. 混凝土预制构件的资料表格的填写要求及需要注意的事项详见"百问84：如何填写好市政工程施工资料"。

3. 混凝土预制构件生产单位资料应设资料员专人管理，并应单独保管存放。资料员应经企业培训并具备混凝土预制构件加工资料的收集、整理、保管、归档和移交等工作能力。

4. 混凝土预制构件加工资料应按单位工程或子单位工程为单元进行归集整理。相关资料应具有可追溯性。

5. 混凝土预制构件加工资料的保存年限应与施工单位施工资料保存年限保持一致。

6. 混凝土预制构件加工过程中，施工、监理单位应适时去生产厂家进行全方位检查，对相关资料应重点予以关注。当施工、监理单位实行驻厂延伸监督时，混凝土预制构件加工资料应全面受检、受控。

三、相关建议

建议《市政基础设施工程资料管理规程》DB11/T 808－2011 在改版时对混凝土预制构件资料分级管理加以补充完善。

百问88：如何做好市政工程返工处理过程中的资料管理

目前，市政工程项目部对工程施工过程中返工处理几乎没有任何文字和表格记录，检查所有施工技术资料都说明工程施工过程全合格，没发生过任何返工现象，而施工现场返工事实却客观存在，不容回避。如：检查井井周返工处理；地下工程渗漏防堵；人行步道方砖、路缘石更换等现象屡见不鲜。究其原因，可能主要在于两个方面，一是对返工处理没有正确的认识；二是现行市政工程资料管理规程对返工处理资料未加规定或描述不清。结合以往施工和监督实践，就如何做好市政工程返工处理过程中资料管理，浅述如下：

一、市政工程返工的概念

返工是指为使不合格产品符合要求而对其采取的措施。要求通常是指产品的要求和顾客的要求。即返工的目的是为使不合格品成为合格品，以满足合同的要求或符合产品的标准。

市政工程返工是指针对市政工程质量通病、久拖未验形成的质量损毁及质量管理不到位造成的质量缺陷，使其符合工程质量检验和验收标准而采取的措施。

二、正确认识市政工程返工处理

返工处理在市政工程施工过程中是十分正常的现象，应切实予以正确认识。市政工程的返工处理有其特殊性，一方面市政工程质量通病经常会造成返工处理，如：检查井井周返工处理、顶管偏位、桥头跳车、防水粘贴不到位等现象；另一方面市政工程因前期手续问题完工后拖延竣工验收时间较长，因而造成项目验收前返工处理普遍；如：人行步道方砖破损更换、路缘石破损更换、路面重新加铺；再一方面市政地下工程施工渗水的顽固性，经常造成渗漏防堵返工处理。施工过程中某一工序或检验批不合格而进行返工处理，是项目设置现场监理的重要缘由，否则，没必要设置监理。一个市政工程项目施工全过程未发生一起返工处理倒是觉得有些不太可能。施工和监理单位应认真区分和理解返工处理与工程质量事故，从而认真记录返工处理全过程。

三、返工处理过程中的资料管理

返工处理资料一般包括：施工技术资料；工程物资资料；施工测量资料；施工记录；施工试验记录及检测报告。

以检查井井周返工处理为例：

施工技术资料：检查井井周返工处理专项施工方案；检查井井周返工处理技术交底记录等。

工程物资资料：井周回填材料产品质量合格证；井周回填材料进场检验记录等。施工测量资料：测量复核记录等。

施工记录：检查井井周回填施工记录；隐蔽工程检查记录；数字图文记录等。

施工试验记录及检测报告：井周回填材料进场复试报告；标准击实试验报告；回填压实度试验报告等。

其中相关资料表格，若现行市政工程资料管理规程未提供时，应在工程实施前（或开工后、动工前）依据合同约定，参照相关标准规定，由参建各方协商一致后，自行设计表格使用，但应保持选用表格在整个项目建设过程中的连续性和一致性。

四、返工处理过程中应注意的几个问题

1. 应正确理解返工与返修的关系。返工指为使不合格产品符合要求而对其采取的措施，返修指为使不合格产品满足预期用途而对其所采取的措施。返工和返修最主要区别是，返工后的产品可以消除不合格，使原不合格产品经采取措施后，可以成为合格产品。而返修的产品，经采取措施后，虽然产品可以满足预期的使用要求，但仍属不合格产品。

2. 返工处理资料应与其他施工资料一起整理，共同归档，应重点加以管理，不应抽撤。返工处理资料应当作为工程完工后，竣工总结报告的重要参考资料。

3. 当返工处理形成了工程质量事故时，应按相关要求认真落实现行市政工程资料管理规程的《工程质量事故记录》（表式 C1-4-1）、《工程质量事故调（勘）查记录》（表式 C1-4-2）、《工程质量事故处理记录》（表式 C1-4-3）。

4. 监理单位针对施工单位的返工处理，应一起分析原因，制定整改措施，以《监理通知》的形式，严格督促施工单位整改落实回复。必要时，监理单位应现场旁站并平行检验。

5. 检查井井周回填施工记录表式表样可参照附件《检查井井周回填施工记录》。

附件：检查井井周回填施工记录

工程名称				
施工单位		日期		
施工内容				
施工依据				
施工材质				
检查情况				
质量问题				
处理意见				
签字栏				
施工项目 技术负责人	施工员	质量员		填表人

百问 89：如何做好市政工程参建各方竣工验收报告

目前，市政工程竣工验收时经常出现参建各方报告存在名称不符、内容不全、签章不对等问题，因此，规范参建各方竣工验收报告显得十分必要。结合以往施工和监督实践，就如何做好市政工程参建各方竣工验收报告，浅述如下：

一、竣工验收时参建各方报告的总体要求

①各方竣工验收报告工程名称、项目名称要一致；②各方竣工验收报告工程量或工作量要大体相同、基本一致；③各方竣工验收报告工程开工日期、完工日期要一致；④各方竣工验收报告要有结论性意见，符合什么规定，满足什么要求，同意竣工验收；⑤各方竣工验收报告签字、盖章要符合要求且齐全；⑥各方竣工验收报告日期要合理。

二、竣工验收时参建各方报告的名称

①建设单位为工程竣工验收报告；②施工单位为工程竣工报告；③监理单位为质量评估报告；④勘察单位为质量检查报告；⑤设计单位为质量检查报告。

三、竣工验收时参建各方报告的形成时间

1. 建设单位工程竣工验收报告应在工程竣工验收完成后由建设单位形成，但在实际操作中一般在竣工验收时已基本形成；

2. 施工单位工程竣工报告应在工程完工后报监理单位组织预验收之前由施工单位形成；

3. 监理单位质量评估报告应在预验收完成后，竣工验收前由监理单位形成；

4. 勘察单位质量检查报告应在预验收完成后，竣工验收前由勘察单位形成；

5. 设计单位质量检查报告应在预验收完成后，竣工验收前由设计单位形成。

四、竣工验收时参建各方报告的主要内容

1. 建设单位工程竣工验收报告的基本内容。工程概况：工程名称，工程地址，主要工程量，建设、勘察、设计、监理、施工单位名称；规划许可证号、施工许可证号、质量监督注册登记号；开工、完工日期；对勘察、设计、监理、施工单位的评价意见；合同内容执行情况；工程竣工验收日期，验收程序、内容、组织形式（单位、参加人员），验收组对工程竣工验收的意见；建设单位对工程质量的总体评价。

2. 施工单位工程竣工报告主要内容。工程概况：工程名称，工程地址，工程结构类型及特点，主要工程量，建设、勘察、设计、监理、施工（含分包）单位名称，施工单位项目经理、技术负责人、质量管理负责人等情况；工程施工过程：开工、完工及预验收日期，主要/重点施工过程的简要描述；合同及设计约定施工项目的完成情况；工程质量自检情况：评定工程质量采用的标准，自评的工程质量结果（对施工主要环节质量的检查结果，有关检测项目的检测情况、质量检测结果，功能性试验结果，施工技术资料和施工管理资料情况）；主要设备调试情况；其他需说明的事项：有无甩项或增项（量），有无质量遗留问题，需说明的其他问题，建设行政主管部门及其委托的工程质量监督机构等有关部门责令整改问题的整改情况；经质量自检，工程是否具备竣工验收条件。

3. 监理单位质量评估报告内容。工程概况；承包单位基本情况；主要采取的施工方法；工程地基基础和主体结构的质量状况；施工中发生过的质量事故和主要质量问题及其原因分析和处理结果；对工程质量的综合评估意见。

4. 勘察单位质量检查报告基本内容。勘察报告号；地基验槽的土质，与勘察报告是否相符；对于参与验收的工程项目，确认是否满足设计要求的承载力。

5. 设计单位质量检查报告基本内容。设计文件号；对设计文件（图纸、变更、洽商）是否进行检查；是否符合标准要求。

五、竣工验收时参建各方报告的签字、盖章及日期要求

1. 建设单位工程竣工验收报告应由项目负责人或单位负责人签字，加盖单位公章，日期应为工程竣工验收日或工程竣工验收后备案前；

2. 施工单位工程竣工报告应由项目经理、单位负责人签字，加盖单位公章，日期应为工程完工后，工程预验收之前；

3. 监理单位质量评估报告应由总监理工程师和单位技术负责人或法定代表人签字，加盖单位公章，日期应为工程预验收之后，工程竣工验收之前；

4. 勘察单位质量检查报告应由项目负责人或单位负责人签字，加盖单位公章，日期应为工程预验收之后，工程竣工验收之前；

5. 设计单位质量检查报告应由项目负责人或单位负责人签字，加盖单位公章，日期应为工程预验收之后，工程竣工验收之前。

六、市政工程参建各方竣工验收报告应注意的几个问题

1. 对市政工程参建各方竣工验收报告的总体要求、名称、形成时间、主要内容和签字、盖章及日期要求，建设单位应在工程竣工验收前设专人负责核查比对，为竣工验收一次性通过，切实做好符合性审查。

2. 为减少签字盖章手续的麻烦，建议在专人符合性审查通过后再行签字盖章。

3. 对市政工程参建各方竣工验收报告的份数，建设单位应提前预测估算好并告之各相关单位，以免补签字盖章手续。

4. 建议项目建设单位对市政工程参建各方竣工验收报告的大小、字体、装订等报告之外相关环节作出规定或安排，以规范参建各方竣工验收报告，促进参建各方竣工验收报告质量的全面提升。

第六篇　安全管理类

百问 90：如何管理好市政工程安全员

目前，在市政工程施工现场，作为现场管理的八大员之一的安全员设置虽然较为重视，但也存在无证上岗，业务素质较低，人员设置不符合工程建设规模要求，大的安全事故、群死群伤虽已杜绝，但小的安全事故或工伤却时有发生，尤为现场施工安全隐患接连不断。因此，项目部在重视安全管理的同时，应切实加强对安全员的设置和管理。按照《建筑与市政工程施工现场专业人员职业标准》JTJ/T 250－2011，结合以往施工和监督实践，就如何管理好市政工程安全员，浅述如下：

一、安全员的定义

安全员是指为在工程施工现场，从事施工安全策划、检查和监督等工作的专业人员。

二、安全员的工作职责

①参与制定施工项目安全生产管理计划；②参与建立安全生产制度；③参与制定施工现场安全事故应急预案；④参与开工前安全条件检查；⑤参与施工机械、临时用电、消防设施等的安全检查；⑥负责劳保用品和防护用品的符合性审查；⑦负责作业人员的安全教育培训和特种作业人员的资格审查；⑧参与编制危险性较大的分部分项工程专项施工方案；⑨参与施工安全技术交底；⑩负责施工作业安全及消防安全的检查和危险源的识别，对违章作业和安全隐患进行处置；⑪参与组织安全应急演练，参与组织安全事故救援；⑫参与安全事故的调查分析；⑬负责安全生产的记录、安全资料的编制；⑭负责汇总、整理、移交安全资料。

三、安全员应具备的基本素质

①应具有中等职业（高中）教育及以上学历，并具有一定实际工作经验，身心健康；②应具备必要的表达、计算、计算机应用能力；③应具备必需的职业素养：具有社会责任感和良好的职业操守，诚实守信，严谨务实，爱岗敬业，团结协作；遵守相关法律法规、标准和管理规定；树立安全至上、质量第一的理念，坚持安全生产、文明施工；具有节约资料、保护环境的意识；具有终生学习理念，不断学习新知识、新技能。

四、安全员应具备的专业技能

①能够参与编制项目安全生产管理计划；②能够参与编制安全事故应急救援

预案；③能够参与对施工机械、临时用电、消防设施进行安全检查，对安全生产防护用品进行符合性审查；④能够组织实施项目作业人员的安全教育培训；⑤能够参考编制安全专项施工方案；⑥能够参考编制安全技术交底文件，实施安全技术交底；⑦能够识别施工现场危险源，并对安全隐患和违章作业提出处置建议；⑧能够参与项目文明工地、绿色施工管理；⑨能够参与安全事故的救援处理，调查分析；⑩能够编制、收集、整理施工安全资料。

五、安全员应具备的专业知识

①熟悉国家工程建设相关法律法规；②熟悉工程材料的基本知识；③熟悉施工图识读的基本知识；④了解工程施工工艺和方法；⑤熟悉工程项目管理的基本知识；⑥了解相关专业力学知识；⑦熟悉建筑构造、建筑结构、建筑设备的基本知识；⑧掌握环境与职业健康管理的基本知识；⑨熟悉与本岗位相关的标准及管理规定；⑩掌握施工现场安全管理知识；⑪熟悉施工项目安全生产管理计划的内容和编制方法；⑫熟悉安全专项施工方案的内容和编制方法；⑬掌握施工现场安全事故的防范知识；⑭掌握安全事故救援处理知识。

六、安全员管理中应注意的几个问题

1. 依照安全员定义及工作职责，目前，大多数施工项目经理部对安全员管理概念不清、职责不明，把安全员当作安全管理员，而不是安全监督员，忘掉了施工现场每一位管理人员都有两个工作区域：外业（现场）和内业（资料）；都有两份工作职责：质量和安全。施工现场往往是把技术员的技术安全、施工员的施工安全、机械员的机械安全、材料员的材料安全及劳务员的劳务安全等统统全交给了专职安全员，造成现场安全隐患不断，安全资料漏洞百出，残缺不全，甚至缺项。

2. 安全员设置应严格落实《建筑施工企业安全生产管理机构设置及专职安全生产管理人员配备办法》建质［2008］91号文"第十三条　总承包单位配备项目专职安全生产管理人员应当满足下列要求：（二）土木工程、线路管道、设备安装工程按照工程合同价配备：① 5000万元以下的工程不少于1人；② 5000万～1亿元的工程不少于2人；③ 1亿元及以上的工程不少于3人，且按专业配备专职安全生产管理人员。"工程专业分包单位也应按造价或专业要求设置安全员，并纳入总承包单位统一管理。

3. 施工项目经理部应严格按照要求按工程规模大小配置相应人数的、持证上岗的、对工程较为熟悉的专职安全员来从事施工安全策划、检查和监督工作，以确保施工现场安全施工、施工安全资料准确、及时，一旦发生安全事故，能以详尽的安全资料为据分清责任，保命自救。

4. 安全员必须持证上岗，一般安全员必须持安全员C级本，项目经理、技

术负责人必须持安全员 B 级本，公司法人代表必须持安全员 A 级本，同时，应特别注意的是安全员证应继续教育并应在有效期内。本文中安全员是指施工现场一般安全员。

5. 公司安全生产管理部门应加强定期或不定期的对项目安全员的基本能力、应知应会和工作情况进行全方位考核，确保能满足施工要求和项目需要。

百问 91：如何做好市政工程安全技术交底

目前，市政工程项目部对施工现场安全技术交底不十分重视，安全技术交底还存在交底流于形式，内容不齐全、签字不规范、检查不落实等这样或那样的问题，结合以往施工和监督实践，就如何做好市政工程安全技术交底，浅述如下：

一、安全技术交底的概念

安全技术交底是指生产负责人在生产作业前对直接生产作业人员进行的某项作业的安全操作规程和注意事项等相关安全技术的培训，并通过书面文件方式予以确认的过程。市政工程分部分项工程施工前及有特殊风险的作业前，项目部应按批准的施工组织设计或安全专项施工方案，向有关作业人员进行安全技术交底。

二、安全技术交底的主要内容

安全技术交底主要包括两个方面内容：一是在施工组织设计或安全专项施工方案的基础上按照施工的要求，对施工组织设计或安全专项施工方案进行细化和补充；二是明确操作者的安全注意事项，保证作业人员的人身安全。

安全技术交底具体内容应包括：①工程项目和分部分项工程的危险部位；②针对危险部位采取的具体防范措施；③作业中应注意的安全事项；④作业人员应遵守的安全操作规程和规范；⑤安全防护措施的正确操作；⑥发现事故隐患应采取的措施；⑦发现事故后应及时采取的躲避和急救措施。

三、安全技术交底的主要作用

安全技术交底的主要作用有：①让一线作业人员了解和掌握该作业项目的安全技术操作规程和注意事项，减少因违章操作而可能导致的事故；②安全管理人员在项目安全管理工作中的重要环节，也是安全监督人员在项目安全管理工作中的重要依据；③安全技术交底既是安全内业管理内容的基本要求，同时也是全体安全管理人员自我保护的一种重要手段，也可以说是最后一根救命稻草。

四、安全技术交底的依据

安全技术交底依据主要有：①项目施工图纸、施工图说明文件：含有关设计人员对涉及施工安全的重点部位和关键环节方面的注明、对防范生产安全事故提出的指导意见，以及采用新结构、新材料、新工艺和特殊结构时设计人员提出的保障施工作业人员安全和预防生产安全事故的措施建议；②项目施工组织设计、安全技术措施、安全专项施工方案；③《建筑施工安全检查标准》JGJ 59-2011、《施工现场临时用电安全技术规范》JGJ 46-2005、《北京市市政工程施工安全操作规程》DBJ 01-56-2001、《北京市道路工程施工安全技术规程》DBJ 01-84-2004、《北京市桥梁工程施工安全技术规程》DBJ 01-85-2004、《北京市给水和排水工程施工安全技术规程》DBJ 01-88-2005、《北京市市政基础设施工程暗挖施工安全技术规程》DBJ 01-87-2005 等国家、行业和地方的安全标准、规范；④施工单位和项目部制定的安全生产管理制度和有关文件。

五、安全技术交底的流程

1. 工程项目开工前，由施工组织设计编制人、审批人向参加施工的项目部全体施工管理人员、班组长进行施工组织设计及安全技术措施交底。工程实行专业分包的，应包括专业分包单位项目负责人、安全员。

2. 分部分项工程施工前和安全专项施工方案实施前，由专项方案编制人会同施工员将安全技术措施、施工方法、施工工艺、施工中可能出现的危险因素、安全施工注意事项等向参加施工的全体管理人员、作业人员进行交底。工程实行专业分包的，应包括专业分包单位项目负责人、安全员。

3. 每道施工工序开始作业前，项目技术人员向班组长及班组全体作业人员进行安全技术交底。

4. 新进场工人参加施工作业前，由项目部技术、施工管理人员进行工种交底。

5. 每天班组作业前，班组长负责对班组全体作业人员进行书面安全技术交底，亦即每日班前安全班组讲话。

六、安全技术交底的基本要求

1. 安全技术交底实行逐级进行，纵向要延伸到全体作业人员，从单位到项目到班组最后到操作工人；

2. 项目施工全过程项目部应明确并做到：不做安全技术交底不能开工；

3. 各级安全技术交底必须具体、明确，有针对性；

4. 安全技术交底内容应主要针对施工中给作业人员带来的潜在危险和可能存在发生的问题进行；

5. 项目部施工技术人员应将施工程序、施工方法、安全技术措施向工长、班组长进行详细交底；

6. 项目部应该优先采用新的可靠的安全技术措施；

7. 工序安全技术交底要经项目技术负责人审阅签字，班组长签字接受生效。交底字迹要清晰，接受交底人必须本人签字，不许代签，签名处不够时，应在同一张纸后背处签认；

8. 对专业性较强的和危险性较大的分部分项工程，应先编制安全专项施工方案，后根据安全专项施工方案作针对性的安全技术交底，不能以安全技术交底代替施工方案，或以施工方案代替安全技术交底；

9.施工单位安全管理部门和项目安全管理人员要以施工安全技术措施为依据，以安全法规和各项安全规章制度为准则，经常性的对项目安全技术交底实施情况进行检查和监督，发现问题及时整改落实并留存相关记录。

七、关于安全管理人员进行安全技术交底

依据《建设工程安全生产管理条例》（国务院令第393号）"第二十七条：建设工程施工前，施工单位负责项目管理的技术人员应当对有关安全施工的技术要求向施工作业班组、作业人员做出详细说明，并由双方签字确认。"不难看出，安全技术交底应由项目技术人员进行，而非安全管理人员；且从安全员职责上来看，就不是安全管理人员，而应是安全监督人员。具体可详见"百问90：如何管理好市政工程安全员"。安全员只监督安全技术交底工作的执行情况，最多只是参与安全技术交底工作，不能作为安全技术交底工作的负责人来签字。因此，目前市政工程项目实施过程中大多数施工单位都是由安全管理人员进行安全技术交底，从落实安全生产管理条例要求和确保施工作业人员安全的角度，施工单位应切实予以改正。

八、安全技术交底记录

安全技术交底记录表式可参见附件《安全技术交底表》。

附件：安全技术交底表

工程名称		工　种	
施工单位		交底部位	
安全技术交底内容			
针对性交底：			

交底人签名		职　务		交底时间	
接受交底人签名					

注：1. 项目部对操作人员进行安全技术交底时填写；

　　2. 签名处空间不够时，应签到纸背后处，不可用另附签到表。

百问 92：如何做好市政工程安全专项施工方案

目前，市政工程项目部对安全专项施工方案普遍较为重视，相较于其他各项安全管理工作力度较大，但也存在安全专项施工方案内容不全、编制审批不到位、现场监理缺位、验收跟踪巡查及监测不符合要求等诸多问题，根据《危险性较大的分部分项工程安全管理办法》（建质〔2009〕87号）、《北京市实施＜危险性较大的分部分项工程安全管理办法＞规定》（京建施〔2009〕841号）和《北京市危险性较大的分部分项工程安全动态管理办法》（京建法〔2012〕1号），结合以往施工和监督实践，就如何做好市政工程安全专项施工方案，浅述如下：

一、市政工程安全专项施工方案的概念

市政工程安全专项施工方案是指施工单位在编制施工组织设计的基础上，针对市政工程危险性较大的分部分项工程单独编制的安全技术措施文件。市政工程安全专项施工方案是施工组织设计不可缺少的组成部分，是施工组织设计的细化、完善、补充，且自成体系。市政工程安全专项施工方案应重点突出分部分项工程的特点、安全技术要求、特殊质量要求，重视施工技术与安全技术的统一。

二、市政工程安全专项施工方案的编制对象

市政工程安全专项施工方案的编制对象为：危险性较大的分部分项工程。市政工程危险性较大的分部分项工程在其施工前，项目部必须组织编制安全专项施工方案。市政工程危险性较大的分部分项工程是指在施工过程中存在的、可能导致作业人员群死群伤或造成重大不良社会影响的分部分项工程。

市政工程危险性较大的分部分项工程主要有：①基坑支护、降水工程：开挖深度超过3m（含3m）或虽未超过3m但地质条件和周边环境复杂的基坑（槽）支护、降水工程。②土方开挖工程：开挖深度超过3m（含3m）的基坑（槽）的土方开挖工程。③隧道及地下工程：城市地下工程及遇有溶洞、暗河、断层等地质复杂的隧道工程。④桥梁工程：连续梁、架桥机施工、跨越既有铁路、公路、城市道路的桥梁工程。⑤模板工程及支撑体系。各类工具式模板工程：包括大模板、滑模、爬模、飞模等工程；混凝土模板支撑工程：搭设高度5m及以上；搭设跨度10m及以上；施工总荷载10kN/m² 及以上；集中线荷载15kN/m及以上；高度大于支撑水平投影宽度且相对独立无联系构件的混凝土模板支撑工程；承重支撑体系：用于钢结构安装等满堂支撑体系。⑥起重吊装及安装拆卸工程：采用非常规起重设备、方法，且单件起吊重量在10kN及以上的起重吊装工程；采用起重机械进行安装的工程；起重机械设备自身的安装、拆卸。⑦脚手架工程：悬挑式脚手架工程、新型及异型脚手架工程。⑧拆除、爆破工程。⑨钢结构安装工程。⑩人工挖扩孔桩工程。⑪顶管及水下作业工程。⑫预应力工程。⑬采用新技术、新工艺、新材料、新设备及尚无相关技术标准的危险性较大的分部分项工程。

三、市政工程安全专项施工方案的主要内容

1. 工程概况：危险性较大的分部分项工程概况、施工平面布置、施工要求和技术保证条件。

2. 编制依据：相关法律、法规、规范性文件、标准、规范及图纸（含国标图集）、施工组织设计等。

3. 施工计划：包括施工进度计划、材料与设备计划。

4. 施工工艺技术：技术参数、工艺流程、施工方法、检查验收等。

5. 危险源分析及相关措施：包括原因、可能导致事故类型、危险程度评价、应对措施等。

6. 安全保证措施：组织保障、安全技术措施、管理措施、安全检查和评价方法等。

7. 施工准备和施工安排、质量检测和相关监测监控预警措施。

8. 应急预案：易发事故应急措施、应急救援物资和器材的准备、人员准备、应急响应措施和流程等。

9. 劳动力计划：专职安全生产管理人员、特种作业人员等。

10. 设计计算书和设计施工图等相关图纸、文件。

四、市政工程安全专项施工方案的编制和审批

1. 市政工程施工单位应当在危险性较大的分部分项工程施工前编制审批完成安全专项施工方案并上报监理单位。

2. 市政工程实行施工总承包的，安全专项施工方案应当由施工总承包单位组织编制。起重机械安装拆卸工程、深基坑工程实行专业分包的，其安全专项施工方案可由专业分包单位组织编制。

3. 安全专项施工方案应当由施工单位技术部门组织单位施工技术、安全、质量等部门的专业技术人员进行审核。

4. 安全专项施工方案经审核合格的，由施工单位技术负责人签字。实行施工总承包的，安全专项施工方案应当由总承包单位技术负责人及相关专业分包单位技术负责人签字。

5. 不需专家论证的安全专项施工方案，经施工单位审核合格后，报监理单位由项目总监理工程师审核签字批准。

6. 需组织专项论证的安全专项施工方案，应按相关要求组织专家论证。关

于安全专项施工方案的专家论证的概念、论证对象、专家要求、内容及报告要求和实施过程中应注意的几个问题详见"百问 93：如何做好市政工程安全专项施工方案专家论证"。

五、市政工程安全专项施工方案实施中应注意的几个问题

1. 市政工程安全专项施工方案经施工单位技术负责人签字审批合格报项目总监理工程师之前，应加盖单位公章和项目负责人市政建造师印章。

2. 施工单位应当严格按照安全专项施工方案组织施工，不得擅自修改、调整安全专项施工方案。如因设计、结构、外部环境等因素发生较大变化确需修改的，修改后的安全专项施工方案应当重新按程序组织审核批准。

3. 安全专项施工方案实施前，方案编制人员或项目技术负责人应当向项目部现场管理人员和作业人员进行方案安全技术交底。

4. 施工单位应当指定专人对安全专项施工方案实施情况进行现场监督和按规定进行监测。发现不按照安全专项施工方案施工的，应当要求其立即整改；发现有危及人身安全紧急情况的，应当立即组织作业人员撤离危险区域。

5. 施工单位技术负责人应当定期跟踪巡查安全专项施工方案实施情况。

6. 对于按规定需要验收的危险性较大的分部分项工程，如：深基坑工程、模板工程及支撑体系、钢结构安装工程、人工挖孔桩工程等。施工单位、监理单位应当组织有关人员进行验收。验收合格的，经施工单位项目技术负责人及项目总监理工程师签字后，方可进入下一道工序。

7. 监理单位应当将危险性较大的分部分项工程列入监理规划和监理实施细则，应当针对工程特点、周边环境和施工工艺等，根据施工单位编制的安全专项施工方案在监理实施细则中制定明确安全监理实施细则。安全监理实施细则应依据安全监理方案提出的工作目标和管理要求，明确监理人员的分工和职责、安全监理工作的方法和手段、安全监理检查重点、检查频率和检查记录的要求。

8. 监理单位应当对安全专项施工方案实施情况进行现场监理；对不按专项方案实施的，应当责令整改，施工单位拒不整改的，应当及时向建设单位报告；建设单位接到监理单位报告后，应当立即责令施工单位停工整改；施工单位仍不停工整改的，建设单位应当及时向住房城乡建设主管部门报告。

百问 93：如何做好市政工程安全专项施工方案专家论证

目前，市政工程项目部对安全专项施工方案专家论证普遍较为重视，管理也较为到位，但还存在安全专项施工方案专家论证时参会人员不全、论证项目漏项、论证报告内容用词含混不清、专家论证组长未加盖论证专用章等问题，根据《危险性较大的分部分项工程安全管理办法》（建质〔2009〕87 号）、《北京市实施＜危险性较大的分部分项工程安全管理办法＞规定》（京建施〔2009〕841 号）和《北京市危险性较大的分部分项工程安全动态管理办法》（京建法〔2012〕1 号），结合以往施工和监督实践，就如何做好市政工程安全专项施工方案专家论证，浅述如下：

一、市政工程安全专项施工方案专家论证的概念

超过一定规模的危险性较大的工程是指建设工程在施工过程中存在的、可能导致作业人员群死群伤或造成重大不良社会影响的超过一定规模的危险性较大的分部分项工程。

市政工程安全专项施工方案专家论证是指由施工单位组织按有关规定邀请相关专家以专家论证会的形式针对超过一定规模的危险性较大的分部分项工程安全专项施工方案进行的安全可靠性、施工可行性的论证活动。

超过一定规模的危险性较大的工程施工前，应按要求编制安全专项施工方案，并应组织专家论证。

二、市政工程安全专项施工方案专家论证的论证对象

市政工程安全专项施工方案专家论证的论证对象应为超过一定规模的危险性较大的工程。分别为：

1. 深基坑工程：开挖深度超过 5m 或开挖深度虽未超过 5m，但地质条件、周围环境和地下管线复杂，或影响毗邻构筑物安全的基坑、槽的土方开挖、支护、降水工程。

2. 模板工程及支撑体系：搭设高度 8m 以上；搭设跨度 18m 以上；施工总荷载 15kN/m 以上；集中线荷载 20kN/m 以上的混凝土模板支撑工程；用于钢结构安装等满堂支撑体系，承受单点集中荷载 700kg 以上的承重支撑体系。

3. 起重吊装及安装拆卸工程：采用非常规起重设备、方法且单件起吊重量在 100kN 以上的或起重量 300kN 以上的起重设备安装工程；高度 200m 以上内爬起重设备的拆除工程。

4. 拆除、爆破工程：采用爆破拆除的工程；桥梁、高架的拆除工程；可能

影响行人、交通、电力设施、通信设施或其他构筑物安全的拆除工程。

5. 跨度大于 36m 以上的钢结构安装工程。

6. 开挖深度 16m 以上的人工挖孔桩工程。

7. 地下暗挖工程、顶管工程、水下作业工程。

8. 采用新技术、新工艺、新材料、新设备及尚无相关技术标准的危险性较大的分部分项工程。

三、市政工程安全专项施工方案专家论证的专家要求

1. 专家。专家应当诚实守信、作风正派、学术严谨；从事专业工作 15 年以上或具有丰富的专业经验；具有高级或高级以上工程类专业技术职称。

2. 专家人数。专家组人数应当由 5 名及以上符合相关专业要求的专家组成。

3. 专家专业。专家组专家应有 2 名及以上的专业工程师。深基坑、人工挖孔、地下暗挖、顶管工程等安全专项施工方案专家论证必须有 2 名及以上岩土工程师；模板支撑体系、脚手架工程等安全专项施工方案专家论证必须有 2 名及以上结构工程师。

4. 专家选取。专家应当从住房和城乡建设行政主管部门审批或备案的专家库（危险性较大的分部分项工程安全动态管理平台）中选取。

5. 专家组长。专家组组长应具备《北京市危险性较大的分部分项工程安全动态管理办法》（京建法〔2012〕1 号）要求的组长资格，并应在论证报告上加盖论证专用章。

四、市政工程安全专项施工方案专家论证的内容及报告要求

1. 市政工程安全专项施工方案专家论证内容。安全专项施工方案内容是否完整、可行；安全专项施工方案计算书和验算依据是否符合有关标准规范；安全施工的基本条件是否满足现场实际情况。

2. 市政工程安全专项施工方案论证报告要求。安全专项施工方案经论证后，专家组应当提交《危险性较大的分部分项工程专家论证报告》，对论证的内容提出明确的意见，并在专家论证报告上签字加盖论证专用章。专家论证报告应作为安全专项施工方案修改完善的指导意见并附后留存。

五、市政工程安全专项施工方案专家论证实施过程中应注意的几个问题

1. 专家论证会参会人员应包括：专家组成员；建设单位项目负责人或技术负责人；监理单位项目总监理工程师及相关人员；施工单位分管安全的负责人、技术负责人、项目负责人、项目技术负责人、专项方案编制人员、项目专职安全生产管理人员；勘察、设计单位项目技术负责人及相关人员。项目参建各方的人员不得以专家身份参加专家论证会。

2. 组织专家论证的施工单位应于专家论证会召开三天前将安全专项施工方

案上传至危险性较大的分部分项工程安全动态管理平台，并通知已聘请的专家下载安全专项施工方案，参加专家论证会的专家应下载安全专项施工方案并进行预审。

3. 施工单位应当根据论证报告修改完善安全专项施工方案，并经施工单位技术负责人、项目总监理工程师、建设单位项目负责人签字后，方可组织实施。经修改完善后的安全专项施工方案，不得擅自修改、调整。

4. 安全专项施工方案经论证后需做重大修改的，施工单位应当按照论证报告修改，并重新按要求组织专家进行论证。

5. 施工单位在危险性较大的分部分项工程施工期，应每月 1 日至 5 日（节假日顺延）登录危险性较大的分部分项工程安全动态管理平台填写上月安全专项施工方案的实施情况，并应向专家提供能够判断工程安全状况的文字说明、相关数据和照片。监理单位应负责督促施工单位每月安全专项施工方案实施情况填报的落实。

6. 对于超过一定规模的危险性较大的分部分项工程，专家组长或专家组长指定的专家应当自安全专项方案实施之日起每月跟踪一次，在危险性较大的分部分项工程安全动态管理平台上填写信息跟踪报告。当市政工程项目施工至关键节点时，还应对安全专项施工方案的实施情况进行现场检查，指出存在的问题，并根据检查情况对工程安全状态作出判断，填写信息跟踪报告。

7. 其他应注意的问题可参见"百问 92：如何做好市政工程安全专项施工方案"。

六、超过一定规模的危险性较大的分部分项工程实施中常见错误

1. 建设单位未编制项目危险性较大的分部分项工程清单和安全管理措施，施工、监理单位未建立项目危险性较大的分部分项工程安全管理制度。

2. 安全专项施工方案编制内容不全，尤其缺少计算书及相关图纸。按要求安全专项施工方案内容应包括：工程概况、编制依据、施工计划、施工工艺技术、施工安全保证措施、劳动力计划、计算书及相关图纸。

3. 安全专项施工方案审批程序不符合规定要求。一是未经施工单位技术、安全、质量部门审核；二是施工单位技术负责人未签字；三是未加盖项目经理注册建造师印章；四是项目总监理工程师未审核签字。

4. 专家论证报告内容不明确，不具体，无可操作性，避重就轻，不能说明"专项方案内容是否完整、可行；专项方案计算书和验算依据是否符合有关标准规范；安全施工的基本条件是否满足现场实际情况。"有的专家论证报告只有专家组组长签字、加盖论证专用章，无成员签字及论证专用章；有的只有专家组长签字，未加盖论证专用章。

5. 安全专项施工方案实施前，施工单位安全专项施工方案编制人员或项目技术负责人未及时向现场管理人员和作业人员进行安全技术交底。

6. 施工单位未指定专人对安全专项施工方案实施情况进行现场监督和按规定进行监测，其技术负责人未定期对安全专项施工方案实施情况进行巡查。

7. 监理单位未将超过一定规模的危大工程列入监理规划和监理实施细则，也未针对工程特点、周边环境和施工工艺等，制定安全监理工作流程、方法和措施。

8. 施工单位自行组织专家论证，未从危大工程安全动态管理平台专家库中抽取专家。

9. 施工单位未按要求于专家论证会结束后 3 日内将论证报告的扫描件上传至危大工程安全动态管理平台。

10. 施工单位在超过一定规模的危险性较大的分部分项工程施工期，未按要求每月 1 日至 5 日登录危大工程安全动态管理平台填写上月安全专项施工方案的实施情况，也未向专家提供能够判断工程安全状况的文字说明、相关数据和照片。

百问 94：如何做好市政工程重大危险源识别和控制管理

目前，市政工程施工现场对危险性较大的分部分项工程较为重视，各项工作比较到位，但对工程项目施工安全重大危险源则明显不够重视，且参建各方也认识不到位，比较模糊，把危险性较大的分部分项工程与项目施工安全重大危险源混为一谈。根据《危险化学品重大危险源辨识》GB 18218-2009，结合自身施工实际和监督实践，就如何做好市政工程重大危险源识别和控制管理，浅述如下：

一、市政工程施工安全重大危险源的概念

市政工程施工安全重大危险源是指有可能引发市政工程施工重大生产安全事故的危险性较大的专项工程以及对施工安全影响较大的环境和因素。

二、市政工程施工安全重大危险源的识别

1. 危险性较大的专项工程应当确定为工程项目施工安全重大危险源。如：基坑（槽）开挖与支护、降水工程；人工挖孔桩、沉井、地下暗挖工程；模板工程；起重机械、吊装工程；脚手架工程；拆除工程；施工现场临时用电工程；预应力结构张拉工程；隧道工程、围堰工程、架桥工程；复杂的线路、管道工程；采用新技术、新工艺、新材料对施工安全有影响的工程。

2. 对施工安全影响较大的环境和因素也应当确定为工程项目施工安全重大危险源。如：安全网的悬挂；安全帽、安全带的使用；沟槽两侧防护；施工设备、机具的检查、维护、运行以及防护；高处作业面架板铺设、兜网搭设；在堆放与搬（吊）运等过程中可能发生高处坠落、堆放散落等情况的工程材料、构（配）件等；施工现场易燃易爆、有毒有害物品的搬运、储存和使用；施工现场临时设施的搭设、使用、拆除；施工现场及毗邻周边存在的高压线、沟崖、高墙、边坡、建（构）筑物、地下管网等；施工中违章指挥、违章作业以及违反劳动纪律等行为；施工现场及周边的通道和人员密集场所；经论证确认或设计单位交底中明确的其他专业性强、工艺复杂、危险性大、交叉作业等有可能导致生产安全事故的施工部位或作业活动；大风、高温、寒冷、汛期等其他潜在的有可能导致施工现场生产安全事故发生的因素（包括外部环境等诱因）。

对于市政工程施工安全重大危险源的识别可参见附件《市政工程建设施工场所危险源识别》。

三、市政工程施工安全重大危险源的控制与管理

1. 施工单位项目部应当根据工程项目特点、当地气候、周边环境等具体情况以及所承担的施工范围，在开工前识别并汇总工程项目施工安全重大危险源。

2. 每张《项目重大危险源控制措施》（表 AQ-C1-2）表格只记录一种重大危险源，重大危险源全部完成识别后，汇总《项目重大危险源识别汇总表》（表 AQ-C1-3），由项目技术负责人批准发布。

3. 施工单位应当对工程项目的施工安全重大危险源在施工现场显要位置予以公示，公示内容应当包括施工安全重大危险源名录、可能导致发生的事故类别。在每一施工安全重大危险源处醒目位置悬挂警示标志。

4. 施工总承包单位、专业分包单位应当分别建立工程项目施工安全重大危险源的管理台账，建立健全重大危险源的控制与管理制度。对施工安全影响较大的环境和因素逐一制定安全防护方案和保证措施，加强动态检查管理，及时发现问题，及时排除隐患。

5. 施工总承包单位、专业分包单位应根据《危险性较大的分部分项工程安全管理办法》（建质〔2009〕87 号）和《北京市实施＜危险性较大的分部分项工程安全管理办法＞规定》（京建施〔2009〕841 号），对危险性较大的专项工程应当编制专项工程施工方案。其中超过一定规模的危险性较大的专项工程的施工方案应组织专家进行论证审查，并根据专家论证审查意见进行完善，经施工单位技术负责人、总监理工程师签字后方可组织实施。

6. 施工单位应当定期组织对其工程项目的施工安全重大危险源进行安全检查、评估，加强对施工安全重大危险源的监控，及时发现安全生产隐患，采取切实有效的措施督促及时整改到位，并对整改结果进行查验。

7. 施工单位项目部应当每周开展一次对施工安全重大危险源安全状况的进行检查并形成书面检查记录，对检查中发现的问题督促相关责任单位和责任人进行整改。专业分包单位的项目负责人、专项安全管理人员应当按照施工总承包单位提出的整改意见及时组织整改到位。

8. 施工总承包单位应当在编制工程项目生产安全事故应急救援预案。专业分包单位应当按照应急救援预案，各自建立应急救援组织或者配备应急救援人员，配备救援器材、设备，并参加施工总承包单位定期组织的演练。

9. 施工单位在施工人员进入工程项目施工现场前，应当对其进行安全生产教育，安全生产教育的内容应当包括工程项目的施工安全重大危险源以及安全防护方案和保证措施，应急救援预案等内容。施工单位项目部应当在作业人员进行作业活动前对其进行安全技术交底，安全技术交底应当明确工程作业特点和重大危险源，针对施工安全重大危险源的具体预防措施，相应的安全标准，以及应急救援预案的具体内容和要求。安全技术交底应当形成书面交底签字记录。

10. 工程监理单位应当建立工程项目施工安全重大危险源监理台账，按规定认真编制包括施工安全重大危险源在内的工程项目监理规划、实施细则和旁站方案，严格审查施工组织设计和施工方案、安全技术措施、工程项目施工安全应急救援预案。

11. 工程监理单位应当加强对工程项目施工安全重大危险源以及施工方案中安全技术措施执行情况的跟踪监理。对发现存在的安全隐患，及时向施工单位发出整改通知，并对整改情况负责跟踪监督，直至整改到位；情况严重的，应当立即下达暂时停工令，并报告建设单位。

附件：市政工程建设施工场所危险源识别

市政工程建设施工场所危险源，主要是指施工现场存在或潜在重大安全危险或隐患，如不采取有效防范措施有可能引发重大生产安全事故的分部分项工程和其他潜在的意外不安全环境或因素。

一、施工场所危险源

局限于存在施工过程现场的活动，主要与施工分部、分项工程、施工装置及物质有关。对于城市建设施工安全管理组织来看，一个施工项目是一个危险源；对企业项目安全管理来看，一个施工项目过程可能包含若干个危险源。

（一）存在于分部、分项工程施工、施工装置运行过程和物质的危险源：

（1）脚手架、模板和支撑、起重塔吊的安装与运行，人工挖孔桩、基坑（槽）或沟槽施工，局部结构工程或临时建筑失稳，造成坍塌、倒塌；

（2）高度大于2m的作业面，因安全防护设施不符合相关规定或无防护设施、人员未配系防护绳等造成人员踏空、滑倒、失稳等；

（3）焊接、金属切割、冲击钻孔等施工及各种施工电器设备的安全保护不符合相关规定，造成人员触电、局部火灾等；

（4）工程材料、构件及设备的堆放与搬、吊运等发生高空坠落、堆放散落、撞击人员等意外；

（5）工程拆除、人工挖孔、浅岩基及隧道作业等爆破，因操作不当、防护不足等，发生人员伤亡及设施损坏等；

（二）人工挖孔桩、隧道作业、管道作业等因通风排气不畅造成人员窒息或气体中毒等。

（三）施工用易燃易爆化学物品临时存放或使用不符合、防护不到位，造成火灾或人员中毒；工地饮食因不卫生造成集体中毒或疾病。

二、施工场所及周围地段危险源

存在于施工过程现场并可能危害周围社区的活动，主要与工程项目所在社区地址、工程类型、工序、施工装置及物质有关。对于城市建设施工安全管理组织，从可能危害社区的重要角度来看，一个施工项目应当确定为一个危险源，进行辨识和监控。

（一）临街或居民聚集、居住区的工程深基坑、隧道、地铁、竖井、大型管沟的施工，因为支护、支撑等设施失稳、坍塌，不但造成施工场所破坏，往往引起地面、周边建筑和城市运营重要设施的坍塌、坍陷、爆炸与火灾等。

（二）基坑开挖、人工挖孔桩等施工降水，造成周围建筑物因地基不均匀沉降而倾斜、开裂，倒塌等。

（三）工程拆除、人工挖孔、浅岩基及隧道作业等爆破，因设计缺陷、操作不当、防护不足等造成发生施工场所及周围已有设施损坏、人员伤亡等。

（四）在高压线下、沟边、崖边、河流边、强风口处、高墙下、切坡地段等设置办公区或生活区临建房屋，因高压放电、坍塌、滑坡、泥石流等引致房倒屋塌，造成人员伤亡等意外。

三、其他潜在的危险源

其他专业性强、工艺复杂、危险性大、交叉等易发生重大事故的施工部位或作业活动，以及其他潜在的有可能引致施工现场群死群伤重大事故发生的不安全因素（导致重大事故发生的外部环境等诱因）。

百问 95：如何做好市政工程安全检查工作

目前，市政工程施工现场安全检查虽然比较重视，但安全检查中问题还较多，如：检查问题工作不细致、不深入；检查人员组成较随意；检查记录未填写或填写不清楚；检查中发现的问题未及时责令整改；检查流于形式疲于应付等等。结合以往施工和监督实践，就如何做好市政工程安全检查工作，浅述如下：

一、市政工程安全检查标准

1.《建设工程施工安全检查标准》JGJ 59-2011；

2.《施工现场临时用电安全技术规范》JGJ 46-2005；

3.《建设工程施工现场安全资料管理规程》DB 11/383-2006；

4.《建设工程施工现场安全防护、场容卫生、环境保护及保卫消防标准》DB 11/945-2012；

5.《北京市市政工程施工安全操作规程》DBJ 01-56-2001；

6.《北京市桥梁工程施工安全技术规程》DBJ 01-85-2004；

7.《北京市道路工程施工安全技术规程》DBJ 01-84-2004；

8.《北京市给水和排水工程施工安全技术规程》DBJ 01-88-2005；

9.《北京市市政基础设施工程暗挖施工安全技术规程》DBJ 01-87-2005；

10. 市、区政府建设行政主管部门发布实施的有关安全生产的规定和要求；

11. 项目的安全专项施工方案和安全技术措施。

二、市政工程安全检查基本要求

①应建立健全安全检查制度规定检查的有关事项；②重点部位、关键环节应重要检查；③既要查安全行为，又要查安全知识；④应认真及时作好检查记录，客观公正进行评价；⑤对检查中发现的事故隐患应定人、定时、定措施整改。

三、市政工程安全检查形式

安全检查形式根据需要可分为：经常性安全检查、定期安全检查、专项安全检查、季节性安全检查和综合性安全检查。具体为：①施工单位每月组织一次安全大检查；②项目经理部和项目监理部每月至少两次对施工现场安全生产状况进行联合检查；③项目安全员每日巡检；④季节更换前项目经理部应组织季节性安全检查；⑤重大节假日前项目经理部应组织节假日专项安全检查；⑥根据主管部门指令适时组织各项安全检查。

四、市政工程安全检查内容

安全检查主要是查意识、查制度、查管理、查领导、查违章、查隐患、查记录，安全检查内容一般为：①安全生产意识；②安全生产规章制度；③安全教育培训；④安全设施与技术；⑤安全操作行为；⑥机械设备配置；⑦劳保用品使用；⑧伤亡事故处理；⑨绿色文明施工管理。

市政工程安全检查内容重点为：①各参建主体建立、完善和落实安全生产责任制等安全管理制度情况；②施工人员安全教育和"三类人员"及特种作业人员持证上岗情况；③深基坑、脚手架、模板支撑等危险性较大工程安全专项施工方案的编制和落实情况；④临时用电方案及验收情况；⑤施工现场临时用电和"一机、一闸、一箱、一漏"落实情况；⑥沟槽两侧、临边、洞口安全防护情况；⑦各项安全检查及隐患排查和治理情况；⑧应急预案的编制、审批和演练情况；⑨地下管线资料移交及保护措施的落实情况；⑩施工扬尘管理情况等。

五、市政工程安全检查记录

市政工程安全检查均应留下安全检查记录，安全检查记录主要内容为：检查项目、检查部位、发现的问题、整改要求、检查人、检查时间等。项目安全员巡检可以用施工安全工作日志。项目经理部和项目监理部联合检查必须用施工现场检查表（表 AQ-C1-6 至 AQ-C1-16）。其余检查用表可自制或按专项检查用表要求用表。如：施工单位对项目部的施工安全检查记录表式可参见附件《施工安全检查记录》。

六、市政工程安全检查中应注意的几个问题

1. 安全检查应实行不预先通知、不打招呼、不告之检查内容的突击式"飞行"检查方式，以提高安全检查实效，达到真正安全检查的目的。

2. 安全检查中发现事故隐患，应对被检查对象及时下发安全隐患整改要求并按时组织隐患整改情况复查，复查应留存相应记录。

3. 项目经理部和项目监理部每月至少两次对施工现场安全生产状况进行联合检查的主要内容有：安全管理、生活区管理、现场料区管理、环境保护、脚手架、安全防护、临时用电、塔吊和起重吊装、机械安全、保卫消防等。

4. 安全检查记录中检查项目要准确；部位要明确；检查内容应细致、具体；检查发现的问题记录应客观、公正、尽可能用数据说话；检查人员都应逐个签字，尤为负责人，必要时，应附相应安全检查照片。

5. 发生伤亡事故的，应严格按照《房屋市政工程生产安全和质量事故查处督办暂行办法》（建质〔2011〕66 号）处理。

附件：施工安全检查记录

工程名称			检查部位	
施工单位名称			项目经理	
检查项目		检查情况及存在的隐患		
安全管理	安全机构			
	安全责任制			
	目标管理			
	施工组织设计			
	安全交底			
	安全检查			
	安全教育			
	班组活动			
	特种作业人员			
	安全标识			
文明施工				
临时用电				
基坑支护				
模板脚手架				
施工机具				
其他				

整改要求：

检查日期：

检查人员			被检查人员	
整改期限			整改部门班组	
整改责任人			项目安全员	

复查意见：

复查人签名：　　　　　　　　　　　　　　复查时间：

注：1. 此表适用于施工单位对所属项目部的施工安全检查。

2. 空白不够时可用专项表格填写附后。

3. 必要时，应附相应的数字图文记录。

百问 96：市政工程施工现场必备的安全资料有哪些

目前，市政工程项目部对施工现场安全资料管理较随意，相比施工质量技术资料差距还不小，一旦听说安全检查大家就手忙脚乱，找了半天资料也不齐全。结合以往施工和监督实践，就市政工程施工现场必备的安全资料问题，浅述如下：

一、市政工程安全资料管理执行规程

市政工程施工现场安全资料管理执行《北京市建设工程施工现场安全管理资料规程》DB 11/383-2006 和北京市《建设工程安全监理工程》DB 11/382-2006。

市政工程施工现场安全检查标准详见"百问 95：如何做好市政工程安全检查工作"。

二、市政工程施工现场安全必备资料

市政工程施工现场安全必备资料主要有：①施工企业的安全生产许可证复印件；②建设工程施工许可证复印件；③项目部专职安全员等安全员管理人员的考核合格证复印件；④施工现场安全监督备案登记表（表 AQ-A-1）；⑤地上、地下管线及建筑物资料移交单（表 AQ-A-2）；⑥工程概况表（表 AQ-C1-1）；⑦项目重大危险源控制措施（表 AQ-C1-2）；⑧项目重大危险源识别汇总表（表 AQ-C1-3）；⑨危险性较大的分部分项工程专家论证表（表 AQ-C1-4）；⑩危险性较大的分部分项工程汇总表（表 AQ-C1-5）；⑪北京市施工现场检查表（表 AQ-C1-6 至表 AQ-C1-16）；⑫安全技术交底表（表 AQ-C11-1）及安全技术交底汇总表（表 ΛQ C1-17）；⑬作业人员安全教育记录表（表 AQ-C1-18）；⑭特种作业人员登记表（表 AQ-C1-20）；⑮生产安全事故应急预案；⑯违章处理记录等。

三、市政工程施工现场安全必备资料应注意的几个问题

1. 市政工程施工现场安全必备资料总要求是：必须真实、客观、及时，填写规范、签字齐全、盖章有效。

2. 施工企业安全生产许可证、建设工程施工许可证应在有效期内。

3. 项目部专职安全员等安全员管理人员考核合格证应与施工现场相符且合格证在有效期内，继续教育应符合要求。

4. 施工现场安全监督备案登记表应由建设单位提供相应资料在施工前及时向工程所在区县建设行政主管部门办理。

5. 地上、地下管线及建筑物资料移交单应在沟槽开挖前，由建设单位填写并移交给施工单位，移交单应经建设、施工、监理单位三方共同签字、盖章

认可。

6. 项目重大危险源控制措施应根据项目施工特点进行识别和评价,以确定项目重大危险源控制措施,每张表格只能确定一种危险源。

7. 重大危险源识别汇总表应由项目技术负责人批准发布。

8. 危险性较大的分部分项工程专家论证表中专家组应由 5 名及以上符合相关专业要求的专家组成,同时应有 2 名及以上的专业工程师,深基坑、人工挖孔、地下暗挖、顶管工程等必须有 2 名及以上岩土工程师,模板支撑体系、脚手架工程等必须有 2 名及以上结构工程师。项目参建各方人员不得以专家身份参加专家论证会,专家论证意见应明确、具体。论证表由施工单位项目部加盖印章后上报工程所在区县建设行政主管部门的安全监督机构。

9. 危险性较大的分部分项工程汇总表应由施工单位项目部项目技术负责人负责填写,汇总表由项目部加盖印章后上报工程所在区县建设行政主管部门的安全监督机构。

10. 北京市施工现场检查表由一张汇总表和十张专业表组成,具体为:安全管理、生活区管理、现场料具管理、环境保护、脚手架、安全防护、施工用电、塔吊和起重吊装、机械安全、保卫消防等十项内容。项目部和监理部应每月至少两次按北京市施工现场检查表的要求组织施工现场安全生产联合检查,对检查中发现的问题应在表中记录,并履行整改复查手续。

11. 安全技术交底表内容应有针对性和可操作性,安全技术交底应由项目部技术人员负责交底而不应是安全管理人员。

12. 作业人员安全教育记录表记录对象为:项目部新入场、转场及变换工种的施工人员或每年至少两次安全生产培训的施工人员。记录表每个人均应亲自签名,当签名处不够时,应在其页反面签名,不许代签。

13. 特种作业人员应包括:电工、焊工、架子工、起重机作业司机及信号员、场内机动车驾驶员等,特种作业人员应持证上岗。

14. 违章处理记录应客观真实具体,如实记录。

15. 生产安全事故应急预案应由项目技术负责人编制,项目经理审批,且应有较强针对性和可操作性,必要时,应进行演练并留存相应记录。安全生产事故应急预案的编制程序、构成、主要内容及相关附件详见附件《安全生产事故应急预案的编制》。

附件：安全生产事故应急预案的编制

一、应急预案的编制程序

应急预案的编制程序主要有：

1. 成立应急预案编制小组；

2. 资料收集；

3. 危险源与风险分析；

4. 应急能力评估；

5. 应急预案编制；

6. 应急预案评审与发布。

二、应急预案体系构成

应急预案体系主要由三个部分构成：

1. 综合应急预案；

2. 专项应急预案；

3. 现场处置方案。

三、综合应急预案的主要内容

综合应急预案的主要内容有：

1. 总则：

1.1 编制目的；

1.2 编制依据；

1.3 适用范围；

1.4 应急预案体系；

1.5 应急工作原则。

2. 生产经营单位的危险性分析：

2.1 生产经营单位概况；

2.2 危险源与风险分析。

3. 组织机构及职责：

3.1 应急组织体系；

3.2 指挥机构及职责。

4. 预防与预警：

4.1 危险源控制；

4.2 预警行动；

4.3 信息报告与处置。

5. 应急响应：

5.1 响应分级；

5.2 响应程序；

5.3 应急结束。

6. 信息发布。

7. 后期处置。

8. 保障措施：

8.1 通信与信息保障；

8.2 应急队伍保障；

8.3 应急物资装备保障；

8.4 经费保障；

8.5 其他保障。

9. 培训与演练：

9.1 培训；

9.2 演练。

10. 奖惩。

11. 附则：

11.1 术语和定义；

11.2 应急预案备案；

11.3 维护和更新；

11.4 制定和解释；

11.5 应急预案实施。

四、专项应急预案的主要内容

专项应急预案的主要内容有：

1. 事故类进和危害程度分析；

2. 应急处置基本原则；

3. 组织机构及职责：

3.1 应急组织体系；

3.2 指挥机构及职责。

4. 预防与预警：

4.1 危险源控制；

4.2 预警行动。

5. 信息报告程序；

6. 应急处置：

6.1 响应分级；

6.2 响应程序；

6.3 处置措施。

7. 应急物资和装备保障。

五、现场处置方案的主要内容

现场处置方案的主要内容有：

1. 事故特征；

2. 应急组织与职责；

3. 应急处置；

4. 注意事项。

六、相关附件

相关附件主要有：

1. 有关应急部门、机构成人员的联系方式；

2. 重要物资装备的名录或清单；

3. 规范化格式文本；

4. 关键的路线、标识和图纸；

5. 相关应急预案名录；

6. 有关协议或备忘录。

百问 97：如何做好市政工程有限空间作业安全管理

目前，市政工程项目部虽然对有限空间作业安全管理十分重视，但实际工作中，依然普遍存在承发包管理安全责任划分不清、承包单位安全条件不符合要求、发包单位未实现有效安全监管等问题。根据《北京市建设工程有限空间作业安全生产管理规定》（京建施〔2009〕521 号）、《北京市安全生产委员会办公室关于加强有限空间作业承发包安全管理的通知》（京安办发〔2011〕30 号）、《北京市安全生产委员会办公室关于在有限空间作业现场设置信息公示牌的通知》（京安办发〔2012〕30 号），结合以往施工和监督实践，就如何做好市政工程有限空间作业安全管理，浅述如下：

一、有限空间作业的概念

有限空间是指在密闭或半密闭进出口较为狭窄未被设计为固定工作场所自然通风不良易造成有毒有害、易燃易爆物质积聚或氧含量不足的空间。如：深基坑的肥槽、地下工程、隧道、管道、容器等。

有限空间作业是指作业人员进入有限空间实施的施工作业活动。

二、有限空间作业施工单位必须具备的安全条件

1. 有限空间作业安全设备设施。具备硫化氢、一氧化碳等有毒有害气体，氧气，可燃气体检测分析仪；机械通风设备；正压式空气呼吸器或长管面具等隔离式呼吸保护器具；应急通信工具；安全绳、安全带、三角架、安全梯等；安全护栏及警示标志牌；有限空间存在可燃性气体和爆炸性粉尘时，检测、照明、通信设备应符合防爆要求。

2. 有限空间作业安全管理制度。已建立并完善有限空间作业安全生产责任制；有限空间作业安全操作规程；有限空间作业审批制度；有限空间安全教育培训制度；有限空间生产安全事故应急救援预案。

3. 特种作业操作资格证书。具备相应的从事化粪池、排水管道及其附属构筑物等地下有限空间作业现场监护人员特种作业资格操作证书。

4. 与发包单位签订《有限空间作业安全生产管理协议》。对双方安全生产管理职责进行约定。明确双方安全管理的职责分工；明确双方在承发包过程中的权利义务；明确应急救援设备设施的提供方和管理方；明确、细化应对突发事件的应急救援职责分工、程序，以及各自应当履行的义务和其他需要明确的安全事项。

三、有限空间作业安全管理相关要求

1. 有限空间作业的建设单位应在施工前向地下管线档案管理机构、地下管线权属单位取得施工现场区域内涉及地下管线的详细资料并移交施工单位办理移交手续。同时应设专人对直接发包的有限空间作业施工单位进行协调和管理。

2. 有限空间作业工程的监理单位应对施工现场有限空间施工作业的专项方案进行审核未经审核严禁施工单位擅自施工。监理单位应加强对有限空间施工作业的监理。

3. 有限空间作业施工单位技术负责人应组织制定专项施工方案、安全作业操作规程、安全技术措施等根据相关规定组织审批和专家论证等工作，并督促、检查实施情况。

4. 有限空间作业施工单位应明确作业负责人、监护人员和作业人员及职责。严禁在没有监护人的情况下作业。作业负责人职责：掌握整个作业过程中存在的危险危害因素确认作业环境、作业程序、防护设施、作业人员符合要求后方可作业及时掌握作业过程中可能发生的条件变化当有限空间作业条件不符合安全要求时立即终止作业。作业人员职责：接受有限空间作业安全生产培训遵守有限空间作业安全操作规程正确使用有限空间作业安全设施与个人防护用品与监护者进行有效的操作作业、报警、撤离等信息沟通。监护人员职责：接受有限空间作业安全生产培训全过程掌握作业者作业期间情况保证在有限空间外持续监护能够与作业者进行有效的操作作业、报警、撤离等信息沟通在紧急情况时向作业者发出撤离警告必要时立即呼叫应急救援并在有限空间外实施紧急救援工作防止未经批准的人员进入。

5. 有限空间作业前必须严格执行"先检测、后作业"的原则，根据施工现场有限空间作业实际情况对有限空间内部可能存在的危害因素进行检测。在作业环境条件可能发生变化时施工单位应对作业场所中危害因素进行持续或定时检测。实施检测时检测人员应处于安全环境未经检测或检测不合格的严禁作业人员进入有限空间进行施工作业。

6. 检测指标应当包括氧浓度、易燃易爆物质浓度值、有毒有害气体浓度值等。检测工作应符合《工作场所空气中有害物质监测的采样规范》GBZ 159-2004。

7. 有限空间作业危害因素检测可由施工单位自行检测检测时应认真填写《特殊部位气体检测记录》（表 AQ-C6-5）相关人员签字临时作业或施工单位缺乏必备检测条件时也可聘请专业检测机构进行检测填写《特殊部位气体检测记录》并由检测单位负责人审核并签字。

四、有限空间作业应注意的几个问题

1. 有限空间作业施工单位应在有限空间作业前编制专项施工方案，经公司技术负责人审批，加盖公司印章及项目经理建造师印章报项目总监理工程师审批通过后方可施工作业，作业前，还应由项目技术负责人组织管理人员进行方案交底并留存相应记录。

2. 进入有限空间作业严格实行审批制度，凡进入有限空间人员，施工单位必须填写建设工程有限空间危险作业审批表，报项目负责人审批同意后方可进入。未经审批的任何人不得进入有限空间作业。市政工程有限空间危险作业审批表可参照附件1《市政工程有限空间危险作业审批表》。

3. 人工挖孔桩作业的施工单位必须编制安全专项施工方案并按规定进行签字审批和专家论证。人工挖孔桩作业必须严格执行《北京地区大直径灌注桩规程》DBJ 01-502-99 和本规定有关要求。作业前强制通风不得少于 30min 作业中每隔 2h 进行一次强制通风。监护人必须进行现场监护。作业人员必须使用安全绳索每班作业不得超过 2h。

4. 从事有限空间作业的特种作业人员应持有相应的资格证书方可上岗作业，现场监护人员应持有限空间特种作业操作证上岗，并佩戴有"有限空间作业现场监护"字样的袖标。作业人员应佩戴包含信息公示牌相关内容的工作证件。

5. 有限空间作业施工单位应在有限空间入口处设置醒目的警示标志告知存在的危害因素和防控措施。

6. 有限空间作业前和作业过程中可采取强制性持续通风措施降低危险保持空气流通。严禁用纯氧进行通风换气。

7. 进入密闭空间作业时应当至少有两人同行和工作。若空间只能容一人作业时，监护人应随时与正在作业的人员取得联系，以作预防性防护。

8. 有限空间作业前，施工单位应在作业现场外围醒目位置设置信息公示牌，其内容为：作业单位名称与注册地址；主要负责人姓名与联系方式；现场负责人姓名与联系方式；现场作业的主要内容。

五、《北京市建设工程有限空间作业安全生产管理规定》（京建施〔2009〕521号）和《北京市安全生产委员会办公室关于在有限空间作业现场设置信息公示牌的通知》（京安办发〔2012〕30号）中的关于有限空间作业安全生产要求的其他相关条款详见附件2

附件1：市政工程有限空间危险作业审批表

编号					作业单位		
总包单位					设施名称		
主要危害因素							
作业内容						填报人	
作业人员						监护人	
进入前监测数据	检测项目	氧含量	易燃易爆物质浓度	有毒有害气体浓度			检测人	
	检测结果							检测时间	
开工时间					年 月 日 时 分			

序号	主要安全措施	确认符合要求	作业人	监护人
1	作业人员作业前安全教育			
2	连续监测的仪器和人员			
3	监测仪器的准确可靠性			
4	呼吸器、梯子、绳缆等抢救器具			
5	通风排气情况			
6	氧浓度、有毒有害气体检测结果			
7	照明设施			
8	个人防护用品及防毒用具			
9	通风设备			
10	其他补充措施			

项目负责人意见	
工作结束确认人和结束时间	年 月 日 时 分

注：该审批表示进入有限空间作业的依据，不得涂改且要求安全管理部门存档，时间至少两年。

附件 2：北京市建设工程有限空间作业安全生产管理规定

京建施〔2009〕185 号

（其他相关条款）

第七条 施工现场总承包单位委托专业分包单位进行有限空间作业时，应严格分包管理，签订安全生产管理协议，并不得将工程发包给不具备相应资质和不具备安全生产条件的单位和个人。存在多个分包单位时，总承包单位应对进行统一协调、管理。不服从总承包单位安全管理导致事故发生时，分包单位承担主要责任。

第八条 有限空间作业施工单位主要负责人应加强有限空间作业的安全管理，履行以下职责：

一、建立、健全安全生产责任制；

二、组织制定专项施工方案、安全操作规程、事故应急救援预案、安全技术措施等管理制度；

三、保证安全投入，提供符合要求的通风、检测、防护、照明等安全防护设施和个人防护用品；

四、督促、检查本单位有限空间作业的安全生产工作落实有限空间作业的各项安全要求；

五、提供应急救援保障做好应急救援工作；

六、及时、如实报告生产安全事故。

第十九条 根据检测结果，施工单位现场技术负责人组织对作业环境危害情况进行评估，制定预防、消除和控制危害的措施，确保作业期间处于安全受控状态。危害评估依据为《缺氧危险作业安全规程》GB 8958、《工作场所有害因素职业接触限值：第 1 部分：化学有害因素》GB/Z 2.1 和《有毒作业分级》GB 12331。

第二十二条 当有限空间作业可能存在可燃性气体或爆炸性粉尘时，施工单位应严格按上述要求进行"检测"和"通风"，并制定预防、消除和控制危害的措施。同时所用设备应符合防爆要求，作业人员应使用防爆工具，配备可燃气体报警仪器等。

第二十三条 呼吸防护用品的选用应符合《呼吸防护用品的选择、使用与维护》GB/T 18664 的要求。缺氧条件下作业，应符合《缺氧危险作业安全规程》GB 8958 的要求。

第二十五条　有限空间作业施工单位每年应对作业现场负责人、监护人和作业人员进行安全教育培训。培训内容包括有限空间存在的危险特性和安全作业的要求，进入有限空间的程序，检测仪器、个人防护用品等设备的正确使用，事故应急救援措施与应急救援预案等。培训应有记录，参加培训的人员应签字确认。

第二十九条　有限空间发生事故时，施工单位应立即启动应急救援预案，在抢救中毒人员的同时，迅速查清有毒气体泄露源，制定应对措施。救援人员应做好自身防护，配备必要的呼吸器具、救援器材。严禁盲目施救，导致事故扩大。

附件3：关于在有限空间作业现场设置信息公示牌的通知

京安办发〔2012〕30号

（相关条款）

一、充分认识设置信息公示牌必要性

设置信息公示牌有利于加强有限空间作业单位信息公开，提高安全责任意识；有利于明确有限空间作业主体，为执法部门提供执法检查依据；有利于接受社会监督、举报，制止违法作业行为。

二、信息公示牌设置与内容

作业单位在进行有限空间作业前，应在作业现场设置作业单位信息公示牌。信息公示牌应与警示标志一同放置现场外围醒目位置。同时，作业人员应佩戴包含信息公示牌相关内容的工作证件，现场监护人员应持有限空间特种作业操作证上岗，并佩戴标有"有限空间作业现场监护"字样的袖标。信息公示牌内容：作业单位名称与注册地址，主要负责人姓名与联系方式，现场负责人姓名与联系方式，现场作业的主要内容。

三、有关要求

（二）加强管理，及时维护。公示牌应采用坚固耐用的材料制作，并具有良好的昼夜识别功能和防腐、防潮性能。各有限空间作业单位应加强信息公示牌使用、维护和管理工作，并将其列入日常检查内容，如发现变形、破损等现象应及时修整或更换。

百问 98：如何做好市政工程安全生产教育培训

目前，市政工程安全生产教育培训因监管较严且事故多发，故施工单位都十分重视，尤其是三类人员持证上岗、专职安全员配置等均十分到位，但就市政工程安全生产教育培训整体而言，还存在全员培训不到位、安全生产教育培训资金落实困难、施工现场安全生产教育培训走过场等问题，结合以往施工和监督实践，就如何做好市政工程安全生产教育培训，浅述如下：

一、市政工程安全生产教育培训的目的和要求

市政工程安全生产教育培训的目的：①提高全员的安全生产素质。②提高安全生产管理和技术措施的编制质量和实施效果。③培养和造就大批安全管理人才和懂得安全技术的科技人才。

市政工程安全生产教育培训的要求：①全员性；②普及性；③针对性；④成效性；⑤连续性；⑥发展性。

二、市政工程安全生产教育培训的对象

市政工程施工项目各级管理人员必须定期接受安全教育培训，坚持先培训，后上岗的制度。

市政工程安全生产教育培训对象有五类人员，分别是：①工程项目经理、项目技术负责人；②工程项目基层管理人员；③分包负责人、分包队伍管理人员；④特殊工种作业人员；⑤操作工人。

三、市政工程安全生产教育培训的形式

市政工程安全生产教育培训形式可分为：①新工人三级安全教育。公司安全教育、项目安全教育、班组教育。②变换工种安全教育。③特种作业安全教育。④班前安全活动交底。⑤季节性施工安全教育。⑥节假日安全教育。⑦特殊情况安全教育。

四、市政工程安全生产教育培训的主要内容及时间要求

市政工程安全生产教育培训的主要内容为：①安全生产思想教育。思想认识和方针政策的教育、劳动纪律教育。②安全知识教育。③安全技能教育。对一般工种进行的安全技能教育、对特殊工种作业人员的安全技能教育。④安全法制教育。⑤事故案例教育。事故案例的典型性、事故案例的教育性。

市政工程安全生产教育培训时间要求为：①单位法定代表人、项目经理每年安全培训时间不得少于 30 学时；②单位专职安全管理人员每年安全专业技术业务培训时间不得少于 40 学时；③单位其他管理人员和技术人员每年安全培训时

间得少于 20 学时；④单位特殊工种作业人员（包括电工、焊工、架子工、起重工、塔吊司机及信号工、场内机动车驾驶员等）每年针对性安全培训时间不得少于 20 学时；⑤单位其他职工每年安全培训时间不得少于 15 学时；⑥单位待岗、转岗、换岗的职工，在重新上岗前安全培训时间不得少于 20 学时；⑦班前安全活动交底时间不得少于 0.5 学时。

五、市政施工单位从业人员上岗相关要求

1. 施工单位主要负责人、项目负责人和专职安全生产管理人员必须经安全生产知识和管理能力考核合格，依法取得安全生产考核合格证书。即常说的三类人员安全生产考核合格证书，施工单位主要负责人 A 级本、项目负责人 B 级本、专职安全生产管理人员 C 级本。三类人员必须持证上岗且应在有效期内。

2. 施工单位的各类管理人员必须具备与岗位相适应的安全生产知识和管理能力，依法取得必要的岗位资格证书。

3. 施工单位特殊工种作业人员必须经安全技术理论和操作技能考核合格，依法取得市政施工特种作业人员操作资格证书。

六、施工单位从业人员继续教育培训主要内容

施工单位对所有从业人员应每年按规定组织进行安全生产继续教育培训，其主要内容为：①新颁布的安全生产法律法规、安全技术标准规范和规范性文件；②先进的安全生产技术和管理经验；③近期典型事故案例分析或专题事故案例分析。

七、施工单位三级安全教育培训程序和主要内容

施工单位三级安全教育培训程序及时间要求：①公司一级教育由公司安全生产领导小组成员负责公司进行安全基本知识、法规、法制教育，培训时间不应少于 15 小时。②项目部二级教育由项目经理部安全生产领导小组成员负责进行现场规章制度和遵章纪教育，培训时间不应少于 15 小时。③班组进行三级安全教育，培训时间不应少于 20 小时。

对新进场从业人员应实行公司、项目部和班组三级安全教育，新工人必须经三级安全教育后考核合格，才能进行施工操作。三级安全教育总的内容要求为：①安全生产法律法规和规章制度；②市政工程安全操作规程；③市政工程针对性的防范措施；④违章指挥、违章作业、违反劳动纪律产生的后果；⑤预防、减少安全风险以及紧急情况下应急救援的基本知识、方法和措施；⑥事故发生的一般规律及常见典型事故案例分析。

施工单位三级安全教育培训具体内容分别为：①公司一级安全教育主要内容是安全生产方针、政策、法令、规定；安全生产法规标准和规范；单位施工过程及安全生产规章制度，安全纪律和有关安全生产规定；单位安全生产形势及历史

上发生的重大事故及吸取的教训；发生事故后应如何及时进行救援、现场保护和报告。②项目部二级安全教育主要内容是工地安全施工情况及重大危险源项目，安全基本知识；工地安全生产制度、规定及安全注意事项，专业安全操作规程教育及必须遵守的安全事项；机械设备，施工用电安全及高处作业安全基本知识；防护用品及防护用具使用的基本知识。③班组进行三级安全教育主要内容是：班组作业特点及安全操作规程；班组安全活动制度及纪律；爱护和正确使用安全防护装置、设施及个人劳动防护用品；岗位易发生事故的不安全因素及其防范对策；岗位作业环境及使用机械设备、工具的安全要求。

八、施工单位三级安全教育培训相关要求

1. 施工单位三级安全教育培训的新进场从业人员应包括新进场的项目部各类管理人员、劳务人员和专业分包单位人员等。

2. 施工单位三级安全教育培训安全生产知识应以《北京市建筑施工作业人员安全生产知识教育培训考核试卷》为重点。

3. 施工单位三级安全教育培训的签到表、考试卷、成绩表、名册、培训教材、师资情况等应专项存档备查。

4. 施工单位三级安全教育培训的考试须严肃认真，加强监控，并应留有监控视频，严禁代考。

百问 99：如何做好市政工程安全防护用品管理

目前，市政工程各参建单位对安全防护用品管理重视不够，施工现场经常发生安全帽、安全手套佩戴不全；安全防护用品采购厂家不正规；安全防护用品更换不及时等问题，有时还会导致安全事故的发生，因此，需参建各方高度重视，切实加强管理，结合以往施工和监督实践，就如何做好市政工程安全防护用品管理，浅述如下：

一、市政工程安全防护用品概念

市政工程安全防护用品是指保护市政工程施工及管理人员在项目施工生产过程中的人身安全与健康所必备的一种防御性装备，对于减少职业危害起着相当重要的作用。科学合理的配备、使用安全防护用品，不但能够杜绝质量安全事故发生后引发的经济损失，而且能够提高施工人员的工作效率，提高经济效益产出，减少在人力资源等各方面的费用投入。

二、市政工程安全防护用品基本要求

1. 市政工程安全防护用品是为从事市政工程施工作业的人员和进入施工现场的其他人员配备的个人防护装备。

2. 从事施工作业人员必须配备符合现行有关标准的安全防护用品，并应按规定正确使用。

3. 安全防护用品的配备应按照"谁用工，谁负责"的原则，由用人单位为施工作业人员按作业工种配备。

4. 进入施工现场人员必须佩戴安全帽，在 2m 以上的无可靠安全防护设施高处，必须系挂安全带。

5. 从事登高架设、起重吊装作业的施工人员应配备防止滑落的安全防护用品。

6. 从事施工现场临时用电工程作业的施工人员应配备防止触电的安全防护用品。

7. 从事焊接作业的施工人员应配备防止触电、灼伤、强光伤害的安全防护用品。

8. 从事防水、防腐和油漆作业的施工人员应配备防止触电、中毒、灼伤的安全防护用品。

三、市政工程安全防护用品配备

1. 电工安全防护用品配备：维修电工应配备绝缘鞋、绝缘手套；安装电工应配备手套和防护眼镜；高压电气作业时，应配备相应等级的绝缘鞋、绝缘手套和有色防护眼镜。

2.焊工安全防护用品配备：焊工应配备阻燃防护服、绝缘鞋、电焊手套和焊接防护面罩；在高处作业时，应配备安全帽与面罩连接式焊接防护面罩和阻燃安全带。

3.架子工应配备防滑鞋和工作手套。

4.信号工应配备专用标志服装。

5.混凝土工从事混凝土浇筑作业时，应配备胶鞋和手套；从事混凝土振捣作业时，应配备绝缘胶鞋和绝缘手套。

6.砌筑工应配备安全鞋和胶面手套。

7.木工应配备防噪声耳罩和防尘口罩，宜配备防护眼镜。

8.钢筋工宜配备安全鞋和手套；除锈作业时，应配备防尘口罩，宜配备防护眼镜。

9.沥青摊铺工应配备软、厚底工作鞋和防毒口罩。

10.防水工涂刷作业时应配备防护手套、防毒口罩和防护眼镜。

11.从事电钻、砂轮等手持电动工具作业时，应配备绝缘鞋、绝缘手套和防护眼镜。

12.从事蛙式夯实机、振动冲击夯作业时，应配备绝缘鞋、绝缘手套和防护耳罩。

13.从事地下管道检修作业时，应配备防毒面罩、防滑鞋和工作手套。

四、市政工程安全防护用品应注意的问题

1.市政施工单位应选定安全防护用品的合格供货方，为作业人员配备的安全防护用品必须符合国家有关标准，应具备生产许可证、产品合格证等相关资料。市政施工单位不得采购和使用无厂家名称、无产品合格证、无安全标志、无安全鉴定证的安全防护用品。安全防护用品应经单位安全生产管理部门审查合格验收后方可使用。

2.安全防护用品的使用年限应按国家现行标准执行。安全防护用品达到使用年限或报废标准的应由市政施工单位统一回收报废，并应为作业人员配备新的安全防护用品。安全防护用品有定期检测要求的应按照其产品的检测周期进行检测。

3.市政施工单位应建立健全安全防护用品购买、验收、保管、发放、使用、更换和报废管理制度。安全防护用品使用前，应对其防护功能进行必要的检查。

4.市政施工单位应教育从业人员按照安全防护用品使用规定和防护要求，正确使用安全防护用品。

5. 市政施工单位应对危险性较大的施工作业场所及具有尘、毒危害的作业环境设置安全警示标识及应使用的安全防护用品标识牌。

6. 建设单位应按国家有关法律和行政法规的规定，及时足额支付市政工程的施工安全措施费用。市政施工单位应严格执行国家有关法规和标准，使用合格的安全防护用品。

百问100：市政工程安全行为监督检查主要内容有哪些

市政工程安全监督检查主要涉及参建各方施工安全行为及防护实体监督检查两部分。防护实体监督检查一般内容较为具体，有相应的标准规范进行管理，但施工安全行为的监督检查则有一定的把握难度，结合以往施工和监督实施，就市政工程施工安全行为监督检查主要内容，浅述如下：

一、市政工程建设单位安全行为监督检查主要内容

1. 建设单位是否使用无安全生产许可证或安全生产许可证已过期的施工单位。

2. 建设单位对安全技术措施费和绿色文明施工费用落实情况；有无迫使施工单位降低或取消安全技术措施费和绿色文明施工费的行为。

3. 建设单位是否存在任意压缩合理工期的行为。

4. 建设单位是否按规定委托监理单位，并明确了监理单位的安全监理职责。

5. 建设单位有无明示或暗示施工单位购买、租赁、使用不合格的安全防护设施和机械设备的行为。

6. 建设单位是否提出不符合建设工程安全生产法律、法规和强制性标准规定的不合理要求。

7. 在沟槽、基坑土方开挖前，建设单位是否根据相关要求向施工单位提供施工现场及毗邻区域内地上、地下管线资料，毗邻建筑物和构筑物的有关资料。移交资料内容是否经建设单位、施工单位、监理单位三方共同签字、盖章认可。对上述资料有疑义时，建设单位是否委托相关单位根据资料情况组织探查，并有探查记录。探查有差异时，建设单位是否报请相关管理部门予以确认。确认后，是否经建设单位签字、盖章认可后才施工。

8. 对建设单位基坑支护第三方监测进行检查，是否委托，委托的第三方是否有资质，委托合同要求监测的频率、指标等是否符合规定。

二、市政工程监理单位安全行为监督检查主要内容

市政工程监理单位施工安全行为监督检查主要分为安全监理资料和安全监理工作记录两部分。

市政工程安全监理资料：①监理单位是否建立以项目总监理工程师负责制的安全生产监管体系，是否按要求设立专职安全监理工程师。总监理工程师和专职安全监理工程师是否符合任职条件要求，总监理工程师是否授权并持证上岗。②监理单位签订的建设工程委托监理合同是否含有安全监理工作内容。③监理单位是否编制含有安全监理方案的项目监理规划和安全监理实施细则,是否按规定审批,是否按要求落实。④监理单位是否对施工单位安全生产管理的组织机构、安全生产管理人员的安全生产考核合格证书、各级管理人员和特种作业人员上岗证书进行审核。⑤监理单位是否对施工单位安全生产责任制、安全管理规章制度和事故报告制度进行审核或审批。⑥监理单位是否对施工单位安全专项施工方案、项目应急救援预案进行审核或审批。⑦检查项目监理部安全监理专题会议纪要、安全监理工作日志、安全监理月报和安全监理专题(阶段、竣工)工作总结是否符合要求。

市政工程安全监理工作记录:①工程技术文件报审表。②安全防护、文明施工措施费用支付申请表。③安全隐患报告书。④工作联系单。⑤监理通知及监理通知回复单。⑥工程暂停令及工程复工报审表。⑦安全联合检查记录。

三、市政工程施工单位安全行为监督检查主要内容

1. 对施工单位、专业分包单位的安全生产许可证进行检查并核实,是否在有效期内。

2. 施工单位是否制订了安全生产管理制度和安全生产责任制,安全生产管理制度应包括:安全生产资金保证制度、安全教育培训制度、安全检查制度、生产安全事故报告处理制度、危险源控制制度、危险性较大的分部分项工程专项施工方案论证审批制度、施工组织设计和专项施工安全方案编制审批制度、安全技术交底制度等。

3. 对施工单位、专业分包单位的企业主要负责人、项目负责人、专职安全生产管理人员的安全考核合格证书进行检查并核实,是否在有效期内。

4. 对施工单位的施工组织设计进行检查,是否内容编制有针对性的项目施工安全技术措施及绿色文明施工措施,是否按程序经施工单位技术负责人审批,项目总监理工程师审核签字,并加盖项目经理建造师印章。

5. 对施工单位的特种作业人员进行检查,是否填报《特种作业人员登记表》(表AQ-C1-20)并审批,抽查并核实现场特种场作业人员持证上岗及证书有效性情况,特种作业人员应包括:电工、焊工、架子工、起重机作业司机及信号员、场内机动车驾驶员等。

6. 对施工单位的危险性较大的分部分项工程专项施工方案编制及审批情况进行检查,是否编制,是否由施工单位专业工程技术负责人编制,由施工单位技术部门的专业技术人员及专业监理工程师审核,由施工单位技术负责人、项目总监理工程师审批签字。

7. 对施工单位的超过一定规模的危险性较大的分部分项工程专项施工方案专家论证情况进行检查,专家组是否由5名及以上符合相关专业要求的专家组

成，同时是否有 2 名及以上的专业工程师，深基坑、人工挖孔、地下暗挖、顶管工程等必须有 2 名及以上岩土工程师，模板支撑体系、脚手架工程等必须有 2 名及以上结构工程师。项目参建各方人员是否以专家身份参加专家论证会。专家组是否提出书面论证审查报告，专家论证意见是否明确、具体。书面论证审查报告是否作为安全专项施工方案的附件进行保存。

8. 对施工单位的安全设施和施工机械验收情况进行检查，验收分为两大类，一类为：施工单位组织验收，监理单位参加并对实体进行检查，签署验收意见。如模板支撑体系搭设安装验收、基坑支护验收、施工现场临时用电验收等；另一类为：施工单位组织验收，监理单位对验收程序进行核查。如打桩机、挖掘机、泵车、钢筋机械、空压机、摊铺机、压路机等的验收。

9. 对施工单位的临时用电施工组织设计、临时用电管理协议、《施工现场临时用电验收表》（表 AQ-C7-1）、《电气线路绝缘强度测试记录》（表 AQ-C7-2）、《临时用电接地电阻测试记录表》（表 AQ-C7-3）、《电工巡检维护记录》（表 AQ-C7-4）等编制、审批及填报情况进行检查。

10. 对施工单位的基坑位移沉降监测情况进行检查，现场抽查《基坑支护验收表》（表 AQ-C6-1）、《基坑支护沉降观测记录表》（表 AQ-C6-2）、《基坑支护水平位移观测记录表》（表 AQ-C6-3），并检查超限部位的处理情况。施工单位、专业分包单位是否按有关规定对支护结构进行监测，监测结果是否报监理单位。监理单位是否对监测的程序进行审核，发现监测数据异常时是否立即督促施工单位采取必要的措施。

11. 对施工单位的安全生产培训教育情况进行检查，对新入场、转场及变换工种的施工人员是否进行安全教育，经考试合格方可上岗作业，同时是否对施工人员每年至少两次安全生产教育培训。现场抽查培训教育情况，安全教育培训记录表中每个人是否亲自签名。

12. 对项目部安全生产自查和安全隐患的整改情况进行检查，项目部和监理部是否每月至少两次按北京市施工现场检查表的要求组织施工现场安全生产联合检查，对安全管理、生活区管理、现场料具管理、环境保护、脚手架、安全防护、施工用电、塔吊和起重吊装、机械安全、保卫消防等内容进行检查评价，检查中发现的问题是否在表中记录，并履行整改复查手续。

13. 对项目部安全管理机构的设置和专职安全管理人员配备情况进行现场检查，项目部是否设置相应的安全管理机构和配备专职安全管理人员，并形成项目正式文件记录。根据住房和城乡建设部建质［2008］91 号文件，市政工程配备项目专职安全生产管理人员要求：5000 万元以下工程不少于 1 人；5000 万元～1 亿元工程不少于 2 人；1 亿元以上工程不少于 3 人，应当按专业配备专职安全生产管理人员。专业分包单位配备专职安全生产管理人员也应符合住房和城乡建设部建质［2008］91号文件要求。

14. 对项目部重大危险源的控制措施进行检查，项目部是否根据项目施工特点，对作业过程中可能出现的重大危险源进行识别和评价，是否对重大危险源进行汇总，确定重大危险源控制措施。

15. 其他安全行为：施工单位安全技术措施费和绿色文明施工费使用情况；施工单位生产安全事故应急救援预案、冬雨期施工方案编制审批及落实情况；施工单位对地下地上建筑物采取的安全保护措施的落实情况；生产安全事故的统计、报告和调查处理情况；施工现场安全防护用品和劳动保护用品的发放及管理情况，现场检查安全防护用品和劳动保护用品是否有有效检测报告；施工单位是否对扣件进行力学性能和扭力矩指标检测，并出具检测报告；施工现场监督协管员及"农民工夜校"设置情况。

附录 A 市政工程常见质量通病

市政工程常见质量通病

一、排水工程

（一）土方工程

1. 沟槽开挖：1）边坡塌方；2）槽底泡水；3）槽底超挖；4）槽底土基受冻；5）沟槽断面不符合要求；6）堆土不符合规定。

2. 沟槽回填：1）沟槽沉陷；2）管渠结构碰挤变形。

（二）混凝土工程

1. 平基管座：1）管基不振捣；2）平基厚度不够；3）平基厚度不够便安管；4）带泥水浇筑混凝土平基；5）平基不凿毛，管座与平基之间夹土；6）管座跑模；7）管座混凝土蜂窝孔洞。

2. 土、砂及砂砾基础：1）槽底不平、砂基不规范；2）不认真施作管道下的设计支承角。

（三）管道铺设工程

1. 明挖管道铺设：1）中线位移超标；2）管道反坡；3）管道内底错口；4）备管不封堵；5）管道前进方向受阻；6）管头外露过长。

2. 顶管工程：1）顶管坑壁坍塌或严重变形；2）掏土超挖；3）顶进初期，产生中心及标高偏差超标；4）顶铁外崩事故；5）顶管工作坑后边破坏；6）顶进中管节破裂；7）顶进误差严重超标；8）顶管工作坑回填严重塌陷。

（四）接口工程

1. 刚性接口：1）接口抹带空裂；2）接口抹带砂浆突出管内壁，形成灰牙；3）钢丝网与管缝不对中，插入管座深度不足，钢丝网长度不够；4）大管径雨水管接口不严；5）抹带砂浆质量不稳定。

2. 柔性接口：1）柔性接口不严密。

（五）排水沟渠工程

1. 排水沟渠基础：1）沉降缝止水带变位；2）基础表面不平顺；3）基础养护不好。

2. 排水沟墙砌筑和现浇沟墙：1）砂浆和易性差；2）砌筑砂浆不饱满，砂浆与砖粘结不好；3）沟墙抹面空鼓裂缝；4）沟墙倾覆；5）现浇沟墙倾斜、跑模；6）沟槽与底板沉降缝倾斜或错位。

3. 排水沟盖板安装减现浇沟盖板：1）预制或现浇沟盖板的钢筋保护层过薄，甚至露筋；2）现场预制盖板底面使用土模不平；3）钢筋混凝土沟盖板涸漏水。

（六）排水管渠检查井

1. 检查井基础未浇注成整体；2. 砂浆和易性差；3. 砌筑砂浆不饱满，砂浆与砖粘结不好；4. 井室抹面空鼓裂缝；5. 盖板底面使用土模不平；6. 井径不圆，盖板人孔不圆，尺寸不符合要求；7. 砌砖通缝、鱼鳞缝，圆井收口不均匀；8. 清水墙勾缝不符合要求；9. 流槽不符合要求；10. 污水管跌落差不符合要求；11. 踏步、爬梯、脚窝安装、制作不规范；12. 井圈、井盖安装不符合要求；13. 检查井井周沉陷。

（七）闭水试验

1. 渗水量计算错误；2. 试验水头不符合要求；3. 闭水试验达不到标准；4. 不做闭水试验；5. 回填土后再做闭水试验。

二、桥梁工程

（一）地基与基础工程

1. 土方工程：1）浅基基坑槽底超挖；2）基坑浸水；3）基底扰动；4）流砂；5）基坑回填土沉陷；6）立交引道及匝道路面沉陷；7）桥头填土冻胀；8）桥台位移。

2. 浅基础工程：1）轴线偏移过大；2）基础顶面高程失控；3）基础断裂；4）基础钢筋错位；5）基础混凝土蜂洞、露筋。

3. 深基础工程：

1）钻孔桩：①钻进中坍孔；②钻孔偏斜；③缩孔；④掉钻、卡钻和埋钻；⑤护筒冒水、钻孔漏浆；⑥清孔后孔底沉淀超厚；⑦钢筋笼碰坍桩孔；⑧钢筋笼放置位置与设计要求不符；⑨导管进水；⑩导管堵管；⑪提升导管时，导管卡挂钢筋笼；⑫钢筋笼在灌注混凝土时上浮；⑬灌注混凝土时桩孔坍孔；埋导管事故；⑭桩头浇注高度短缺；⑮夹泥、断桩。

2）沉入桩：①桩顶移位，桩身倾斜；②桩贯入度突然加大或变小；③桩不能沉入。

3）沉井：①沉井偏斜；②沉井停沉；③沉井突沉。

（二）模板、支架、拱架工程

1. 加工、拼装期：1）现浇结构使用大模板长板墙面凹凸不平；2）模板位置偏移，标高差错，模板形状、尺寸有误；3）条形基础模块缺陷；4）定型组合钢模板拼装的质量缺陷，5）杯形基础模板缺陷；6）墩柱模板缺陷。7）现浇梁板的模板、支架的铁陷；8）现浇墙、桥台的模板缺陷；9）隔离剂引起的缺陷。

2. 混凝土浇筑期：1）跑模；2）胀模；3）漏浆；4）预埋件、预留孔的移位或遗漏；5）混凝土层隙或夹渣；6）胶囊内模质量问题。

3. 拆模期：1）结构混凝土缺棱、掉角、裂纹；2）结构物、构筑物发生断裂、损坏甚至倒塌。

（三）钢筋工程

1. 钢筋成型时：1）钢筋表面锈蚀较严重；2）钢筋切断尺寸不准；3）钢筋成型尺寸不准；4）箍筋不规整；5）已成型钢筋变形；6）钢筋绑扎网片歪斜、扭曲；钢筋代换中存在问题。

2. 钢筋连接中：

1）钢筋闪光对焊：①未焊透或脆断；②过热、烧伤或塑性不良；③接头弯折或偏心。

2）钢筋电弧焊：①焊缝尺寸偏差；②焊缝成型不良；③未焊透或夹渣；④电弧烧伤钢筋表面；⑤裂纹、气孔。

3. 钢筋安装及埋设：1）钢筋品种、型号、规格、数量不符合设计要求；2）钢筋骨架外形尺寸不准；3）钢筋遗漏，预埋件遗漏；4）同截面接头过多，接头搭接长度不足；5）钢筋骨架吊装变形；6）钢筋混凝土结构（构件）保护层厚度不够；7）箍筋不垂直主筋，其间距不一致；8）钢筋或钢筋网片错位；9）双层钢筋网片间距变小；10）露筋；11）主筋、分布筋间距不符合设计要求，绑扎不顺直；12）钢筋骨架、网片的节点漏绑、跳绑、绑扎方式不对；13）吊环筋问题：直径小于设计要求，位置不准，或用冷拉钢筋做吊环。

（四）水泥混凝土及钢筋混凝土工程

1. 水泥：1）水泥过期、受潮、结块；2）不同厂家、不同出厂日期的水泥混合仓储；3）水泥进场未做检查就使用。

2. 粗、细骨料：1）砂、石料含泥量超标；2）砂、石级配不符合要求；3）石料低强度颗粒含量超标，或压碎指标不符合要求；4）存在碱活性集料成分。

3. 外加剂：1）抗冻剂超掺量；2）误用过期、失效、变质的外加剂。

4. 水泥混凝土拌合物：1）混凝土配合比掌握不严；2）搅拌时加水量控制不严；3）混凝土和易性不好。

5. 浇筑时：1）浇筑顺序失误；2）施工缝处理失误；3）使用预拌混凝土及泵送混凝土存在的问题。

6. 振捣中：1）振捣不足或漏振；2）过振；3）掏浆。

7. 养护时：1）干燥季节的养护失误；2）炎热季节养护失当；3）寒冷季节养护冻害。

8. 混凝土及钢筋混凝土成品：

1）外观缺陷：①麻面；②骨料显露，颜色不匀及砂痕；③蜂窝；④露筋；⑤缝隙夹层。

2）隐藏缺陷：①混凝土强度不足，均匀性差；②内部空洞、蜂窝；③混凝土碱骨料反应膨胀开裂；④保护层保护性能不良。

3）混凝土裂缝：①沉缩裂缝；②塑性干燥及收缩裂缝（龟裂）；③长期干缩裂缝；④温度裂缝；⑤施工因素产生的裂缝。

（五）预应力混凝土工程：

1. 先张法预应力混凝土梁板：1）断丝；2）构件顶面及侧面垂直轴线的横裂缝；3）梁板肋端头劈裂；4）梁腹侧面水平裂缝；5）孔内漏筋；6）梁板预拱度超标。

2. 后张法施工预应力混凝土结构：

1）混凝土浇筑时：①预留孔道塌陷；②锚具安装不符合要求；③孔道位置不正确；④孔道堵塞；⑤预应力锚具锚固区缺陷。

2）穿束、张拉时：①漏穿钢束；②张拉中滑丝（滑束）③张拉中操作失误或操作不规范；④张拉中断丝；⑤预留孔道摩阻值过大；⑥张拉应力超标；⑦张拉伸长率不达标。

3）灌浆时：①孔道灌浆不实；②管道开裂；③管道压浆困难；④锚具未用混凝土封堵。

3. 预应力简支钢筋混凝土梁常见裂缝：1）桥面板的横向裂缝；2）桥面板及下翼缘斜面上的龟裂；3）腹板的竖向裂缝；4）下翼缘板等处的纵向裂缝；5）横隔板的裂缝。

（六）桥梁架设工程：

1. 桥梁吊装法架设工程：1）桥墩轴线偏移、扭转；2）桥墩柱垂直偏差；3）桥墩顶面标高不符合设计高程；4）T型墩柱盖梁与柱身连接处不平；5）柱安装后裂缝超过允许偏差；6）板安装后不稳定；7）梁面标高超过桥面设计标高较大；8）梁顶盖梁、梁顶台帽和梁顶梁；9）预制T型梁隔板连接错位；10）摔梁事故；11）预制挡墙板错台或不竖直。

2. 桥梁顶进法悬拼法架设工程：1）箱涵顶进后背破坏；2）箱涵顶进刃头卡土；3）箱涵顶进顶铁外崩；4）顶进标高偏差；5）顶进中线偏差；6）相邻节间高差错口；7）顶推连续梁内力偏大；8）悬拼块件上滑、错动；9）块件悬拼合拢时对中偏移。

3. 支座安装：1）钢支座安装不平，积水；2）板式橡胶支座橡胶或橡胶与加强钢板的固结，剪切破坏；3）板式橡胶支座个别有缝隙；4）板式橡胶支座"落坑"；5）板式橡胶支座顶面应滑动时不能滑动。

（七）砌体砌筑工程：

1. 石砌砌体：1）砌体垂直通缝；2）砌体里外两层皮；3）砌体粘结不牢；4）挡土墙墙体里外拉结不良；5）混凝土小型空心砌块砌体质量通病：砌体出现收缩裂缝；砌筑体粘结不牢；使用断裂的小砌块；砌体组砌方式不当，砌体总体性差；砌体水平、竖直灰缝不饱满，出现瞎缝、透明缝等。6）泄水孔不通畅，泛水坡度不够；7）护坡卵石铺放不当；8）砌石护坡（锥坡）坡面不平、开裂、空洞。

2. 砌块、砖砌筑砌体：1）砌缝砂浆不饱满；2）清水墙面游丁走缝。

3. 砂浆问题：1）砂浆强度不稳定；2）砂浆和易性差、沉底结硬；3）勾缝砂浆粘结不牢。

（八）钢结构工程：

1. 高强度钢焊接：1）对接焊冷裂纹；2）贴角焊冷裂纹；3）对接焊变形冷裂纹；4）多层贴角焊冷裂纹；5）对接焊缝热裂纹；6）对接焊缝重热裂纹。

2. 钢结构拼装：1）构件运输变形；2）构件拼装扭曲；3）构件起拱不准确；4）焊接变形。

3. 高强螺栓安装：1）装配面不符合要求；2）螺栓丝扣损伤；3）紧固力矩不准确。

4. 钢梁涂漆：1）油漆流坠；2）漆膜皱纹；3）漆膜剥离；4）漆膜生锈；5）漆膜厚度不够。

（九）桥面系和附属工程

1. 桥面系：1）桥面水泥混凝土铺装层开裂；2）桥头跳车；3）沥青混凝土铺装壅包。

2. 桥梁伸缩缝：1）桥面伸缩缝不贯通；2）伸缩缝安装及使用质量缺陷；3）橡胶伸缩缝雨水漫流；4）伸缩缝与两侧路面衔接不平顺。

3. 栏杆、地袱安装：1）栏杆柱外观粗糙，尺寸规格误差大；2）钢筋骨架变形或主筋移位；3）栏杆柱安装栏芯柱间距不匀，不垂直；安装不牢固；栏芯柱安于伸缩缝上，栏芯柱轴线不在同一平面内；4）现浇栏杆扶手不顺直，不圆滑、棱线不清晰，扶手高程起伏，表面麻面、错台；5）外挂地袱不直顺、错台。

4. 护栏和隔离带：1）护栏座、隔离墩混凝土外表面麻面，露石外观粗糙；2）护栏座、隔离墩安装错台，不直顺，直线不圆润；3）护栏板、管不直顺；4）中央隔离带方砖不平、不实，纵缝不直顺等。

（十）桥梁防水和排水工程：

1. 桥梁防水：

1）卷材防水：①防水层空鼓；②卷材搭接不严；③卷材转角部位后期渗漏。

2）防水混凝土：①混凝土施工缝渗漏水；②混凝土裂缝渗漏水。

3）变形缝防水：①埋入式止水带变形缝渗漏水；②涂刷式氯丁胶片变形缝渗漏水。

2. 桥梁排水：1）桥面排水返坡；2）桥台排水不畅，漫流污染台面；3）通道路面雨水管道不直顺，流水不畅；4）桥面漏留泄水管。

（十一）桥梁装饰工程：

1. 通道地面空鼓；2. 通道接缝不平，缝宽不匀；3. 通道饰面砖缝隙不顺直，纵横缝错缝；4. 梯道、台阶踏步宽度和高度不均；5. 踏步阳角处裂缝、脱落；6. 抹面工程或装饰抹灰工程的水泥砂浆饰面空鼓、裂缝；7. 贴面砖空鼓、脱落；8. 分格缝不匀，墙面不平整；9. 饰面板接缝不平，板面纹理不顺，色泽差异大；10. 饰面板材开裂；11. 饰面板、砖墙面碰损、污染；12. 喷涂饰面颜色不匀；13. 喷涂饰面明显褪色。

三、道路工程

（一）路基工程：

1. 路基压实度：1）管线回填土不夯实或夯实不全；2）路基下管道交叉部位填土不实；3）超厚填土；4）倾斜碾压；5）挟带大块回填；6）挟带有机物或过湿土的回填；7）带水回填；8）回填冻土块和在冻槽上回填；9）不按段落分层夯实。

2. 路肩、边沟、边坡：1）路肩、边坡松软；2）边坡过陡；3）路肩积水；4）路肩护砌边坡塌陷；5）坡面不平，波浪起伏，六角砖与坡顶砖衔接不规范；6）边沟沟底纵坡不顺，断面大小不一；7）路基排水无出路。

3. 路床：1）不按土路床工序作业；2）土路床的压实宽度不够；3）含水量不够，干碾压；4）过湿或有"弹簧"现象未处理；5）路床含有有机物质。

（二）基层工程：

1. 级配砂砾基层：1）级配质量差砾石颗粒过多过大或砂粒过多；2）含泥量大；3）碾压不足；4）级配不均匀，粗细集料中易形成梅花、砂窝现象。

2. 碎石基层：1）碎石材质不合格；2）含水量不够，干碾压；3）嵌缝工序质量差。

3. 石灰土基层（底基层）：1）搅拌不均匀；2）石灰土厚度不够；3）掺灰不计量或计量不准；4）石灰活性氧化物含量低；5）消解石灰不过筛；6）土料不过筛；7）灰土过干或过湿碾压。

4. 石灰粉煤灰砂砾基层：1）含石灰量少或石灰活性氧化物和粉煤灰化学成分含量不达标；2）摊铺时粗细集料分离；3）干碾压或过湿碾压；4）碾压成型后未及时养护；5）超厚碾压；6）未严格控制高程和平整度。

（三）路面工程

1. 水泥混凝土路面：1）胀缝处破损、拱胀、错台、填缝料脱落；2）混凝土板块裂缝；3）纵横缝不顺直；4）相邻板间高差过大；5）板面起砂、脱皮、露骨或有孔洞；6）板面平整度差；7）混凝土板面出现死坑。

2. 沥青混凝土路面：1）路面平整度差；2）路拱不正，路面出现波浪形；3）路面非沉陷型早期裂缝；4）路面沉陷性、疲劳性裂缝；5）路面边部压实不够；6）路面松散掉渣；7）路面啃边；8）路面接茬不平、松散，路面有轮迹；9）路面泛油、光面；10）检查井与路面衔接不顺；11）雨水口较路面高突或过低；12）雨水口周边及雨水支管槽线下沉；13）路面与平缘石衔接不顺；14）路边波浪，荷叶边；15）路面壅包、搓板。

（四）附属构筑物工程：

1. 路缘石、平缘石：1）路缘石基础与后背填土不实；2）路缘石前倾后仰，不直顺，顶面不平；3）平缘石顶面不平不直；4）路缘石外露尺寸不一致；5）路缘石弯道、八字不圆顺；6）平缘石不平，材质差；7）路缘石、防撞墩材质差。

2. 铺装人行道及广场：1）薄轻砌块、光滑砌块砌在人行道上；2）步道下沉；3）砂浆配合比不准、搅拌不均或稠度过小；4）侵占盲道；5）盲道未按要求施工。

3. 雨水口及雨水支管：1）雨水口位置与路边线不平行或偏离道牙；2）雨水口内支管管头外露过多或破口朝外；3）支管安装方法不合理；4）支管过长，出现折点或反坡、错口。

4. 砌体工程：1）砌体砂浆不饱满；2）砌体平整度差，有通缝；3）砌体凸缝和顶帽抹面空鼓脱落；4）护坡下沉、下滑；5）安装预制挡墙帽石松动脱落；6）预制混凝土空心砌块质量低劣。

（五）钢筋混凝土挡土墙：

1. 预制安装钢筋混凝土挡土墙：1）板面扭曲或凹凸；2）基础预埋件或墙板位置偏离；3）基础二次混凝土底层未凿毛；4）基础杯口跑模；5）垂直度不符合标准要求。

2. 现浇钢筋混凝土挡土墙：1）墙体全部或局部倾斜；2）模板接缝处起砂、麻面和接缝处局部错台。

参 考 文 献

[1] 中华人民共和国国家标准. 钢结构工程施工质量验收规范 GB 50205-2001[S]. 北京：中国建筑工业出版社，2001.

[2] 中华人民共和国国家标准. 混凝土结构工程施工质量验收规范 GB 50204-2015[S]. 北京：中国建筑工业出版社，2015.

[3] 中华人民共和国国家标准. 盾构法隧道施工与验收规范 GB 50446-2008[S]. 北京：中国建筑工业出版社，2008.

[4] 中华人民共和国国家标准. 给水排水管道工程施工及验收规范 GB 50268-2008 [S]. 北京：中国建筑工业出版社，2008.

[5] 中华人民共和国国家标准. 建筑基坑工程监测技术规范 GB 50497-2009[S]. 北京：中国建筑工业出版社，2009.

[6] 中华人民共和国国家标准. 混凝土和钢筋混凝土排水管 GB/T 11836-2009[S]. 北京：中国标准出版社，2009.

[7] 中华人民共和国国家标准. 检查井盖 GB/T 23858-2009[S]. 北京：中国标准出版社，2009.

[8] 中华人民共和国国家标准. 建筑施工组织设计规范 GB/T 50502-2009[S]. 北京：中国建筑工业出版社，2009.

[9] 中华人民共和国国家标准. 混凝土强度检验评定标准 GB 50107-2010[S]. 北京：中国建筑工业出版社，2010.

[10] 中华人民共和国国家标准. 地下防水工程质量验收规范 GB 50208-2011[S]. 北京：中国建筑工业出版社，2011.

[11] 中华人民共和国国家标准. 无障碍设施施工验收及维护规范 GB 50642-2011[S]. 北京：中国建筑工业出版社，2011.

[12] 中华人民共和国国家标准. 混凝土结构工程施工规范 GB 50666-2011[S]. 北京：中国建筑工业出版社，2011.

[13] 中华人民共和国国家标准. 预防混凝土碱骨料反应技术规范 GB/T 50733-2011[S]. 北京：中国建筑工业出版社，2011.

[14] 中华人民共和国国家标准. 钢结构工程施工规范 GB 50755-2012 [S]. 北京：中国建筑工业出版社，2012.

[15] 中华人民共和国行业标准. 城镇道路工程施工与质量验收规范 CJJ 1-2008[S]. 北京：中国建筑工业出版社，2008.

[16] 中华人民共和国行业标准. 城市桥梁工程施工与质量验收规范 CJJ 2-2008[S]. 北京：

中国建筑工业出版社，2008.

[17] 中华人民共和国行业标准. 给水排水管道工程施工与质量验收规范 CJJ 3-2008[S]. 北京：中国建筑工业出版社，2008.

[18] 中华人民共和国行业标准. 城市桥梁桥面防水工程技术规程 CJJ 139-2010[S]. 北京：中国建筑工业出版社，2010.

[19] 中华人民共和国行业标准. 城市桥梁设计规范 CJJ 11-2011[S]. 北京：中国建筑工业出版社，2011.

[20] 中华人民共和国行业标准. 气泡混合轻质土填筑工程技术规程 CJJ/T 177-2012[S]. 北京：中国建筑工业出版社，2012.

[21] 中华人民共和国城镇建设行业标准. 铸铁检查井盖 CJ/T 3012-93[S]. 北京：中国标准出版社，1993.

[22] 中华人民共和国行业标准. 建设工程施工安全检查标准 JGJ 59-2011[S]. 北京：中国建筑工业出版社，2011.

[23] 中华人民共和国建筑工业行业标准. 钢筋连接用灌浆套筒（JGJ 398-2012)[S]. 北京：中国建筑工业出版社，2012.

[24] 中华人民共和国行业标准. 施工现场临时用电安全技术规范 JGJ 46-2005[S]. 北京：中国建筑工业出版社，2005.

[25] 中华人民共和国行业标准. 钢筋机械连接技术规程 JGJ 107-2010[S]. 北京：中国建筑工业出版社，2010.

[26] 中华人民共和国行业标准. 回弹法检测混凝土抗压强度技术规程 JGJ/T 23-2011[S]. 北京：中国建筑工业出版社，2011.

[27] 中华人民共和国行业标准. 建筑与市政工程施工现场专业人员职业标准 JGJ/T 250-2011[S]. 北京：中国建筑工业出版社，2011.

[28] 中华人民共和国建筑工业行业标准. 钢筋机械连接用套筒（JGJ/T 163-2013)[S]. 北京：中国标准出版社，2013.

[29] 北京市地方标准. 北京市城市道路工程施工技术规程 DBJ 01-45-2000[S]. 北京：2000.

[30] 北京市地方标准. 北京市给水排水管道工程施工技术规程 DBJ 01-47-2000[S]. 北京：2001.

[31] 北京市地方标准. 北京市城市桥梁工程施工技术规程 DBJ 01-46-2001[S]. 北京：2001.

[32] 北京市地方标准. 北京市市政工程施工安全操作规程 DBJ 01-56-2001[S]. 北京：2001.

[33] 北京市地方标准. 地下设施检查井双层井盖 DB 11/147-2002[S]. 北京：2002.

[34] 北京市地方标准. 北京市建设工程监理规程 DBJ 01-41-2002[S]. 北京：2002.

[35] 北京市地方标准. 城镇道路工程施工与质量检验标准 DBJ 01-11-2004[S]. 北京：2004.

［36］ 北京市地方标准. 桥梁工程施工质量检验标准 DBJ 01-12-2004［S］. 北京：2004.

［37］ 北京市地方标准. 排水管（渠）工程施工程质量检验标准 DBJ 01-13-2004［S］. 北京：2004.

［38］ 北京市地方标准. 北京市道路工程施工安全技术规程 DBJ 01-84-2004［S］. 北京：2004.

［39］ 北京市地方标准. 北京市桥梁工程施工安全技术规程 DBJ 01-85-2004［S］. 北京：2004.

［40］ 北京市地方标准. 北京市给水和排水工程施工安全技术规程 DBJ 01-88-2005［S］. 北京：2005.

［41］ 北京市地方标准. 北京市市政基础设施工程暗挖施工安全技术规程 DBJ 01-87-2005［S］. 北京：2005.

［42］ 北京市地方标准. 高密度聚乙烯排水管道工程施工与验收技术规程 DBJ 01-94-2005［S］. 北京：2005.

［43］ 北京市地方标准. 桥面防水工程技术规程 DB11/T 380-2006［S］. 北京：2006.

［44］ 北京市地方标准. 建设工程安全监理规程 DB 11/382-2006［S］. 北京：2006.

［45］ 北京市地方标准. 桥面防水工程技术规程 DB 11/T380-2006［S］. 北京：2006.

［46］ 北京市地方标准. 建设工程施工现场安全资料管理规程 DB 11/383-2006［S］. 北京：2006.

［47］ 北京市地方标准. 建设工程检测试验管理规程 DB11/T 386-2006［S］. 北京：2006.

［48］ 北京市地方标准. 建筑工程施工组织设计管理规程 DB11/T 363-2006［S］. 北京：2006.

［49］ 北京市地方标准. 建筑基坑支护技术规程 DB 11/489-2007［S］. 北京：2007.

［50］ 北京市地方标准. 清水混凝土预制构件生产与质量验收标准 DB11/T 698-2009［S］. 北京：2009.

［51］ 北京市地方标准. 市政基础设施工程资料管理规程 DB11/T 808-2011［S］. 北京：2011.

［52］ 北京市地方标准. 建设工程施工现场安全防护、场容卫生及消防保卫标准 DB 11/945-2012［S］. 北京：2012.

［53］ 北京市地方标准. 市政基础设施工程质量检验与验收标准 DB11/T 1070-2014［S］. 北京：2014.

［54］ 北京市地方标准. 城市道路工程施工质量检验标准 DB11/T 1073-2014［S］. 北京：2014.

［55］ 北京市地方标准. 城市桥梁工程施工质量检验标准 DB11/T 1072-2014［S］. 北京：2014.

［56］ 北京市地方标准. 排水管（渠）工程施工质量检验标准 DB11/T 1071-2014）［S］. 北京：2014.

［57］ 北京市地方标准. 市政基础设施工程质量检验与验收标准 DB11/T 1070-2014［S］. 北

京：2014.

[58] 金荣庄，尹相忠.《市政工程质量通病及防治》(第二版)[M]. 北京：中国建筑工业出版社，2006.

[59] 赵艳娥.《做最好的市政工程施工员》[M]. 北京：中国建材工业出版社，2014.

[60] 郎义勇.《质量员. 市政工程》[M]. 北京：中国电力出版社，2014.

[61] 王继红，祝海龙.《新版城镇道路工程施工与质量验收规范实施手册》[M]. 北京：化学工业出版社，2010.

[62] 王春武，于忠伟，吕铮.《新版城市桥梁工程施工与质量验收规范实施手册》[M]. 北京：化学工业出版社，2010.

[63] 陈立平，姜学成，王彬.《新版给水排水工程施工与质量验收规范实施手册》[M]. 北京：化学工业出版社，2010.